概率论与数理统计

主编 张 颖 许伯生

编者 李铭明 李鸿燕 刘瑞娟 肖 翔

王宝存 周 雷 滕晓燕

東華大學出版社

内 容 提 要

本书根据高等学校工科类以及经济管理类各专业概率论与数理统计课程的教学基本要求编写而成.

主要内容包括:随机事件及其概率、随机变量及其分布、多维随机变量及其分布、随机变量的数字特征、大数定律与中心极限定理、数理统计的基本概念、参数估计、假设检验、方差分析和回归分析.

本书可作为高等院校工科类以及经济管理类各专业概率论与数理统计课程的教材,也可供有关专业技术人员参考.

图书在版编目(CIP)数据

概率论与数理统计/张颖,许伯生主编.—上海:东华大学出版社,2013.7

ISBN 978-7-5669-0324-2

Ⅰ.①概… Ⅱ.①张… ②许… Ⅲ.①概率论—高等学校—教材 ②数理统计—高等学校—教材 Ⅳ.①O21

中国版本图书馆 CIP 数据核字(2013)第 166867 号

责任编辑:杜亚玲
文字编辑:汪 燕
封面设计:潘志远

概率论与数理统计

主编 张 颖 许伯生

出 版:东华大学出版社(上海市延安西路 1882 号,200051)
本社网址:http://www.dhupress.net
天猫旗舰店:http://dhdx.tmall.com
营销中心:021-62193056 62373056 62379558
印 刷:苏州望电印刷有限公司
开 本:710 mm×1 000 mm 1/16
印 张:15
字 数:300 千字
版 次:2013 年 7 月第 1 版
印 次:2013 年 7 月第 1 次印刷
书 号:ISBN 978-7-5669-0324-2/O·016
定 价:32.00 元

前　言

《概率论与数理统计》是高等院校理工科、经济管理学科各专业的重要基础课. 作为数学的一个重要分支，概率统计在许多领域中有着广泛的应用. 本书根据教育部高等学校数学与统计学教学指导委员会颁布的《本科数学基础课程教学基本要求》编写而成.

在内容上，本书着眼于介绍概率论与数理统计的基本概念、基本理论和基本方法，突出概率统计的基本思想和应用背景，注意培养学生的基本运算能力、分析问题和解决问题的能力. 概念或理论的引入大多从具体问题入手，力求深入浅出，循序渐进，清晰易读，既便于教学又方便读者自学.

全书共分九章，主要内容包括：随机事件及其概率、随机变量及其分布、多维随机变量及其分布、随机变量的数字特征、大数定律与中心极限定理、数理统计的基本概念、参数估计、假设检验、方差分析和回归分析等. 书中配备了较丰富的例题与习题，习题按节配置，除了基本类型题外，还适当配置一些富于启发性的应用性习题.

本书可作为高等院校工科、经济管理学科各专业概率论与数理统计课程的教材，也可供有关专业技术人员参考.

本书由张颖和许伯生策划并组织编写，张颖负责统稿、定稿. 全书共九章，参加编写的人员有：第一章周雷；第二章李鸿燕；第三章李铭明；第四章滕晓燕；第五章张颖；第六章许伯生；第七章刘瑞娟；第八章王宝存；第九章肖翔.

本书是上海工程技术大学学科建设项目“建设与培养高素质应用型人才相适应的基础学科基地”的成果之一，在编写过程中得到了上海工程技术大学教务处、基础教学学院和数学教学部教师的大力支持，张子厚教授就本书的编写提出了指导性的意见，编者在此一并表示感谢.

由于编者水平有限，书中疏漏之处在所难免，敬请读者批评指正.

编　者

2013 年 6 月

目　录

第一章　随机事件及其概率

概率论与数理统计产生于十七世纪，其伴随保险事业的发展而发展. 数学家们思考概率论中问题的源泉来自于赌博者所提出的各种输赢概率的问题. 荷兰著名的天文、物理兼数学家惠更斯于 1657 年写成了《论机会游戏的计算》一书，是最早的概率论著作. 随着时间的推移，概率论与数理统计已经成为数学专业、理、工、农、医、商等各学科的基础课程. 近几十年来，随着科技的蓬勃发展，概率论大量应用到国民经济、工农业生产等领域. 许多兴起的应用数学，如信息论、对策论、排队论、控制论等，都是以概率论作为基础的.

本章介绍概率论中的基本概念、概率的性质、概率的运算公式、古典概型及贝努利概型等.

第一节　基本概念

自然现象与社会现象是各式各样的，若从结果能否预言的角度出发去划分，可分为两大类，一类是可以预言结果的，即在保持条件不变的前提下，重复试验或观察，结果是确定的，这一类现象称为确定性现象. 例如向上抛一个苹果必然要下落，常温常压下水烧到 100℃必然会沸腾等都是确定性现象. 另一类现象是不可预言结果的，即在保持条件不变的情况下，重复试验或观察，或出现这样的结果，或出现那样的结果，可能出现的全部结果试验前是知道的，仅进行几次试验看不出规律，但通过大量重复的试验其结果会遵循某种规律，这一类现象称为随机现象. 例如抛起一枚硬币观察落地后哪一面向上，掷出一粒骰子观察哪一点向上等都是随机现象. 像上面两个试验，在进行试验之前不确定会出现什么结果，但相同条件下进行大量重复试验结果会呈现某种规律性，这种规律性称为统计规律性. 概率论与数理统计就是揭示这种统计规律性的学科.

为了揭示随机现象的内在规律，必须进行大量的试验，这里所说的试验应该具有以下的特点：

(1) 试验可以在相同条件下重复进行；

(2) 试验出现多种可能结果，且所有可能出现的结果在试验前能预先知道；

(3) 试验前不能确定会出现哪一个结果.

称具有上述三个特点的试验为**随机试验**,简称为试验. 通常记作 E, E_1, E_2, 等. 本书中以后提到的试验都是指随机试验.

例如,

E_1: 掷一骰子,观察出现的点数;

E_2: 上抛硬币两次,观察正反面出现的情况;

E_3: 观察某电话交换台在某段时间内接到的呼唤次数.

一、随机事件

1. 样本空间

由随机试验的概念知道,随机试验的所有可能结果在试验前是已知的. 我们将随机试验 E 的每一个可能出现的结果称为**样本点**. 通常用 e_1, e_2, e_3 等表示. 样本点全体构成的集合称为**样本空间**,记作 S 或 Ω.

【例 1】 一个盒子中有同样规格的 3 个红球与 5 个白球,从中任意取出一个观察颜色. 在上述试验中,令 e_1 表示取得红球, e_2 表示取得白球,则样本空间可表示为

$$S=\{e_1, e_2\}.$$

【例 2】 掷一枚硬币,观察朝上一面的情况,结果共有两个. 若以"1"表示"正面朝上","0"表示"反面朝上",则样本空间可表示为

$$S=\{0, 1\}.$$

【例 3】 掷一颗骰子,观察出现的点数,若以"i"表示"掷得 i 点"($i=1, 2, \cdots, 6$),则样本空间为

$$S=\{1, 2, 3, 4, 5, 6\}.$$

【例 4】 统计某路口一小时内通过的车辆数 n ($n=0, 1, 2, 3, \cdots$),则样本空间为

$$S=\{0, 1, 2, 3, \cdots\}.$$

【例 5】 在一批灯泡中任意抽取一只,测试它的使用寿命. 若以"t"表示"灯泡的寿命(单位为小时)",则样本空间为

$$S=\{t \mid t \geqslant 0\}.$$

2. 随机事件

在进行随机试验时,根据需要,我们关心的往往是样本空间中一部分结果出现的规律. 例如,例 4 中,研究"一小时内通过车辆数超过 500 辆";例 5 中,研究"灯泡寿命少于 1 000 小时". 这些都是样本空间的子集,包含了若干样本点.

一般地，样本空间 S 的任一子集称为**随机事件**，简称事件. 事件通常用大写字母 $A, B, C, \cdots$ 表示.

在上面的表述中，"一小时内通过车辆数超过 500 辆"及"灯泡寿命少于 1 000 小时"都是随机事件，可分别用集合表示为

$$A = \{501, 502, 503, 504, \cdots\};$$
$$B = \{t \mid t < 1\,000\}.$$

在每次试验中，当且仅当试验出现的结果为随机事件中的一个元素时，称这一事件发生. 例如例 3 中所述的掷骰子，A 表示出现奇数点，当掷到一点时，可以说事件 A 发生了.

由一个样本点组成的单点集，称为**基本事件**. 如例 2 中有两个基本事件 $\{0\}$ 和 $\{1\}$；例 3 中有六个基本事件 $\{1\}, \{2\}, \cdots, \{6\}$.

由于样本空间 S 是它自身的子集，并且包含所有的样本点，每次试验的结果必然出现在 S 中，即 S 必然发生，因此称 S 为**必然事件**. 空集 $\varnothing$ 不包含任何样本点，它也是样本空间的子集，所以也作为一个事件，由于它在每次试验中都不发生，称为**不可能事件**.

必然事件和不可能事件本身并无不确定性，但为今后讨论方便，我们将它们作为随机事件的极端情形.

二、事件间的关系与运算

在研究随机试验时，我们发现一个随机试验往往包含很多随机事件，其中有些比较简单，有些比较复杂. 为了通过较简单的随机事件来揭示较为复杂的随机事件的性质及规律，需要研究随机试验的各随机事件之间的关系及运算.

1. **包含**　若事件 B 的发生必导致事件 A 发生，则称事件 A 包含事件 B，或称 B 是 A 的子事件. 记为 $A \supset B$ 或 $B \subset A$，如图 1-1 所示.

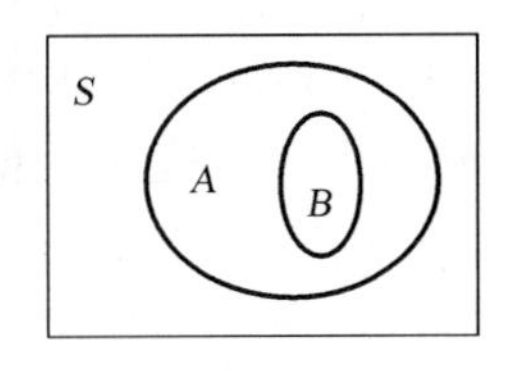

图 1-1　$A \supset B$

例如，在例 3 中，令 A 表示"掷出 2 点"的事件，即 $A = \{2\}$；B 表示"掷出偶数点"的事件，即 $B = \{2, 4, 6\}$，则 $A \subset B$.

2. **相等**　如果 $A \subset B$ 且 $B \subset A$，则称事件 A 等于事件 B，记为 $A = B$.

例如，从一副 52 张的扑克牌中任取 4 张，令 A 表示"取到至少 3 张红桃"的事件；B 表示"取得至多有一张不是红桃"的事件. 则不难看出 $A = B$.

3. **和**　称事件 A 与事件 B 至少有一个发生的事件为事件 A 与事件 B 的和事件或并事件，记为 $A \cup B$，如图 1-2 所示.

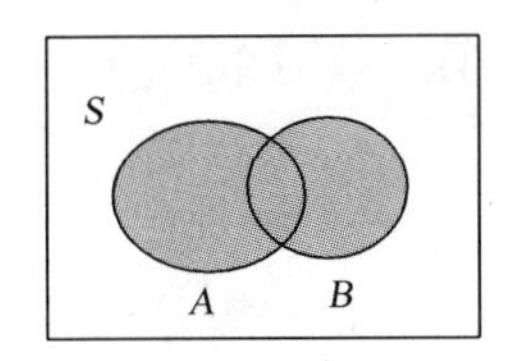

图 1-2　$A \cup B$

例如,甲,乙两人破译同一密码,令 A 表示“甲破译成功”的事件,B 表示“乙破译成功”的事件,则 $A \cup B$ 表示“目标被破译成功”的事件.

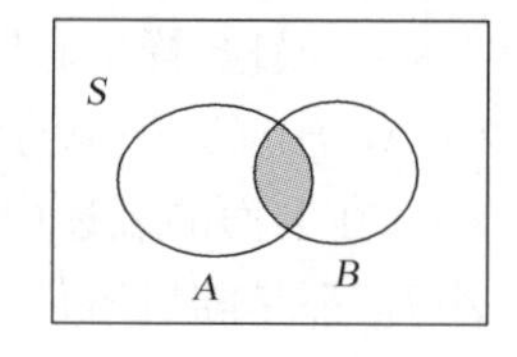

图 1-3　$A \cap B$

两个事件的和可推广到有限个或可列个的情形. 一般用 $\bigcup_{k=1}^{n} A_k$ 表示 n 个事件 $A_1, A_2, \cdots, A_n$ 的和事件;用 $\bigcup_{k=1}^{\infty} A_k$ 表示可列个事件 $A_1, A_2, \cdots$ 的和事件.

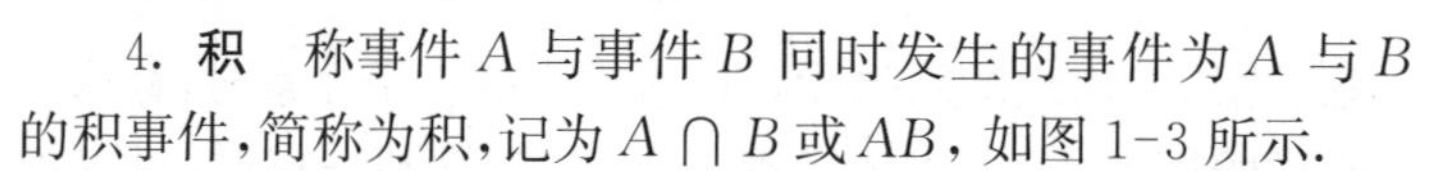

4. **积**　称事件 A 与事件 B 同时发生的事件为 A 与 B 的积事件,简称为积,记为 $A \cap B$ 或 AB,如图 1-3 所示.

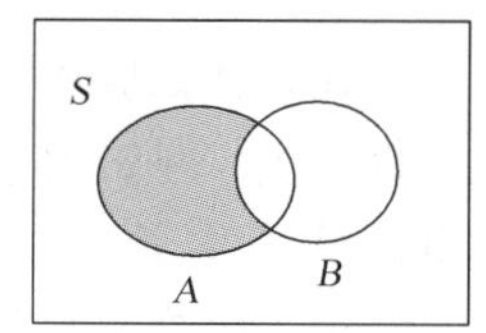

图 1-4　$A-B$

例如,在例 3 中,令 $A=\{$掷到偶数点$\}$, $B=\{$掷到的点数不超过 3 点$\}$,则 $A \cap B=\{$掷到两点$\}$.

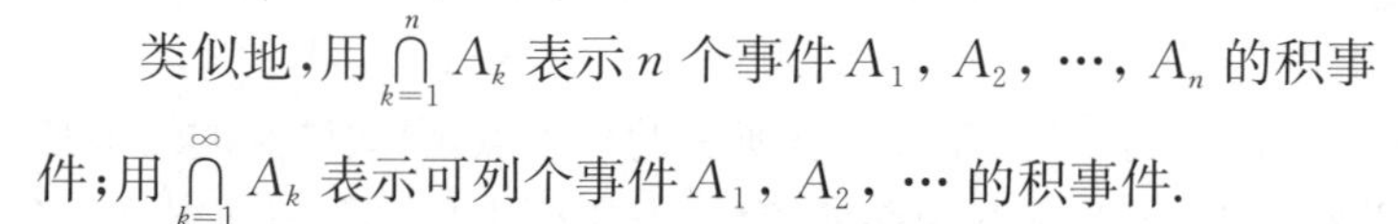

类似地,用 $\bigcap_{k=1}^{n} A_k$ 表示 n 个事件 $A_1, A_2, \cdots, A_n$ 的积事件;用 $\bigcap_{k=1}^{\infty} A_k$ 表示可列个事件 $A_1, A_2, \cdots$ 的积事件.

5. **差**　称事件 A 发生但 B 不发生的事件为事件 A 与事件 B 的差事件,记为 $A-B$,如图 1-4 所示.

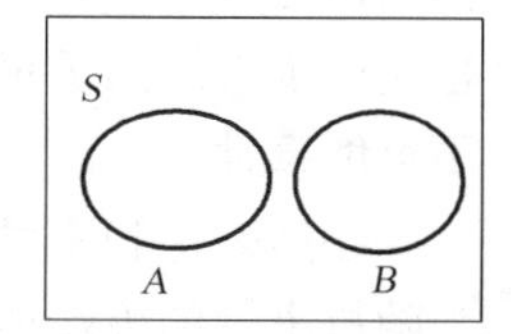

图 1-5　$A \cap B=\varnothing$

例如,测量晶体管的 β 参数值,令 $A=\{$测得 β 值不超过 $50\}$, $B=\{$测得 β 值不超过 $100\}$,则, $A-B=\varnothing$, $B-A=\{$测得 β 值为 $50<\beta \leqslant 100\}$

6. **互不相容**　若事件 A 与事件 B 不能同时发生,即 $AB=\varnothing$,则称 A 与 B 是互不相容的,如图 1-5 所示.

例如,观察某路口在某时刻的红绿灯. 若 $A=\{$红灯亮$\}$, $B=\{$绿灯亮$\}$,则 A 与 B 便是互不相容的.

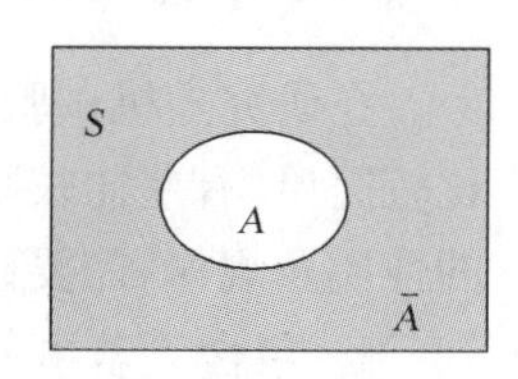

图 1-6　$\overline{A}$

7. **对立**　称事件 A 不发生的事件为 A 的对立事件,记为 $\overline{A}$,显然 $A \cup \overline{A}=S$, $A \cap \overline{A}=\varnothing$,如图 1-6 所示. 例如,从有 3 个次品、7 个正品的 10 个产品中任取 3 个,若令 $A=\{$取得的 3 个产品中至少有一个次品$\}$,则 $\overline{A}=\{$取得的 3 个产品均为正品$\}$.

三、事件的运算规律

在研究随机事件的概率问题时,经常需要对随机事件进行运算. 清楚事件的运算规律对事件的运算有很大帮助,将其整理如下:

1. **交换律**　$A \cup B=B \cup A$; $A \cap B=B \cap A$
2. **结合律**　$(A \cup B) \cup C=A \cup(B \cup C)$; $(A \cap B) \cap C=A \cap(B \cap C)$
3. **分配律**　$A \cap(B \cup C)=(A \cap B) \cup(A \cap C)$, $A \cup(B \cap C)=(A \cup B) \cap(A \cup C)$

4. **对偶律**　$\overline{A \cup B} = \overline{A} \cap \overline{B}$；　$\overline{A \cap B} = \overline{A} \cup \overline{B}$.

对偶律可以推广到有限个事件：$\overline{\bigcup_{i=1}^{n} A_i} = \bigcap_{i=1}^{n} \overline{A_i}$，　$\overline{\bigcap_{i=1}^{n} A_i} = \bigcup_{i=1}^{n} \overline{A_i}$.

此外，还有如下一些常用性质：

$$A \cup B \supset A,\ A \cup B \supset B\ (\text{越求和越大})；$$

$$A \cap B \subset A,\ A \cap B \subset B\ (\text{越求积越小})；$$

$$\text{若 } A \subset B,\ \text{则} A \cup B = B,\ A \cap B = A；$$

$$A - B = A - AB = A\overline{B}.$$

【例 6】　从一批产品中每次取一件进行检验，令 $A_i = \{$第 i 次取得合格品$\}$，$i = 1, 2, 3$，试用事件的运算符号表示下列事件：$A = \{$三次都取得合格品$\}$；$B = \{$三次中至少有一次取得合格品$\}$；$C = \{$三次中恰有两次取得合格品$\}$；$D = \{$三次中最多有一次取得合格品$\}$.

解　由于事件作乘积时表示事件都发生，所以 $A = A_1A_2A_3$；

事件的和表示事件至少一个发生，所以 $B = A_1 \cup A_2 \cup A_3$；

$A_1A_2\overline{A_3}$ 表示第一次第二次取得合格品，第三次取得不合格品. $A_1\overline{A_2}A_3$ 第二次取得不合格品，其余两次取得合格品. $\overline{A_1}A_2A_3$ 表示第一次取得不合格品，剩下两次取得合格品. 这三种情况都是恰好两次取得合格品. 恰好有两次取得合格品表示以上三个事件至少一个发生，因此 $C = A_1A_2\overline{A_3} \cup A_1\overline{A_2}A_3 \cup \overline{A_1}A_2A_3$；

对于事件 D，三次中最多有一次取得合格品既可以理解为恰好全是不合格品或恰好只有一件合格品，也可以理解为三次中至少两次取到不合格品，后一种表述方法较为简单，其意思是 $\overline{A_1}\,\overline{A_2}$、$\overline{A_1}\,\overline{A_3}$、$\overline{A_2}\,\overline{A_3}$ 至少一个发生，因此 $D = \overline{A_1}\,\overline{A_2} \cup \overline{A_1}\,\overline{A_3} \cup \overline{A_2}\,\overline{A_3}$；

由此可以看出，同一事件因理解方法不同而导致表示方法不唯一，如事件 B 又可表为

$$B = A_1\overline{A_2}\,\overline{A_3} \cup \overline{A_1}A_2\overline{A_3} \cup \overline{A_1}\,\overline{A_2}A_3 \cup A_1A_2\overline{A_3} \cup A_1\overline{A_2}A_3 \cup \overline{A_1}A_2A_3 \cup A_1A_2A_3$$

或

$$B = \overline{\overline{A_1}\,\overline{A_2}\,\overline{A_3}}.$$

【例 7】　一名射手连续向某一目标射击三次，令 $A_i = \{$第 i 次射击击中目标$\}$，$i = 1, 2, 3$，试用文字叙述下列事件：$A_1 \cup A_2$，$\overline{A_2}$，$A_1A_2A_3$，$A_3 - A_2$，$\overline{A_1 \cup A_2}$，$\overline{A_1} \cup \overline{A_2}$.

解　$A_1 \cup A_2$ 表示前两次射击至少一次击中，$\overline{A_2}$ 表示第二次未射中，$A_1A_2A_3$

表示三次射击都击中目标，$A_3 - A_2$ 表示第三次击中目标但第二次未击中目标，$\overline{A_1 \cup A_2}$ 表示前两次均未击中，$\overline{A_1} \cup \overline{A_2}$ 表示前两次射击至少有一次未击中.

【例 8】 图 1-7 所示的电路中，以 A 表示"灯亮"这一事件，以 B, C, D 分别表示开关Ⅰ、Ⅱ、Ⅲ闭合，试写出事件 A, B, C, D 之间的关系.

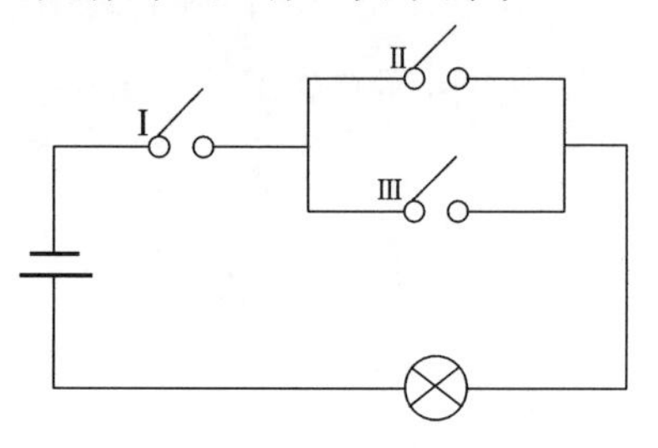

图 1-7　电路图

解　由电路的连接方式可以看出，开关Ⅰ、Ⅱ闭合电灯亮，开关Ⅰ、Ⅲ闭合电灯也亮，换句话说，若要灯亮，事件开关Ⅰ、Ⅱ闭合或事件开关Ⅰ、Ⅲ闭合应至少一个发生，将上面叙述用符号表示为 $BC \subset A$, $BD \subset A$, $BC \cup BD = A$；

反之，开关Ⅰ不闭合灯不亮，开关Ⅱ、Ⅲ同时不闭合灯也不亮，所以 $\overline{B}A = \varnothing$, $\overline{C}\,\overline{D}A = \varnothing$ 等.

习题 1-1

1. 设 A、B、C 表示 3 个随机事件，试将下列事件用 A、B、C 表示出来：

(1) A、C 发生，B 不发生；

(2) A, B, C 都发生；

(3) A, B, C 都不发生；

(4) A, B, C 中恰好有 2 个事件发生；

(5) A, B, C 中至少有一个发生；

(6) A, B, C 中至少有 2 个发生；

(7) A, B, C 中至多有一个发生；

(8) A, B, C 中至多有两个发生.

2. 在某系中任选一个学生，令事件 A 表示被选学生是男生，事件 B 表示该学生是三年级学生，事件 C 表示该学生是优秀生. 试用 A、B、C 表示下列事件：

(1) 选到三年级的优秀男生；

(2) 选到非三年级的优秀女生；

(3) 选到的男生但不是优秀生；

(4) 选到三年级男生或优秀女生.

3. 写出 10 个电子元件(每个元件寿命最长 1 000 小时)的总使用寿命的样本空间.

第二节　事件的概率

对于一个随机试验，人们关心的往往是其中的某种或某些结果发生的可能性有多大. 知道了这种可能性,可以给人们的生活带来指导和帮助. 例如,将来某天下雨的可能性,某海域将来某天有大风的可能性等等,知道了这种可能性的大小,对指导人们的生产生活有很大帮助. 这种"可能性"的数字度量就是我们即将叙述的概率.

一、概率的定义

1. 概率的统计定义

为探寻统计规律性,需进行同条件下大量重复的随机试验. 随着试验次数增加,某随机事件 A 出现的次数与总试验次数的比值与该事件出现的可能性大小有密切的联系,这个比值就是我们常说的频率.

(1) **频率** 在 n 次重复试验中,设事件 A 出现了 n_A 次,则称 $\frac{n_A}{n}$ 为事件 A 的频率. 记作 $f_n(A)$, 即

$$f_n(A)=\frac{n_A}{n}$$

由定义可得到频率的以下基本性质.

(ⅰ) $0\leqslant f_n(A)\leqslant 1$;

(ⅱ) $f_n(S)=1$;

(ⅲ) 若 A_1, A_2, $\cdots A_k$ 是两两互不相容的事件,则

$$f_n(A_1\cup A_2\cup\cdots\cup A_k)=f_n(A_1)+f_n(A_2)+\cdots+f_n(A_k).$$

在随机性事件中,如果试验次数较大,某事件发生的频率总具有一定的稳定性. 下面例子是一些学者为了验证该结论而进行的抛硬币的试验. 具体数据见下表

试验者	抛硬币次数 n	正面 A 出现次数 n_A	正面 A 出现的频率 $f_n(A)$
德·摩尔根	2 048	1 061	0.518 0
浦丰	4 040	2 148	0.506 9
费勒	10 000	4 979	0.497 9
皮尔逊	12 000	6 019	0.501 6
皮尔逊	24 000	12 012	0.500 5
维尼	30 000	14 994	0.499 8

频率的稳定性是随机事件统计规律性的典型表现.

(2) **概率的统计定义**

由于抛硬币的试验有两个基本结果,由上表可以看出,当试验次数足够多时,

事件“正面向上”出现的频率在 1/2 附近摆动. 由大量的随机试验来看,这是一个客观存在的现象. 由此,我们给出概率的统计性定义.

定义 1 在相同条件下,将随机试验重复 n 次,随着重复试验次数 n 的增大,如果事件 A 的频率 $f_n(A)$ 越来越稳定地在某一常数 p 附近摆动,则称常数 p 为事件 A 的概率,记作

$$P(A) = p.$$

概率的统计定义只是一种描述性定义,虽然告诉了我们什么是概率,但是还不够严谨,无法具体确定定义中的频率稳定值 p. 只能通过加大试验次数,通过一系列频率值的平均值作为 p 的近似值. 为了更加准确地描述概率的本质,我们给出下面的公理化定义.

2. 概率的公理化定义(数学定义)

定义 2 设某随机试验的样本空间为 S, 对其中每个事件 A 定义一个实数 $P(A)$, 如果它满足下列三条公理:

(1) **非负性** 对于每一个事件 A, 有 $P(A) \geqslant 0$;

(2) **规范性** $P(S) = 1$;

(3) **可列可加性** 对于两两互不相容的事件组 $A_1, A_2, \cdots, A_n\cdots$, 总成立

$$P(A_1 \cup A_2 \cup \cdots \cup A_n \cup \cdots) = P(A_1) + P(A_2) + \cdots + P(A_n) + \cdots. \tag{1.2.1}$$

则称 $P(A)$ 为 A 的概率.

该定义称为概率的**公理化定义**,这三条性质是概率的三个基本属性,是研究概率的基础与出发点. 但概率的公理化定义并没有将事件的概率和它的频率、频率的稳定性直接结合起来,实际上概率的公理化定义是对概率的统计定义进行科学抽象的结果. 理解概率的定义时,不应该将以上两个定义当作等价的定义单独进行理解,而是应该将两者结合起来,才能更好地把握住概率的本质.

由概率公理化定义的三个条件,可以得出以下概率的性质.

3. 概率的性质

性质 1 若 $A \subset B$, 则 $P(B-A) = P(B) - P(A)$.

证 因为 $A \subset B$, 所以 $B = A \cup (B-A)$, (参见图 1-8)

且 $A \cap (B-A) = \varnothing$.

由概率的可加性得 $P(B) = P(A \cup (B-A)) = P(A) + P(B-A)$, 即 $P(B-A) = P(B) - P(A)$.

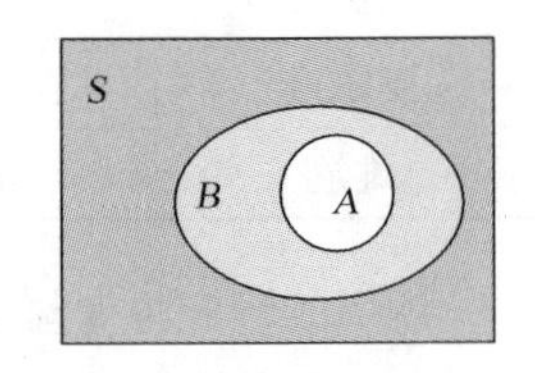

图 1-8 $\boldsymbol{B = A \cup (B-A)}$

特别地，当 $B=S$ 时，得到如下性质：

性质 2　对任意事件 A，$P(\overline{A})=1-P(A)$.

在性质 2 中，当 $A=S$ 时，结合概率的规范性，可得到如下性质：

性质 3　$P(\varnothing)=0$.

性质 4　若 $A\subset B$，则 $P(A)\leqslant P(B)$.

证　由性质 1 及概率的非负性得 $0\leqslant P(B-A)=P(B)-P(A)$，即 $P(A)\leqslant P(B)$.

性质 5　对任意的事件 A，$P(A)\leqslant 1$

证　由于 $A\subset S$，由性质 4 及概率的规范性可得 $P(A)\leqslant 1$.

性质 6(有限可加性)　对于 n 个两两互不相容的事件 $A_1, A_2, \cdots, A_n$，则有

$$P(A_1\cup A_2\cup\cdots\cup A_n)=P(A_1)+P(A_2)+\cdots+P(A_n).$$

证　在式(1.2.1)中，令 $A_{n+1}=A_{n+2}=\cdots=\varnothing$，则 $A_1, \cdots, A_n, A_{n+1}, \cdots$ 是一组两两互不相容的事件. 由 $P(\varnothing)=0$，便得

$$\begin{aligned}P(A_1\cup A_2\cup\cdots\cup A_n)&=P(\bigcup_{k=1}^{n}A_k)=P(\bigcup_{k=1}^{\infty}A_k)=\sum_{k=1}^{\infty}P(A_k)\\&=\sum_{k=1}^{n}P(A_k)+\sum_{k=n+1}^{\infty}P(\varnothing)=P(A_1)+P(A_2)+\cdots+P(A_n).\end{aligned}$$

性质 7(加法公式)　对任意事件 A, B，有 $P(A\cup B)=P(A)+P(B)-P(AB)$.

证　如图 1-9，由于 $A\cup B=A\cup(B-AB)$ 且 $A\cap(B-AB)=\varnothing$，由概率的可加性及性质 1 得

$$\begin{aligned}P(A\cup B)&=P(A\cup(B-AB))\\&=P(A)+P(B-AB)\\&=P(A)+P(B)-P(AB).\end{aligned}$$

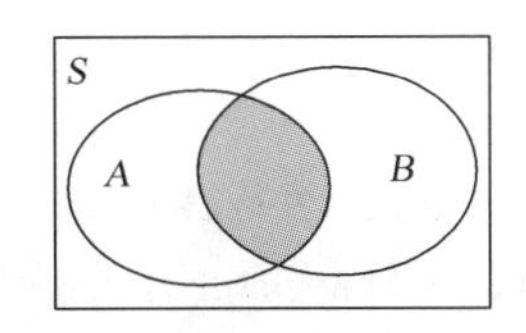

图 1-9　$A\cup B=A\cup(B-AB)$

加法公式可推广到任意 n 个事件. 例如，对任意三个事件 A, B, C，有

$$\begin{aligned}P(A\cup B\cup C)=&P(A)+P(B)+P(C)\\&-P(AB)-P(BC)-P(CA)+P(ABC).\end{aligned}$$

更一般地，对于任意 n 个事件 $A_1, A_2, \cdots, A_n$，用数学归纳法可证得

$$\begin{aligned}P(A_1\cup A_2\cup\cdots\cup A_n)=&\sum_{i=1}^{n}P(A_i)-\sum_{1\leqslant i<j\leqslant n}P(A_iA_j)\\&+\sum_{1\leqslant i<j<k\leqslant n}P(A_iA_jA_k)+\cdots+(-1)^{n-1}P(A_1A_2\cdots A_n).\end{aligned}$$

计算随机事件概率的时候，以上性质起到关键性的作用，读者一定要十分熟练.

【例 1】 在一公交枢纽站内，地铁误点的概率是 0.05，衔接班次的公交车误点的概率是 0.3，都误点的概率为 0.02，问某人乘坐该地铁及公交车时至少有一种交通工具误点的概率.

解 令 A={地铁误点}，B={公交车误点}，则 $A \cup B$ = {地铁及公交车至少有一方误点}，AB = {两者都误点}，由概率的加法公式，

$$\begin{aligned} P(A \cup B) &= P(A) + P(B) - P(AB) \\ &= 0.3 + 0.05 - 0.02 = 0.33. \end{aligned}$$

【例 2】 设 A, B, C 为三个事件，已知 $P(A) = P(B) = P(C) = 0.3$，$P(AB) = 0$，$P(AC) = P(BC) = 0.1$，求 A, B, C 至少有一个发生的概率.

解 由事件的加法运算的意义，$A \cup B \cup C$ = { A, B, C 至少有一个发生}，于是

$$\begin{aligned} P(A \cup B \cup C) = P(A) + P(B) + P(C) - P(AB) - \\ P(AC) - P(BC) + P(ABC) \end{aligned}$$

其中，由于 $ABC \subset AB$，故 $P(ABC) \leqslant P(AB) = 0$，因此 $P(ABC) = 0$，所以

$$P(A \cup B \cup C) = 0.3 + 0.3 + 0.3 - 0.1 - 0.1 = 0.7.$$

习题 1-2

1. 某市发行晨报和晚报. 在该市的居民中，订阅晨报的占 45%，订阅晚报的占 35%，同时订阅晨报及晚报的占 10%，求下列事件的概率：

(1) 只订阅晨报的；

(2) 只订阅一种报纸的；

(3) 至少订阅一种报纸的；

(4) 不订阅任何报纸的.

2. 设 A, B, C 是三个事件，且 $P(A) = P(B) = P(C) = \frac{1}{4}$，$P(AB) = P(BC) = 0$，$P(AC) = \frac{1}{8}$，求 A, B, C 中至少有一个发生的概率.

3. 设事件 A, B 及 $A \cup B$ 的概率分别为 p, q 及 r，求：$P(AB)$，$P(A\overline{B})$，$P(\overline{A}B)$ 及 $P(\overline{AB})$.

4. 设 $P(A) = \frac{1}{3}$，$P(B) = \frac{1}{2}$，试分别在下列三种情况下求 $P(\overline{A}B)$ 的值：

(1) A, B 互不相容；

(2) $A \subset B$；

(3) $P(AB)=\frac{1}{8}$.

第三节　等可能概型

求出随机事件发生的概率给人们的生产生活带来很大的方便,但是很多随机试验中随机事件的概率是不容易甚至不可能求出的. 其中较为容易求解的是等可能概型.

一、古典概型

抛一枚硬币考虑正面或反面出现的概率,掷一粒骰子考虑出现各点的概率等,是概率中最古老的问题. 这类问题所代表的随机试验具有以下特征:

(1) 所有基本事件个数是有限个;

(2) 各基本事件发生的可能性相同.

将满足上面两条件的概率试验模型称为**古典概型**.

我们通过掷骰子的问题来看一下如何求解古典概型中的概率问题.

例如,掷一均匀的骰子,则任一点向上的概率都一样. 令 $A=\{$掷出 2 点$\}=\{2\}$,$B=\{$掷出偶数点$\}=\{2, 4, 6\}$. 此试验样本空间为 $S=\{1, 2, 3, 4, 5, 6\}$,于是,应有

$$P(S)=6P(A)=1, \text{即 } P(A)=\frac{1}{6}.$$

而

$$P(B)=3P(A)=\frac{3}{6}=\frac{1}{2}=\frac{B\text{ 中基本事件数}}{\text{总基本事件数}}.$$

更一般地,设试验的样本空间为 $S=\{e_1, e_2, \cdots, e_n\}$. 由于在试验中每个基本事件发生的可能性相同,即

$$P(\{e_1\})=P(\{e_2\})=\cdots=P(\{e_n\}),$$

注意到

$$P(\{e_1\} \cup \{e_2\} \cup \{e_n\})=P(S)=1,$$

$$P(\{e_1\} \cup \{e_2\} \cup \{e_n\})=P(\{e_1\})+P(\{e_2\})+\cdots+P(\{e_n\})=nP(\{e_i\}),$$

于是

$$P(\{e_i\})=\frac{1}{n},\ i=1,\ 2,\ \cdots,\ n.$$

若随机事件 A 包含 k 个样本点，即 $A=\{e_{i_1},e_{i_2},\ \cdots,\ e_{i_k}\}$，则

$$P(A)=P(\bigcup_{j=1}^{k}\{e_{i_j}\})=\sum_{j=1}^{k}P(\{e_{i_j}\})=\underbrace{\frac{1}{n}+\frac{1}{n}+\cdots+\frac{1}{n}}_{k\text{个}}=\frac{k}{n},$$

所以有计算公式

$$P(A)=\frac{A\text{ 包含的样本点数}}{S\text{ 中样本点总数}}=\frac{k}{n}.$$

下面看一些古典概型的例子.

【例 1】 将一枚质地均匀的硬币连抛三次，求恰有一次正面向上的概率.

解 用 H 表示正面，T 表示反面，则该试验的样本空间

$$S=\{(H,\ H,\ H)(H,\ H,\ T)(H,\ T,\ H)(T,\ H,\ H)\\ (H,\ T,\ T)(T,\ H,\ T)(T,\ T,\ H)(T,\ T,\ T)\}.$$

样本点总为 8. 令 A 表示事件恰有一次出现正面，则

$$A=\{(H,\ T,\ T)(T,\ H,\ T)(T,\ T,\ H)\}$$

含 3 个基本事件，所以

$$P(A)=\frac{3}{8}.$$

【例 2】(取球问题) 袋中有 3 个白球，2 个黑球，分别按下列三种取法在袋中取球.

(1) **有放回地取球**：从袋中取两次球，每次取一个，看后放回袋中，再取下一个球；

(2) **无放回地取球**：从袋中取两次球，每次取一个，看后不再放回袋中，再取下一球；

(3) **一次取球**：从袋中任取两个球.

在以上三种取法中均求 $A=\{$恰好取得 2 个白球$\}$的概率.

解 (1) 从袋中取两球，第一次取球有 5 种取法，由于取后放回，第二次取球也有 5 种取法，由计数法的乘法原理，共有 $5\times5=25$ 种取法，因此样本空间所含样本点总数为 25. 又由于每次从 5 个球中任选一个，每个球被取到的机会均等，因此这 25 个基本事件发生的可能性相同. 恰好取到两个白球的的时候，第一次有 3 种取法，第二次也有 3 种取法，因此，可能情况数为 $3\times3=9$，所以

$$P(A)=\frac{9}{25}.$$

(2) 无放回取球时,第一次取球有 5 种取法,由于不放回所以第二次有 4 种取法,所以共有 $5\times4=20$ 种取法. 两次都是白球时,第一次有 3 种取法,第二次有 2 种取法,因此,可能情况数为 $3\times2=6$. 所以

$$P(A)=\frac{6}{20}=\frac{3}{10}.$$

(3) 一次取球时,从五个球任意取两个,总取法为 $C_5^2=10$,恰好取到两个白球的取法有 $C_3^2=3$,所以

$$P(A)=\frac{3}{10}.$$

下面看一个更复杂的一次取球问题:

【例 3】 设袋中有 n 个同规格的球,其中有 k 个红球和 $n-k$ 个白球,从中抽取 m 个球,求其中恰有 j 个红球的概率. $(n>m,\ k\geqslant j)$.

解 从 n 个球中抽取 m 个(此处指不放回抽样),所有可能的取法共有 C_n^m 种,即样本空间中样本点总数是 C_n^m. 取 m 个球恰好有 j 个红球时,可看作先从 k 个红球中取 j 个,取法有 C_k^j 种;然后从 $n-k$ 个白球中取 $m-j$ 个,所有可能的取法有 C_{n-k}^{m-j} 种,因此,据乘法原理,从 n 个球中抽取 m 个,恰有 j 个红球的取法 $C_k^j\cdot C_{n-k}^{m-j}$ 种,所以,所求概率为

$$p=\frac{C_k^j\cdot C_{n-k}^{m-j}}{C_n^m}.$$

上式称为超几何分布的概率公式.

【例 4】(分球问题) 将 n 个球放入 m 个盒子中去,试求恰有 n 个盒子各有一球的概率($m\geqslant n$).

解 令 $A=\{$恰有 n 个盒子各有一球$\}$,因为每个球都有 m 种放法,所以基本事件的总数 m^n. 若要恰有 n 个盒子各有一球的概率,需先选 n 个盒子,共有 C_m^n 种方法;再在 n 个盒子中放 n 个球,共有 $n!$ 种放法. 由乘法原理知共有 $C_m^n\cdot n!$ 种放法. 因此

$$P(A)=\frac{C_m^n\cdot n!}{m^n}.$$

下面是属于分球问题的一个实例:

全班有 30 名同学,令 $A=\{30$ 个同学生日皆不相同$\}$。所有可能的结果 $n=$

365^{30}，A 中含有的样本点数 $n_A = C_{365}^{30} \cdot 30!$，所以

$$P(A) = \frac{C_{365}^{30} \cdot 30!}{365^{30}} \approx 0.2937.$$

【例 5】(取数问题) 从 0，1，…，9 十个数字中随机地不放回地接连取四个数字，并按其出现的先后排成一列，求下列事件的概率：

(1) 四个数排成一个偶数；

(2) 四个数排成一个四位数；

(3) 四个数排成一个四位偶数.

解 令 A={四个数排成一个偶数}，B={四个数排成一个四位数}，C={四个数排成一个四位偶数}.

(1) 从 0，1，…，9 十个数字中随机的不放回的接连取四个数字总取法 $10\times9\times8\times7=5\,040$；要想使排成的四位数是偶数，需要最后抽到的数字是偶数，这有 5 种可能，由于是无放回抽取，所以第一次抽取有 9 种可能，第二次抽取有 8 种可能，第三次抽取有 7 种可能，因此，排法有 $5\times9\times8\times7=2\,520$，

$$P(A) = \frac{2\,520}{5\,040} = \frac{1}{2};$$

(2) 若四个数字排成一个四位数，需要第一次取到的不是 0，所以第一次有 9 种取法，第二、三、四次依次有 9、8、7 种取法，因此，共有 $9\times9\times8\times7=4\,536$ 种取法，

$$P(B) = \frac{4\,536}{5\,040} = 0.9;$$

(3) 若四个数排成偶数，则第四位数只能是偶数，有 5 种取法，第一、二、三位的取法分别有 9、8、7 种，所以总取法有 $5\times9\times8\times7$ 种；但是这样取包含了首位是 0 的数字，这种不能算四位数，这种数字有 $4\times8\times7$ 个，所以，排成四位偶数的排法共有 $5\times9\times8\times7-4\times8\times7=2\,296$，

$$P(C) = \frac{2\,296}{5\,040} \approx 0.46.$$

【例 6】(分组问题) 将一副 52 张的扑克牌平均分给四个人，求下列事件的概率：

(1) 有人手里分得 13 张黑桃；

(2) 有人手里有 4 张 A 牌.

解 令 A={有人手里有 13 张黑桃}，B={有人手里有 4 张 A 牌}.

(1) 按照乘法原理,每人 13 张扑克牌的所有可能分法有 $C_{52}^{13}\cdot C_{39}^{13}\cdot C_{26}^{13}\cdot C_{13}^{13}$ 种;

除去 13 张黑桃外,剩下的 39 张扑克牌分给三人的所有可能分法有 $C_{39}^{13}\cdot C_{26}^{13}\cdot C_{13}^{13}$ 种,四个人任一个分得 13 张黑桃都满足题意,所以有人分得 13 张黑桃的分法有 $C_4^1\cdot C_{39}^{13}\cdot C_{26}^{13}\cdot C_{13}^{13}$ 种,所以

$$P(A)=\frac{C_4^1\cdot C_{39}^{13}\cdot C_{26}^{13}\cdot C_{13}^{13}}{C_{52}^{13}\cdot C_{39}^{13}\cdot C_{26}^{13}\cdot C_{13}^{13}}\approx 6.3\times 10^{-12};$$

(2) 若要某人手中有 4 张 A,相当于先将 4 张 A 抽出放到一边,剩下的 48 张扑克牌给三人每人分 13 张,一人分 9 张,最后将 4 张 A 牌分给只有 9 张扑克牌的人. 所以分法有 $C_4^1\cdot C_{48}^{9}\cdot C_{39}^{13}\cdot C_{26}^{13}\cdot C_{13}^{13}$ 种,所以

$$P(B)=\frac{C_4^1\cdot C_{48}^{9}\cdot C_{39}^{13}\cdot C_{26}^{13}\cdot C_{13}^{13}}{C_{52}^{13}\cdot C_{39}^{13}\cdot C_{26}^{13}\cdot C_{13}^{13}}=0.01.$$

二、几何概型

古典概型只研究了只有有限个等可能结果的随机试验,但人们在研究古典概型时,发现有一类随机试验所有可能的结果数是无限个. 例如等公交车时,候车的时间;某一网页中,悬浮广告遮挡住的区域等. 在这类随机试验中,只考虑随机现象的可能结果只有有限个是不够的,还必须计算有无限个可能结果的情形. 早期研究样本空间有无限个样本点的概率模型是几何概率模型.

设样本空间 S 是平面上的一个区域,面积记为 σ_S,随机事件 A 是 S 中的一个子区域,面积记为 σ_A. 现任意投一点到 S 中,假定点落入 S 内任一同面积的子区域 A 的可能性都相同,这种可能性的大小与 σ_A 成正比,而与 A 的位置和形状无关. 这与古典概型中的等可能性概型类似. 由此,我们规定,随机事件 A 的概率为

$$P(A)=\frac{\sigma_A}{\sigma_S}.$$

S 可推广为是欧氏空间上的某一区域. 这种以等可能性为基础,借助几何上的度量(长度、面积、体积等)来计算得到的概率,称为**几何概率**. 计算公式为

$$P(A)=\frac{A\text{ 所占的度量}}{S\text{ 的几何度量}}.$$

【例 7】 甲、乙两人约定在下午 4:00 至 5:00 间在某地相见. 他们约好当其中一人先到后一定要等另一人 15 分钟,若另一人仍不到则可以离去,试求这两人能

相见的概率.

解　设 x 为甲到达时间，y 为乙到达时间. 建立坐标系，如图 1-10 所示，$|x-y| \leqslant 15$ 时两人可相见，即两人见面时间表示的点落到阴影部分时可相见，所以

$$P=\frac{60^2-45^2}{60^2}=\frac{7}{16}.$$

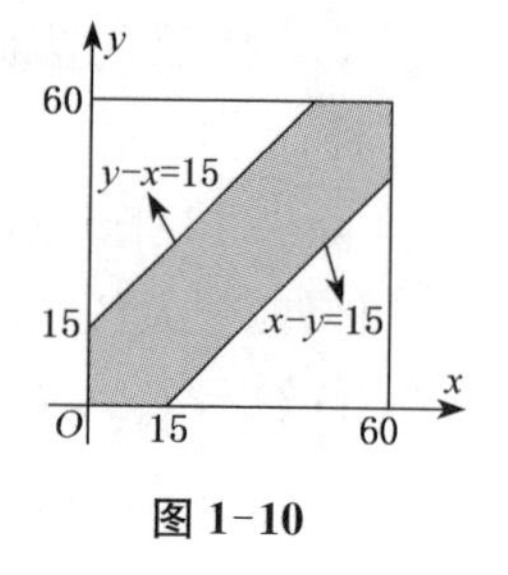

图 1-10

习题 1-3

1. 掷两颗骰子，求出现的点数之和小于 5 及点数和是奇数的概率.

2. 有 12 个同学排队，其中 6 个男同学，6 个女同学，求 6 个男同学挨在一起的概率.

3. 从 1, 2, 3, 4, 5, 6, 7, 8, 9 这九个数字中任取三个数，求三个数之积为 21 的倍数的概率.

4. 从 5 双不同鞋子中任取 4 只，4 只鞋子中至少有 2 只配成一双的概率是多少？

5. 一个班级有 40 位同学，求至少有两人生日在同月同日的概率.

6. 盒子中装有同型号的电子元件 10 个，其中有 3 个是次品. 从盒子中任取 3 个，求：

(1) 3 个全是正品的概率；

(2) 恰有一个是次品的概率；

(3) 至少有两个是次品的概率.

7. 10 支足球队中有两支种子队，均分两组比赛. 问两支种子队：

(1) 分在不同组的概率是多少？

(2) 分在同一组的概率是多少？

8. 随机地向圆 $x^2+y^2-2ax=0\ (a>0)$ 的上半部分内投掷一点，假设点等可能地落在半圆内任何地方，那么原点与该点的连线的夹角小于 $\frac{\pi}{4}$ 的概率是多少？

9. A 为单位圆周上一点，从该圆周上随机地取一点 P，求弦 AP 长度超过 $\sqrt{2}$ 的概率.

10. 两人约定中午 11:00～12:30 在某饭店吃饭，求一人要等另一人半小时以上的概率.

第四节　条件概率与全概率公式

在研究概率问题时，经常会碰到两个或多个事件之间相互影响的情况. 例如，甲乙两个人抽签，甲抽中的概率是 $\frac{1}{2}$，但是若已知乙抽中的条件下甲抽中的概率是 0. 因此，给定条件下求解某事件的概率与直接求解该事件的概率是有区别的. 这就是我们本节讨论的条件概率问题.

一、条件概率的概念及计算

先直观地给出条件概率的含义. 在已知事件 B 发生条件下，事件 A 发生的概率称为事件 A 的条件概率，记为 $P(A \mid B)$. 条件概率 $P(A \mid B)$ 与无条件概率 $P(A)$ 通常是不相等的. 先通过下面例子了解一下条件概率.

【例 1】 某一工厂有职工 500 人，男女各一半，男女职工中组长分别为 40 人和 10 人，现从该厂中任选一职工，令 $A=\{$选出的职工为组长$\}$，$B=\{$选出的职工为女职工$\}$，易知，$P(A)=\dfrac{50}{500}$，$P(B)=\dfrac{250}{500}$，$P(AB)=\dfrac{10}{500}$，而

$$P(A \mid B)=\frac{10}{250}=\frac{\frac{10}{500}}{\frac{250}{500}}=\frac{P(AB)}{P(B)},\ P(B \mid A)=\frac{10}{50}=\frac{\frac{10}{500}}{\frac{50}{500}}=\frac{P(AB)}{P(A)}.$$

上述关系虽然是在特殊情形下得到的，但它对一般的古典概率、几何概率都成立.

以古典概型为例，设样本空间中样本点总数为 n 个，事件 B 所包含的样本点数为 m 个，事件 AB 所包含的样本点数为 k 个，在 B 已经发生的条件下，相当于样本空间从 S 缩小到 B，于是，事件 A 的概率为

$$P(A \mid B)=\frac{k}{m}=\frac{k/n}{m/n}=\frac{P(AB)}{P(B)}.$$

在这个关系式的基础上，给出以下条件概率的定义.

定义 设 A、B 为两事件，如果 $P(B)>0$，则称 $P(A \mid B)=\dfrac{P(AB)}{P(B)}$ 为在事件 B 发生的条件下，事件 A 发生的条件概率. 同样地，如果 $P(A)>0$，则称 $P(B \mid A)=\dfrac{P(AB)}{P(A)}$ 为在事件 A 发生条件下，事件 B 的条件概率.

不难验证，条件概率 $P(A \mid B)$ 满足概率公理化定义中的三个条件，因此第二节中概率的性质对条件概率依然适用. 例如，对于事件 A_1，A_2，若 $P(B)>0$，则有

$$P(A_1 \mid B)=1-P(\overline{A_1} \mid B),$$

$$P(A_1 \cup A_2 \mid B)=P(A_1 \mid B)+P(A_2 \mid B)-P(A_1A_2 \mid B)$$

等等.

计算条件概率时，通常有两种方法：

(1) 由问题本身条件概率的含义计算(通常适用于古典概型,如例 1);

(2) 由条件概率的定义计算.

【例 2】 一盒子内有 10 只晶体管,其中 4 只次品,6 只正品,从中无放回地取二次,每次取一只,求已知第一次取得的晶体管是正品的条件下,第二次取的晶体管也是正品的概率.

解 令 A={第一次取得的晶体管是正品},B={第二次取得的晶体管是正品}.按照题目要求,第一次取走一只正品,剩下 9 只晶体管,其中包含 4 只次品,所以第二次取出也是正品的概率

$$P(B \mid A) = \frac{5}{9}.$$

由于 $P(A) = \frac{6}{10}$, $P(AB) = \frac{6 \cdot 5}{10 \cdot 9} = \frac{1}{3}$,按照条件概率的定义计算得,

$$P(A \mid B) = \frac{P(AB)}{P(A)} = \frac{5}{9}.$$

【例 3】 某种投影仪灯泡使用到 2 000 小时还能正常工作的概率为 0.97,使用到 3 000 小时还能正常工作的概率为 0.36.有一个投影仪灯泡已工作了 2 000 小时,问它还能再工作超过 1 000 小时的概率为多大?

解 令 A={投影仪灯泡能正常工作到 2 000 小时},B={投影仪灯泡能正常工作到 3 000 小时}.

由条件知 $P(A) = 0.97$,若投影仪灯泡正常工作到 3 000 小时,则必定已正常工作到 2 000 小时,所以 $P(B) = P(AB) = 0.36$.

正常工作了 2 000 小时后,还能再工作超过 1 000 小时的概率

$$P(B \mid A) = \frac{P(AB)}{P(A)} = \frac{0.36}{0.97} \approx 0.37.$$

二、乘法公式、全概率公式及贝叶斯公式

1. 乘法公式

研究概率问题时,有时候根据含义可得概率 $P(A \mid B)$ 与 $P(B)$,需要求解 $P(AB)$,此时,只需对条件概率公式进行变形即可解决该问题.变形之后的公式称为乘法公式.

乘法公式 如果 $P(B) > 0$,则有 $P(AB) = P(B)P(A \mid B)$.

类似的,如果 $P(A) > 0$,则有 $P(AB) = P(A)P(B \mid A)$.

【例 4】 已知某产品的不合格品率为 4%,而合格品中有 75%的一级品,今从这批产品中任取一件,求取得的为一级品的概率.

解　令 $A=\{$任取一件产品为一级品$\}$，　$B=\{$任取一件产品为合格品$\}$.

由于 $A\subset B$，即有 $AB=A$，故 $P(AB)=P(A)$. 于是，所求的概率为

$$P(A)=P(AB)=P(B)P(AB)=0.96\times 0.75=0.92.$$

【例 5】　为了防止意外，在矿内安装两个报警系统 a 和 b，每个报警系统单独使用时，系统 a 有效的概率为 0.92，系统 b 的有效概率为 0.93，而在系统 a 失灵情况下，系统 b 有效的概率为 0.85，试求：

(1) 当发生意外时，两个报警系统至少有一个有效的概率；

(2) 在系统 b 失灵情况下，系统 a 有效的概率.

解　令 $A=\{$系统 a 有效$\}$　$B=\{$系统 b 有效$\}$.

根据条件已知 $P(A)=0.92$，$P(B)=0.93$，$P(B\mid\overline{A})=0.85$.

(1) “两个报警系统至少有一个有效”可表示为 $A\cup B$，由加法公式得

$$P(A\cup B)=P(A)+P(B)-P(AB),$$

其中 $P(AB)=P(B-B\overline{A})=P(B)-P(\overline{A})\cdot P(B\mid\overline{A})=0.93-0.08\times 0.85=0.862$.

于是 $P(A\cup B)=0.92+0.93-0.862=0.988$.

(2) 在系统 b 失灵情况下，系统 a 有效的概率

$$P(A\mid\overline{B})=\frac{P(A\overline{B})}{P(\overline{B})}=\frac{P(A-AB)}{1-P(B)}=\frac{P(A)-P(AB)}{1-P(B)}=0.829.$$

乘法定理可推广到有限多个事件的情形. 设 $A_1, A_2, \cdots, A_n$ 为 n 个事件，$n\geqslant 2$，且 $P(A_1A_2\cdots A_{n-1})>0$，则有

$$P(A_1A_2\cdots A_n)=P(A_1)P(A_2\mid A_1)P(A_3\mid A_1A_2)\cdots P(A_n\mid A_1A_2\cdots A_{n-1}).$$

特别地，对于 A, B, C 三个事件，当 $P(AB)>0$ 时，则有

$$P(ABC)=P(A)P(B\mid A)P(C\mid AB).$$

【例 6】　10 个考签中有 4 个难签，三个人参加抽签(无放回)，甲先抽，乙随后抽，丙最后抽，

(1) 求甲、乙、丙均抽得难签的概率；

(2) 分别求甲、乙、丙抽得难签的概率.

解　令 A, B, C 分别表示甲、乙、丙抽得难签的事件，

(1) 三人均抽到难签可表示为 ABC，由三事件的乘法原理知：

$$P(ABC)=P(A)P(B\mid A)P(C\mid AB)=\frac{4}{10}\cdot\frac{3}{9}\cdot\frac{2}{8}=\frac{1}{30}.$$

(2) 甲抽得难签的概率为 $P(A)=\frac{4}{10}=0.4$.

由于 $B=AB\cup\overline{A}B$，故乙抽得难签的概率为

$$P(B)=P(AB\cup\overline{A}B)=P(AB)+P(\overline{A}B)$$
$$=P(A)P(B\mid A)+P(A)P(B\mid\overline{A})=\frac{4}{10}\cdot\frac{3}{9}+\frac{6}{10}\cdot\frac{4}{9}=\frac{4}{10}.$$

同样地，丙抽得难签的概率为

$$P(C)=P(ABC\cup\overline{A}BC\cup A\overline{B}C\cup\overline{A}\,\overline{B}C)$$
$$=P(ABC)+P(\overline{A}BC)+P(A\overline{B}C)+P(\overline{A}\,\overline{B}C),$$

其中，$P(ABC)=\frac{1}{30}$，$P(\overline{A}BC)=P(\overline{A})P(B\mid\overline{A})P(C\mid\overline{A}B)=\frac{6}{10}\cdot\frac{4}{9}\cdot\frac{3}{8}=\frac{1}{10}$,

$$P(A\overline{B}C)=P(A)P(\overline{B}\mid A)P(C\mid A\overline{B})=\frac{4}{10}\cdot\frac{6}{9}\cdot\frac{3}{8}=\frac{1}{10},$$

$$P(\overline{A}\,\overline{B}C)=P(\overline{A})P(\overline{B}\mid\overline{A})P(C\mid\overline{A}\,\overline{B})=\frac{6}{10}\cdot\frac{5}{9}\cdot\frac{4}{8}=\frac{1}{6},$$

所以，$P(C)=\frac{1}{30}+\frac{1}{10}+\frac{1}{10}+\frac{1}{6}=0.4$.

从例 6 中可以看出，多个人抽签时，先抽跟后抽中签的概率都相等.

2. 全概率公式

研究概率问题时，有些复杂的事件直接求解概率十分困难或无法求解，这时可以将一个复杂事件分解成多个简单事件的和来求解.

完备事件组 如果一组事件 $A_1, A_2, \cdots, A_n$ 在每次试验中必发生且仅发生一个，即 $\bigcup_{i=1}^{n}A_i=S$ 且 $\bigcap_{i=1}^{n}A_i=\varnothing$，则称此事件组为该试验的一个**完备事件组**或样本空间 S 的一个**划分**.

例如，在掷一颗骰子的试验中，以下事件组均为完备事件组：① $\{1\}, \{2\}, \{3\}, \{4\}, \{5\}, \{6\}$；② $\{1, 2, 3\}, \{4, 5\}, \{6\}$；③ $A, \overline{A}$ (A 为试验中任意一事件).

定理 设 S 是试验 E 的样本空间，$A, B_1, B_2, \cdots, B_n$ 为 E 的事件，且 $B_1, B_2, \cdots, B_n$ 是 S 的一个划分，则

$$P(A)=\sum_{i=1}^{n}P(B_i)P(A\mid B_i). \tag{1.4.1}$$

证 因为

$$A = AS = A(B_1 \cup B_2 \cup \cdots \cup B_n) = AB_1 \cup AB_2 \cup \cdots \cup AB_n,$$

由 $B_iB_j = \varnothing$，可知

$$(AB_i)(AB_j) = \varnothing, \ (i \neq j, \ i, j = 1, 2, \cdots, n),$$

根据已知条件 $P(B_i) > 0 \ (i = 1, 2, \cdots, n)$，由概率的可加性及乘法定理，得

$$\begin{aligned} P(A) &= P(AB_1) + P(AB_2) + \cdots + P(AB_n) \\ &= P(B_1)P(A \mid B_1) + P(B_2)P(A \mid B_2) + \cdots + P(B_n)P(A \mid B_n) \\ &= \sum_{i=1}^{n} P(B_i)P(A \mid B_i). \end{aligned}$$

我们称式(1.4.1)为**全概率公式**. 利用全概率公式可以将求复杂事件的概率问题分为若干互不相容的简单情形来处理.

【例 7】 某届世界女排锦标赛半决赛的对阵如图 1-11，根据以往资料可知，中国胜美国的概率为 0.4，中国胜日本的概率为 0.9，而日本胜美国的概率为 0.5，求中国得冠军的概率.

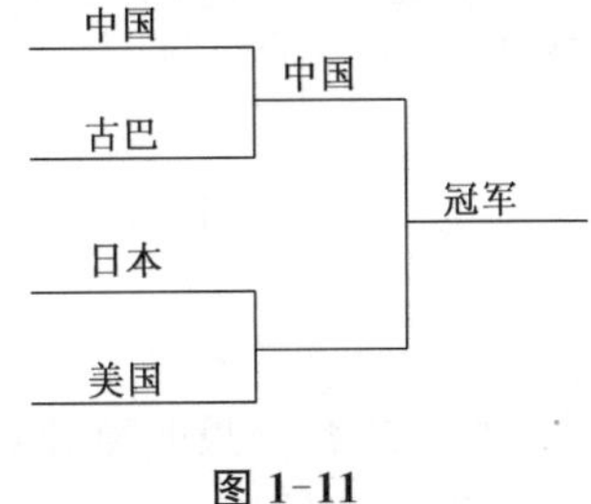

图 1-11

解 中国夺冠意味着中国胜了日本与美国中的胜者，可分解为日本胜美国后中国胜日本及美国胜日本后中国胜美国两种情形，令

$$H = \{日本胜美国\}, \ \bar{H} = \{美国胜日本\}, \ A = \{中国得冠军\},$$

由全概率公式得所求的概率为

$$P(A) = P(H)P(A \mid H) + P(\bar{H})P(A \mid \bar{H}) = 0.5 \cdot 0.9 + 0.5 \cdot 0.4 = 0.65.$$

【例 8】 盒中放有 12 个乒乓球，其中 9 个是新的，第一次比赛时，从盒中任取 3 个使用，用后放回盒中，第二次比赛时，再取 3 个使用，求第二次取出都是新球的概率.

解 求解这类问题的关键是找到样本空间的一个合适的划分，第二次取出的球全是新球可分为以下几种情况，第一次取出的球有 i 个新球，$i=0, 1, 2, 3$，令 $H_i=\{$第一次比赛时取出的 3 个球中有 i 个新球$\}$ $i=0, 1, 2, 3$，$A=\{$第二次比赛取出的 3 个球均为新球$\}$，则 $\{H_0, H_1, H_2, H_3\}$ 是样本空间的一个划分，且由古典概型知道

$$P(H_0) = \frac{C_3^3}{C_{12}^3}, \ P(H_1) = \frac{C_3^2 \cdot C_9^1}{C_{12}^3}, \ P(H_2) = \frac{C_3^1 \cdot C_9^2}{C_{12}^3}, \ P(H_3) = \frac{C_9^3}{C_{12}^3},$$

而 $$P(A \mid H_0) = \frac{C_9^3}{C_{12}^3},\ P(A \mid H_1) = \frac{C_8^3}{C_{12}^3},$$

$$P(A \mid H_2) = \frac{C_7^3}{C_{12}^3},\ P(A \mid H_3) = \frac{C_6^3}{C_{12}^3},$$

由全概率公式可得所求的概率

$$P(A) = \sum_{i=0}^{3} P(H_i)P(A \mid H_i) = 0.146.$$

3. 贝叶斯公式

有些概率问题最终求解的是一个条件概率,这时可以将全概率公式稍加变形,得到下面的贝叶斯公式来处理此类问题.

定理 设试验 E 的样本空间为 S, A 为 E 的事件, $B_1, B_2, \cdots, B_n$ 为 S 的一个划分,且 $P(A) > 0$, $P(B_i) > 0\ (i = 1, 2, \cdots, n)$, 则

$$P(B_k \mid A) = \frac{P(B_k)P(A \mid B_k)}{\sum_{i=1}^{n} P(B_i)P(A \mid B_i)},\ k = 1, 2, \cdots, n. \qquad (1.4.2)$$

(1.4.2)式称为**贝叶斯公式.**

证 由条件概率的定义及全概率公式,则有

$$P(B_k \mid A) = \frac{P(AB_k)}{P(A)} = \frac{P(B_k)P(A \mid B_k)}{\sum_{i=1}^{n} P(B_i)P(A \mid B_i)},\ k = 1, 2, \cdots, n.$$

如果研究问题时,样本空间只含有两个基本事件,此时,全概率公式及贝叶斯公式中 $n = 2$, 将 B_1 记作 B, B_2 则为 $\overline{B}$, 相应公式分别为

$$P(A) = P(B)P(A \mid B) + P(\overline{B})P(A \mid \overline{B}),$$

$$P(B \mid A) = \frac{P(B)P(A \mid B)}{P(B)P(A \mid B) + P(\overline{B})P(A \mid \overline{B})}.$$

【例 9】 某种诊断癌症的试验有如下效果:患有癌症者做此试验反映为阳性的概率为 0.95,不患有癌症者做此试验反映为阴性的概率也为 0.95,并假定就诊者中有 0.005 的人患有癌症. 已知某人做此试验反应为阳性,问他是一个癌症患者的概率是多少?

解 令 A={做试验的人为癌症患者}, B={试验结果反应为阳性}, 则 $\overline{A}$ = {做试验的人不为癌症患者}, $\overline{B}$ = {试验结果反应为阴性}, 由贝叶斯公式可得所

求概率为

$$P(A \mid B)=\frac{P(A)P(B \mid A)}{P(A)P(B \mid A)+P(\overline{A})P(B \mid \overline{A})}$$

$$=\frac{0.005\times 0.95}{0.005\times 0.95+0.995\times 0.05}=0.087.$$

【例 10】 两信息分别编码为 X 和 Y 传送出去，接收站接收时，由于干扰，X 被误收作为 Y 的概率为 0.02，而 Y 被误作为 X 的概率为 0.01. 信息 X 与 Y 传送的频繁程度之比为 2∶1，若接收站收到的信息为 X，问原发信息也是 X 的概率为多少？

解 设 $A=\{$原发信息为 $X\}$，$B=\{$收到信息为 $X\}$，则 $\overline{A}=\{$原发信息为 $Y\}$，$\overline{B}=\{$收到信息为 $Y\}$.

由题意可知 $P(A)=\frac{2}{3}$，$P(\overline{A})=\frac{1}{3}$，$P(B \mid A)=1-P(\overline{B} \mid A)=1-0.02=0.98$.

由贝叶斯公式可得所求概率为

$$P(A \mid B)=\frac{P(A)P(B \mid A)}{P(A)P(B \mid A)+P(\overline{A})P(B \mid \overline{A})}$$

$$=\frac{0.98\times\frac{2}{3}}{0.98\times\frac{2}{3}+0.01\times\frac{1}{3}}=\frac{196}{197}.$$

在该题中，$P(A)=\frac{2}{3}$ 是根据以往经验资料所计算出的原发信息为 X 的概率，常称其为先验概率或验前概率. 收到的信号 X 后，我们对此概率加以修正，算出 $P(A \mid B)=\frac{196}{197}$，这个修正后的概率称为后验概率或验后概率. 贝叶斯公式便是从验前概率推算验后概率的公式，所以贝叶斯公式又叫做验后概率公式.

习题 1-4

1. 已知 $P(A)=0.3$，$P(B \mid A)=0.2$，$P(A \mid B)=0.5$，求 $P(A\cup B)$.
2. 掷两颗骰子，已知两颗骰子点数之和为 5，求其中有一颗为 1 点的概率.
3. 袋中有 5 把钥匙，只有一把能打开门，从中任取一把去开门，求在

(1) 有放回；(2)无放回两种情况下，第三次能够打开门的概率.

4. 某种动物由出生活到 20 岁的概率为 0.8，活到 25 岁的概率为 0.4. 问现年 20 岁的这种

动物活到25岁的概率是多少?

5. 袋中有4粒黑球,1粒白球,每次从中任取一粒,并换入一粒黑球,这样连续进行下去,求第三次取到黑球的概率.

6. 经统计,某城市肥胖者占10%,中等体型人数占82%,消瘦者占8%.已知肥胖者患高血压的概率为0.2,中等体型者患高血压的概率为0.1,消瘦者患高血压的概率为0.05,求:

(1) 该城市居民患高血压的概率是多少?

(2) 若已知有一个居民患有高血压,那么该居民最有可能是哪种体型的人?

7. 设袋中有5个白球和3个黑球,从中每次无放回地任取一球,共取2次,求:

(1) 取到的2个球颜色相同的概率;

(2) 第二次才取到黑球的概率;

(3) 第二次取到黑球的概率.

8. 设有来自两个地区的各50名、30名考生的报名表,其中女生的报名表分别为10份、18份,随机地取一个地区的报名表,从中先后抽取出两份,

(1) 求先抽到的是女生表的概率;

(2) 已知先抽到的是女生表,求后抽到的也是女生表的概率.

9. 设有一箱产品是由三家工厂生产的,甲、乙、丙三厂的产量比为2∶1∶1,已知甲,乙两厂的次品率为2%,丙厂的次品率为4%,现从箱中任取一产品,

(1) 求所取得产品是甲厂生产的次品的概率;

(2) 求所取得产品是次品的概率;

(3) 已知所取得产品是次品,问是由甲厂生产的概率是多少?

10. 10名球员投篮训练,有6人是专业球员,4名是业余球员.专业球员命中率为0.8,业余球员命中率为0.3.现有一球员投篮投中,求他是专业球员的概率.

第五节　事件的独立性　贝努利概型

一、事件的独立性

设A, B是随机试验E的两个事件,一般来说,概率$P(A)$与条件概率$P(A|B)$是不相等的.即事件B发生与否对事件A有影响.但是,在有些情况下,事件B发生与否对事件A无影响.这种两个或多个事件发生与否有没有联系常用独立性来刻画.

对于随机事件A, B,如果其中一个事件发生与否不影响另一个事件的概率,称事件A, B相互独立.

若事件A, B相互独立,则$P(A|B)=P(A)$且$P(B|A)=P(B)$.由条件概率的计算公式及以上两个式子,不难得到,当事件A, B相互独立时,$P(AB)=P(A)P(B)$.由此,我们给出更为精确的两事件相互独立的数学定义.

定义　设 A, B 为两个事件,如果 $P(AB)=P(A)P(B)$,则称事件 A 与事件 B 相互独立.

【例 1】　袋中有 3 个白球 2 个黑球,现从袋中(1)有放回;(2)无放回的取两次球,每次取一球,令

$A=\{$第一次取出的是白球$\}$, $B=\{$第二次取出的是白球$\}$, 问 A, B 是否独立?

解　(1) 有放回取球情况: $P(A)=\frac{3}{5}$, $P(B)=\frac{3}{5}$, $P(A)P(B)=\frac{3^2}{5^2}=\frac{9}{25}$, 由于 $P(AB)=P(A)P(B)$, 故 A, B 独立.

(2) 无放回取球情况: $P(A)=\frac{3}{5}$, $P(B)=\frac{3\times 2+2\times 3}{5\times 4}=\frac{3}{5}$, $P(AB)=\frac{3\times 2}{5\times 4}=\frac{3}{10}$. 由于 $P(AB)\neq P(A)P(B)$, 故 A, B 不独立.

【例 2】　设有两元件,按串联和并联方式构成两个系统Ⅰ,Ⅱ(见图 1-12)每个元件的可靠性(即元件正常工作的概率)为 $r(0<r<1)$. 假定两元件工作彼此独立,求两系统的可靠性.

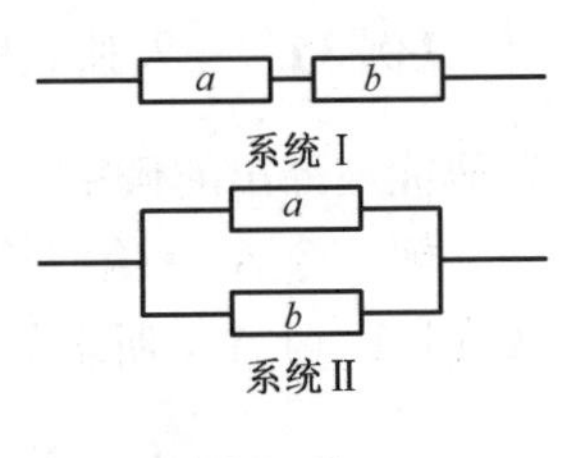

图 1-12

解　令　$A=\{$元件 a 正常工作$\}$,　$B=\{$元件 b 正常工作$\}$,且 A, B 独立. $C_1=\{$系统Ⅰ正常工作$\}$, $C_2=\{$系统Ⅱ正常工作$\}$

于是系统Ⅰ的可靠性为 $P(C_1)=P(AB)=P(A)P(B)=r^2$;

系统Ⅱ的可靠性为 $P(C_2)=P(A\cup B)=P(A)+P(B)-P(AB)=2r-r^2$.

由上面计算可看出,并联系统Ⅱ可靠性大于串联系统Ⅰ的可靠性.

在研究随机事件的独立性时,需研究的随机事件往往会超过两个,下面给出多个随机事件相互独立的概念.

定义　设 A, B, C 为三个事件,如果 $P(AB)=P(A)P(B)$, $P(AC)=P(A)P(C)$, $P(BC)=P(B)P(C)$, $P(ABC)=P(A)P(B)P(C)$,则称 A, B, C 是相互独立的.

定义　对 n 个事件 A_1, A_2, $\cdots$, A_n,若对任意 $k(2\leqslant k\leqslant n)$ 及满足 $1\leqslant i_1<i_2<\cdots<i_k\leqslant n$ 的任意整数 i_1, i_2, $\cdots$, i_k,等式

$$P(A_{i_1}A_{i_2}\cdots A_{i_k})=P(A_{i_1})P(A_{i_2})\cdots P(A_{i_k})$$

总成立,则称 A_1, A_2, $\cdots$, A_n 为相互独立的事件.

下面几个结论在计算概率时经常用到:

(1) A、B 相互独立、A、$\overline{B}$ 相互独立、$\overline{A}$、B 相互独立、$\overline{A}$、$\overline{B}$ 相互独立四个命

题中一个成立则其它三个必成立.

事实上,设 A, B 独立,即 $P(AB)=P(A)P(B)$, 于是有

$$P(A\overline{B})=P(A-AB)=P(A)-P(AB)=P(A)-P(A)P(B)$$
$$=P(A)[1-P(B)]=P(A)P(\overline{B});$$

故 $A\overline{B}$ 独立.类似地可证明其它结论,在此不再赘述.

(2) 如果 A_1, A_2, …, A_n 相互独立,则 $P(\bigcap\limits_{i=1}^{n}A_i)=\prod\limits_{i=1}^{n}P(A_i)$;

(3) 如果 A_1, A_2, …, A_n 相互独立,则 $P(\bigcup\limits_{i=1}^{n}A_i)=1-\prod\limits_{i=1}^{n}P(\overline{A}_i)$.

在实际应用中,判定事件的独立性时,往往不是根据定义,而是根据实际意义.一般地,如果根据实际情况分析,事件 A 与事件 B 之间没有联系,则就认为它们是相互独立的.

【例 3】 三人独立地破译一个密码,他们能译出的概率分别为 $\frac{1}{5}$, $\frac{1}{3}$, $\frac{1}{4}$,求密码能被译出的概率.

解 令 A_i={第 i 个人能译出密码},$i=1, 2, 3$; A={密码能被译出},则 $A=A_1\cup A_2\cup A_3$,所求的概率为

$$P(A)=P(A_1\cup A_2\cup A_3)=1-P(\overline{A}_1\,\overline{A}_2\,\overline{A}_3)$$
$$=1-P(\overline{A}_1)P(\overline{A}_2)P(\overline{A}_3)=1-\frac{4}{5}\times\frac{2}{3}\times\frac{3}{4}=0.6.$$

【例 4】 设每支步枪击中飞机的概率为 $P=0.004$,

(1) 现有 250 支步枪同时射击,求飞机被击中的概率;

(2) 若要以 99%概率击中飞机,问需多少支步枪同时射击?

解 令 A_i={第 i 支步枪击中飞机},$i=1, 2, \cdots, n$; A={飞机被击中}

(1) $n=250$,所求的概率为

$$P(A)=P(A_1\cup A_2\cup\cdots\cup A_{250})=1-P(\overline{A}_1\,\overline{A}_2\cdots\overline{A}_{250})$$
$$=1-P(\overline{A}_1)P(\overline{A}_2)\cdots P(\overline{A}_{250})=1-(1-0.004)^{250}\approx 0.63.$$

(2) n 为所需的步枪数,按题意 $P(A)=1-(1-0.004)^n=0.99$,解得 $n\approx 1\,150$.

因此,若要以 99%概率击中飞机,需要 1 150 支步枪同时射击.

二、贝努利概型

研究概率问题时,经常遇到需要考虑由若干次试验 E_1, E_2, …, E_n 构成的试

验序列的情形. 如果在相同条件下,将某试验重复进行 n 次,且每次试验中任何一事件的概率不受其它次试验结果的影响,此种试验序列称为 n 次**独立试验序列**.

下面介绍独立试验序列中的一种重要类型—— n 重贝努利试验.

定义　设 E 是随机试验,在相同的条件下将试验 E 重复进行 n 次,如果

(1) 由这 n 次试验构成的试验序列是独立试验序列;

(2) 每次试验有且仅有两个结果:事件 A 和事件 $\overline{A}$;

(3) 每次试验中事件 A 的概率 $P(A)=p$(常数),

则称该试验序列为 n 重贝努利试验,简称贝努利试验或贝努利概型.

例如,

(1) 将一骰子掷 10 次观察出现 6 点的次数——10 重贝努利试验;

(2) 在装有 8 个正品,2 个次品的箱子中,有放回地取 5 次产品,每次取一个,观察取得次品的次数,这是 5 重贝努利试验;

(3) 向目标独立地射击 n 次,每次击中目标的概率为 p,观察击中目标的次数—— n 重贝努利试验等等.

定理　设 n 重贝努利试验中事件 A 的概率为 $p(0<p<1)$,则 n 次试验中事件 A 恰好发生 k 次的概率 $P_n(k)$ 为

$$P_n(k)=C_n^k p^k q^{n-k},\quad k=0,1,\cdots,n.$$

其中 $q=1-p$.

证　由于每次试验中事件 A 都是相互独立的,因此在指定的 k 个试验中事件 A 发生,而在其余 $n-k$ 个试验中事件 A 不发生(例如在前 k 次试验中发生,而在后 $n-k$ 次试验中不发生)的概率为

$$\underbrace{p\cdot p\cdots p}_{k\text{个}}\cdot\underbrace{(1-p)\cdot(1-p)\cdots(1-p)}_{n-k\text{个}}=p^k(1-p)^{n-k}=p^kq^{n-k},$$

由于这种指定的不同方式共有 C_n^k 种,而且它们是两两互不相容的,根据概率的可加性,故在 n 次试验中事件 A 恰好发生 k 次的概率为

$$P_n(k)=\underbrace{p^kq^{n-k}+p^kq^{n-k}+\cdots p^kq^{n-k}}_{C_n^k\text{个}}=C_n^kp^kq^{n-k}.$$

容易验证

$$\sum_{k=0}^{n}P_n(k)=\sum_{k=0}^{n}C_n^kp^kq^{n-k}=(p+q)^n=1.$$

【例 5】　设电灯泡的耐用时数在 1 000 小时以上的概率为 0.2,三个灯泡在使用了 1 000 小时之后,求

(1) 恰有一个灯泡损坏的概率;

(2) 至多有一个灯泡损坏的概率.

解 在某一时刻观察三个灯泡损坏情况为3重贝努利试验.令A={灯泡是坏的},B_i={有i个灯泡损坏}, $i=0, 1, 2, 3$,则

$$p=P(A)=0.8,$$

(1) 所求的概率为$P(B_1)=P_3(1)=C_3^1\cdot 0.8\cdot 0.2^2=0.096$;

(2) 所求的概率为

$$\begin{aligned}P(B_0\cup B_1)&=P(B_0)+P(B_1)=P_3(0)+P_3(1)\\&=C_3^0\cdot 0.2^3+C_3^1\cdot 0.8\cdot 0.2^2\\&=0.008+0.096=0.104.\end{aligned}$$

【例6】 某工厂生产某种产品,其次品率为0.01,该厂以每10个产品为一包出售,并保证若一包内多于一个次品便可退货,问卖出的产品被退回的比例多大?如果厂方以20个产品为一包出售,并保证若一包内多于2个次品便可退货,情况又将如何呢?

解 设A表示任意观察一包产品被退回,B_i表示任意观察一包产品有i个次品($i=1, 2, \cdots, 10$).卖出产品被退回的比例即是卖出一包产品被退回的概率.

当每包10件时,观测一包内次品数的试验可视为10重贝努利试验.

$$P(B_i)=C_{10}^i\cdot 0.01^i\cdot 0.99^{10-i},$$

$$P(A)=1-P(\overline{A})=1-P(B_0)-P(B_1)\approx 0.004.$$

当每包20件时,观测一包内次品数的试验可视为20重贝努利试验.

$$P(B_i)=C_{20}^i\cdot 0.01^i\cdot 0.99^{20-i},$$

$$P(A)=1-P(\overline{A})=1-P(B_0)-P(B_1)-P(B_2)\approx 0.001.$$

习题 1-5

1. 若事件A, B相互独立,则下列命题中不正确的是(　　)

A. $P(B\mid A)=P(B)$

B. $P(A\mid B)=P(A)$

C. $P(AB)=P(A)P(B)$

D. $P(A)=1-P(B)$

2. 设$P(A)=0.7$, $P(B)=0.8$, $P(B\mid A)=0.8$. 问事件A与B是否相互独立?

3. 设事件A与B相互独立,且$P(\overline{A})=0.5$, $P(\overline{B})=0.6$,求$P(A\cup B)$.

4. 甲、乙两人独立地去破译一份密码,已知各人能译出的概率分别为0.6与0.7,求密码被译出的概率.

5. 电路中三个元件分别记作a, b, c,且三个元件能否正常工作是相互独立的,如图1-13

所示.设 a, b, c 三个元件正常工作的概率分别为 0.6, 0.7 和 0.8,求图中两个系统中电路发生故障的概率.

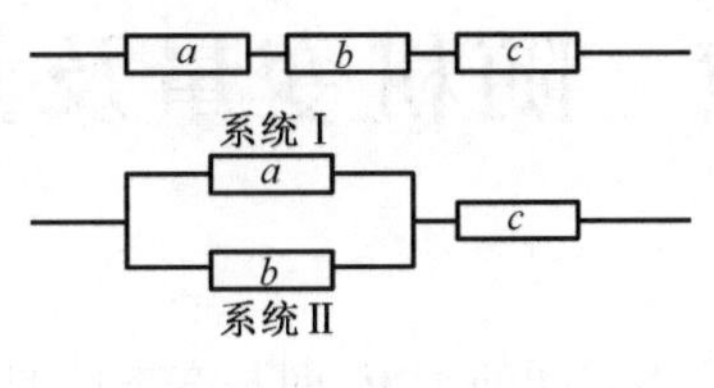

图 1-13

6. 一超市有十个收费口,调查表明在任一时刻每个收费口有人在结算的概率为 0.6,问在同一时刻

(1) 恰有 6 个收费口在收费的概率;

(2) 至少有 3 个收费口在收费的概率.

7. 某自动化机器发生故障的概率是 0.2,一台机器发生故障只需一个维修工.若每 10 台机器配两个维修工,求所有机器能正常工作的概率.

8. 某仪器有三个独立工作的元件,损坏的概率都是 0.1,当一个元件损坏时,机器发生故障的概率是 0.25,当两个元件损坏时,机器发生故障的概率是 0.6,三个元件全损坏时,机器发生故障的概率是 0.95,求仪器发生故障的概率.

第二章　随机变量及其分布

在第一章中，我们用样本空间的子集，即基本事件的集合来表示随机试验的各种结果，这种表示方式对全面讨论随机试验的统计规律性及数学工具的运用都有较大的局限. 本章中，我们将用实数来表示随机试验的各种结果，即引入随机变量的概念. 这样不仅可更全面揭示随机试验客观存在的统计规律性，而且可使我们用微积分的知识来讨论随机试验.

第一节　随机变量

在有些随机试验中，试验的结果本身可直接用数值来表示.

【例 1】 袋中装有大小相同、分别标有数字 1，2，3 的 3 个球，从袋中任取一只球，观察球上的数字 X，则 X 可能取 1，2，3 中的任一个数，可知 X 是一个变量. 至于这个 X 取哪个数，要看试验结果，事先不能确定，故此 X 的取值具有随机性.

【例 2】 在测试灯泡使用寿命的试验中，如果以 X 表示灯泡的寿命，则 X 可能取 $[0, +\infty)$ 中的任一个数，可知 X 是一个变量，X 的取值由试验的结果所确定，随着试验结果的不同而取不同的值，故此 X 的取值具有随机性.

在另一些随机试验中，试验结果与数值没有直接联系，但我们总是可以将试验结果与一个确定的实数对应起来.

【例 3】 考察"掷硬币"这一试验，它有两个结果："出现正面"或"出现反面". 该试验结果与数值没有直接联系，若规定"出现正面"对应数 1，"出现反面"对应数 -1，则该试验结果的每一种可能结果，都有唯一确定的实数与之对应.

上述例子表明，随机试验的结果都可以用一个实数来表示，这个数随着试验结果的不同而变化，因而，它是样本点的函数，这个函数就是我们要引入的随机变量.

定义 设 E 是随机试验，S 是它的样本空间，如果对 S 中的每一个样本点 e，有一个实数 $X(e)$ 与之对应，则称这样一个定义在样本空间 S 上的单值实值函数 $X = X(e)$ 为随机变量①.

---

① 确切地说，对于随机变量 X，还有下面要求：对任意实数 x，样本点的集合 $\{e \mid X(e) \leqslant x\}$ 是一随机事件. 为了简单起见，在上述定义里没有明确提出这一要求.

随机变量通常用大写字母 X, Y, Z 或希腊字母 ξ, η 等表示. 而表示随机变量所取的值时,一般采用小写字母 x, y, z 等.

引入随机变量后,我们就可以用随机变量来描述事件. 例如,在“掷硬币”这个试验中,可定义

$$X=\begin{cases}1, & \text{出现正面},\\ -1, & \text{出现反面}.\end{cases}$$

则 $\{X=1\}$ 和 $\{X=-1\}$ 就分别表示了事件{出现正面}和{出现反面},且有

$$P\{X=1\}=P\{\text{出现正面}\}=\frac{1}{2};\ P\{X=-1\}=P\{\text{出现反面}\}=\frac{1}{2}.$$

在“取球”试验中,用 $\{X=i\}$ 表示{取到标有数字 i 的球},且

$$P\{X=i\}=P\{\text{标有数字 } i \text{ 的球}\}=\frac{1}{3}\quad i=1,\ 2,\ 3$$

在“测试灯泡寿命”试验中,用 $\{X=t\}$ 表示{灯泡的寿命为 t(小时)},而 $P\{X\geqslant 1\,000\}$ 就是事件{灯泡的寿命超过 1 000(小时)}的概率.

一般,对于任意实数集合 L, 将 X 在 L 上取值写成 $\{X\in L\}$, 它表示事件 $\{e\mid X(e)\in L\}$, 即由 S 中使得 $X(e)\in L$ 的所有样本点 e 所组成的事件,此时有

$$P\{X\in L\}=P(\{e\mid X(e)\in L\}).$$

用随机变量描述随机现象是近代概率论的重要方法. 随机变量的引入,使我们能用随机变量来描述各种随机现象,使概率论与数学的其它分支,特别是微积分联系起来,从而可用微积分来研究概率统计.

随机变量因取值方式不同,通常分为离散型和非离散型两类. 若全部可能取到的值是有限个或可列无穷多个,这种变量称为离散型随机变量,如例 1 和例 3 中的随机变量;若随机变量的取值无法按一定的次序一一列举,则称之为非离散型随机变量. 而非离散型随机变量中最重要的是连续型随机变量. 本章主要介绍离散型随机变量及连续型随机变量.

习题 2-1

1. 随机变量的特征是什么?

2. 引入适当的随机变量描述下列事件:

(1) 将 3 个球随机地放入三个格子中,事件 A={有 1 个空格},B={有 2 个空格},C={全有球};

(2) 进行 5 次试验,事件 D={试验成功一次},F={试验至少成功一次},G={试验最多成功 4 次}.

第二节　离散型随机变量的概率分布

上一节中我们给出了离散型随机变量的定义，对于离散型随机变量，我们不仅要知道它能取哪些值，而且还要知道它取这些值对应的随机事件的概率. 为此我们引入离散型随机变量的分布律.

一、离散型随机变量的分布律

设离散型随机变量 X 的所有可能取值为 $x_k(k=1, 2, \cdots)$，X 取各个可能值的概率，即事件 $\{X=x_k\}$ 的概率为

$$P\{X=x_k\}=p_k,\ k=1,\ 2,\ \cdots. \tag{2.2.1}$$

则称式(2.2.1)为离散型随机变量 X 的概率分布或分布律.

X 的分布律也常用表格形式给出：

X	x_1	x_2	$\cdots$	x_n	$\cdots$
p_k	p_1	p_2	$\cdots$	p_n	$\cdots$

由概率的定义，$p_k(k=1, 2, \cdots)$ 具有以下两条基本性质：

(1) 非负性，
$$p_k \geqslant 0,\ k=1,\ 2,\ \cdots; \tag{2.2.2}$$

(2) 规范性，
$$\sum_{k=1}^{\infty} p_k = 1. \tag{2.2.3}$$

【例 1】 某篮球运动员投中篮圈的概率是 0.8，求他两次独立投篮投中次数 X 的分布律.

解　X 的可能取值为 0, 1, 2. 记 $A_i=\{第\ i\ 次投中篮圈\}$，$i=1, 2$，则

$$P(A_1)=P(A_2)=0.8,$$

$$P\{X=0\}=P(\overline{A}_1\overline{A}_2)=P(\overline{A}_1)P(\overline{A}_2)=0.2\times 0.2=0.04,$$

$$P\{X=1\}=P(A_1\overline{A}_2\cup\overline{A}_1A_2)$$
$$=P(A_1\overline{A}_2)+P(\overline{A}_1A_2)=0.8\times 0.2+0.2\times 0.8=0.32,$$

$$P\{X=2\}=P(A_1A_2)=P(A_1)P(A_2)=0.8\times 0.8=0.64,$$

于是 X 的分布律为

X	0	1	2
p_k	0.04	0.32	0.64

，

若已知离散型随机变量 X 的分布律 $P\{X=x_k\}=p_k$, $k=1, 2, \cdots$, 则可以求得 X 所生成的任何事件的概率,特别地,对任何实数区间 $[a, b]$,

$$P\{a \leqslant X \leqslant b\}=\sum_{a \leqslant x_k \leqslant b} p_k.$$

例如,设 X 的分布律由例 1 给出,则

$$P\{X<2\}=P\{X=0\}+P\{X=1\}=0.04+0.32=0.36,$$
$$P\{-3 \leqslant X \leqslant 3\}=P\{X=0\}+P\{X=1\}+P\{X=2\}=1.$$

二、三种常见的离散型随机变量的概率分布

1. (0—1)分布(或两点分布)

设随机变量 X 只可能取 0 或 1 两个值,其分布律为

$$P\{X=0\}=1-p,$$
$$P\{x=1\}=p, \quad (0<p<1)$$

或

$$P\{X=k\}=p^k(1-p)^{1-k}, \quad k=0, 1 \quad (0<p<1)$$

则称X 服从 (0—1) 分布或两点分布,记作 $X \sim (0—1)$.

(0—1) 分布的分布律也可写成

X	0	1
p_k	$1-p$	p

对于一个随机试验,如果它的试验结果只有两个:事件 A 和事件 $\overline{A}$, 那么我们总能定义一个在样本空间 S 上服从 (0—1) 分布的随机变量

$$X=\begin{cases}1, & \text{当} A \text{发生}, \\ 0, & \text{当} \overline{A} \text{发生}\end{cases}$$

来描述这个随机试验的结果. 若 $P(A)=p$, 则 $P\{X=1\}=p$, $P\{X=0\}=1-p$. 例如,产品检验中的“合格”与“不合格”,射击的“命中”与“不中”,新生婴儿性别的“男”与“女”等都可以用服从 (0—1) 分布的随机变量来描述.

2. 二项分布

在 n 重贝努利试验中,设每次试验中事件 A 发生的概率为 p, 即 $P(A)=p$,

$P(\overline{A})=1-p=q$，用 X 表示 n 重贝努利试验中事件 A 发生的次数，则 X 是一个随机变量，X 的可能取值为 $0, 1, 2, \cdots, n$，且对每一 k $(0 \leqslant k \leqslant n)$，事件 $\{X=k\}$ 即为"n 次试验中事件 A 恰好发生 k 次"，根据贝努利概型，X 的分布律为

$$P\{X=k\}=P_n(k)=C_n^k p^k q^{n-k}, \ k=0, 1, 2, \cdots, n \qquad (2.2.4)$$

显然

$$P\{X=k\} \geqslant 0, \quad k=0, 1, 2, \cdots, n;$$

$$\sum_{k=0}^{n} P\{X=k\}=\sum_{k=0}^{n} C_n^k p^k q^{n-k}=(p+q)^n=1.$$

即 $P\{X=k\}$ 满足条件式(2.2.2)及式(2.2.3). 注意到 $C_n^k p^k q^{n-k}(k=0, 1, 2, \cdots, n)$ 刚好是二项式 $(p+q)^n$ 的展开式中的各项，故我们称随机变量 X 服从参数为 n，p 的二项分布，记为 $X \sim B(n, p)$.

特别，当 $n=1$ 时，式(2.2.4)变为

$$P\{X=k\}=p^k q^{1-k}, \quad k=0, 1.$$

此时，随机变量 X 即服从 (0—1) 分布.

【例 2】 某陪审团的审判由 12 名陪审员参加. 如宣判被告有罪，必须其中至少 8 名陪审员投判他有罪的票. 假设陪审员的判断是相互独立的，且在某一案件中被告被任一陪审员判断有罪的概率为 80%，求宣判被告有罪的概率.

解 若将每名陪审员的判断作为一次试验，它有两个结果：投判被告有罪的票、投判被告无罪的票. 陪审团的投票相当于做 12 重贝努利试验. 记 X 为 12 名陪审员中判被告有罪的人数，则 $X \sim B(12, 0.8)$，即

$$P\{X=k\}=C_{12}^k (0.8)^k (0.2)^{12-k}, \quad k=0, 1, \cdots, 12.$$

于是所求概率为

$$\begin{aligned} P\{X \geqslant 8\} &= P\{X=8\}+P\{X=9\}+\cdots+P\{X=12\} \\ &= \sum_{k=8}^{12} C_{12}^k \times 0.8^k \times 0.2^{12-k}=0.9274. \end{aligned}$$

【例 3】 某高速公路每天有大量汽车通过，设每辆汽车在一天的某段时间内出事故的概率为 0.000 1，在某天的该段时间内有 1 000 辆汽车通过，问出事故的次数不小于 2 的概率是多少?

解 若将每辆车通过该路段看作一次试验，它有两个结果：出事故和平安通过. 1 000 辆汽车通过该路段相当于做 1 000 重贝努利试验. 设出事故的次数为随机变量 X，则 $X \sim B(1\,000, 0.000\,1)$，即 X 的分布律为

$$P\{X=k\}=C_{1000}^{k}(0.0001)^{k}(0.9999)^{1000-k},\quad k=0,1,\cdots,1000.$$

于是所求概率为

$$\begin{aligned}P\{X\geqslant 2\}&=1-P\{X=0\}-P\{X=1\}\\&=1-(0.9999)^{1000}-1000\times 0.0001\times(0.9999)^{999}.\end{aligned}$$

直接计算上式相当麻烦,一般地,当 n 很大而 p 很小时,二项分布可由下述定理近似计算.

泊松(Poisson)定理　设随机变量 $X_n(n=1,2,\cdots)$ 服从二项分布,其分布律为

$$P\{X_n=k\}=C_n^k p_n^k(1-p_n)^{n-k},\quad k=0,1,\cdots,n.$$

p_n 是与 n 有关的数,又设 $np_n=\lambda>0$ 是常数 $(n=1,2,\cdots)$,则有

$$\lim_{n\to\infty}P\{X_n=k\}=\frac{\lambda^k}{k!}\mathrm{e}^{-\lambda}.$$

证　由 $np_n=\lambda$,得 $p_n=\dfrac{\lambda}{n}$,从而

$$\begin{aligned}P\{X_n=k\}&=C_n^k p_n^k(1-p_n)^{n-k}\\&=\frac{n(n-1)\cdots(n-k+1)}{k!}\left(\frac{\lambda}{n}\right)^k\left(1-\frac{\lambda}{n}\right)^{n-k}\\&=\frac{\lambda^k}{k!}\left[1\cdot\left(1-\frac{1}{n}\right)\cdots\left(1-\frac{k-1}{n}\right)\right]\left(1-\frac{\lambda}{n}\right)^n\left(1-\frac{\lambda}{n}\right)^{-k},\end{aligned}$$

对于固定的 k,当 $n\to\infty$ 时,

$$1\cdot\left(1-\frac{1}{n}\right)\cdot\left(1-\frac{2}{n}\right)\cdots\left(1-\frac{k-1}{n}\right)\to 1,\ \left(1-\frac{\lambda}{n}\right)^n\to\mathrm{e}^{-\lambda},\ \left(1-\frac{\lambda}{n}\right)^{-k}\to 1,$$

因此

$$\lim_{n\to\infty}P\{X_n=k\}=\frac{\lambda^k}{k!}\mathrm{e}^{-\lambda}.$$

显然,定理的条件 $np_n=\lambda(\lambda>0)$ 是常数意味着当 n 很大时,p_n 一定很小.因此上述定理表明,当 n 很大 p 很小时有近似公式

$$C_n^k p^k(1-p)^{n-k}\approx\frac{\lambda^k}{k!}\mathrm{e}^{-\lambda},$$

其中 $\lambda=np$.

在实际计算中,一般当 $n \geqslant 10$,且 $p \leqslant 0.1$ 时,可用 $\frac{\lambda^k}{k!}e^{-\lambda}$ 作为 $C_n^k p^k (1-p)^{n-k}$ 的近似值.

于是例 3 中,$\lambda = np = 1\,000 \times 0.000\,1 = 0.1$,则

$$\begin{aligned} P\{X \geqslant 2\} &= 1 - P\{X=0\} - P\{X=1\} \\ &\approx 1 - \frac{(0.1)^0}{0!}e^{-0.1} - \frac{0.1}{1!}e^{-0.1} \\ &= 1 - 0.904\,8 - 0.090\,5 = 0.004\,7. \end{aligned}$$

3. 泊松分布

设随机变量 X 的分布律为

$$P\{X=k\} = \frac{\lambda^k}{k!}e^{-\lambda}, \quad k = 0, 1, 2, \cdots,$$

其中 $\lambda > 0$ 为常数,则称 X 服从参数为 λ 的泊松分布,记作 $X \sim \pi(\lambda)$ (或 $X \sim P(\lambda)$).

易知,$P\{X=k\} \geqslant 0$,$k = 0, 1, 2, \cdots$,且

$$\sum_{k=0}^{\infty} P\{X=k\} = \sum_{k=0}^{\infty} \frac{\lambda^k}{k!}e^{-\lambda} = e^{-\lambda}\sum_{k=0}^{\infty}\frac{\lambda^k}{k!} = e^{-\lambda} \cdot e^{\lambda} = 1.$$

泊松定理表明了以 n,$p(np=\lambda)$ 为参数的二项分布,当 $n \to \infty$ 时的极限分布,是以 λ 为参数的泊松分布,这一事实也显示了泊松分布在理论上的重要性.事实上,服从或近似服从泊松分布的随机变量在实际应用中是很多的,例如,一电话交换台在单位时间内收到的电话呼唤次数;织布车间大批布匹上的疵点个数;一医院在一天内的急诊病人数;一本书一页中的印刷错误数等都服从泊松分布.泊松分布也是概率论中的一种重要分布.

【例 4】 某商店出售某种贵重商品,根据以往的经验,每月销售量 X 服从参数为 4 的泊松分布,问在上月没有库存情况下,月初应进货多少件此种商品才能以 0.992 的概率充分满足顾客的要求.

解 由题意知 $X \sim \pi(4)$.设商店在月初进货 N 件,则 $\{X \leqslant N\}$ 表示进货能满足顾客要求这一事件,依题意有

$$P\{X \leqslant N\} \geqslant 0.992,$$

即

$$\sum_{k=0}^{N} \frac{4^k}{k!}e^{-4} \geqslant 0.992,$$

故

$$1-\sum_{k=0}^{N}\frac{4^k}{k\,!}e^{-4}=\sum_{k=N+1}^{\infty}\frac{4^k}{k\,!}e^{-4}\leqslant 0.008.$$

查泊松分布表得 $N+1\geqslant 11$，即 $N\geqslant 10$. 因此，为达到上述要求，该商店在月初至少要进货 10 件此种商品才能以 0.992 的概率充分满足顾客的要求.

习题 2-2

1. 设随机变量 X 的分布律为

$$P\{X=k\}=\frac{a}{3^k k\,!},\quad (k=0,1,2,\cdots),$$

求常数 a.

2. 13 个集装箱中有 3 个装错货品，逐箱进行检查，直到将这 3 个箱子找到为止，设 X 为查箱个数，求 X 的分布律，并计算至少需要查 4 个箱的概率.

3. 口袋里装有 5 个白球和 3 个黑球，任意取一个，如果是黑球则不再放回，而另外放入一个白球，这样继续下去，直到取出的球是白球为止，求直到取出白球所需的抽取次数 X 的分布律.

4. 设自动生产线在调整以后出现废品的概率 $p=0.1$，求在两次调整之间生产的合格品数不小于 5 的概率.

5. 某车间有 20 部同型号机床，每部机床开动的概率为 0.8，若假定各机床是否开动是相互独立的，且每部机床开动时所消耗的电能为 15 个单位，求这个车间消耗电能不少于 270 个单位的概率.

6. 纺织厂女工照顾 800 个纺锭，每一纺锭在某一段时间 t 内断头的概率为 0.005，求在 t 这段时间内断头次数不大于 2 的概率.

7. 某电话交换台每分钟的呼唤次数服从参数为 4 的泊松分布，求：

(1) 每分钟恰有 8 次呼唤的概率；

(2) 每分钟的呼唤次数大于 3 的概率.

8. 为了保证设备正常工作，需配备适量的维修工人. 现有同类型设备 300 台，各台工作是相互独立的，发生故障的概率都是 0.01. 在通常情况下一台设备的故障可由一个人来处理，问至少需配备多少工人，才能保证当设备发生故障但不能及时维修的概率小于 0.01?

第三节　随机变量的分布函数

对于离散型随机变量，由于其全部可能取值可以一一列举，故可用分布律描述. 然而对于非离散型随机变量，由于其取值不能一一列举，因此也就无法用分布律来描述；再者，在实际问题中，对于这样的随机变量，例如，零件尺寸的误差、元件的使用寿命等，我们往往关心的不是它们取某特定值的概率，而是它们落在某些区间内的概率. 因而我们转而去讨论随机变量 X 取值落在某一个区间的概率：

$P\{x_1 < X \leqslant x_2\}$. 由于

$$P\{x_1 < X \leqslant x_2\} = P\{X \leqslant x_2\} - P\{X \leqslant x_1\}$$

所以对任何一个实数 x，只需知道 $P\{X \leqslant x\}$，就能算得 $P\{x_1 < X \leqslant x_2\}$. 为此我们引进分布函数的定义.

定义 设 X 是一个随机变量，x 是任意实数，则称函数

$$F(x) = P\{X \leqslant x\}, -\infty < x < +\infty$$

为随机变量 X 的分布函数.

有了分布函数，对于任意的实数 a, b $(a < b)$，随机变量 X 落在区间 $(a, b]$ 内的概率可用分布函数来计算：

$$P\{a < X \leqslant b\} = P\{X \leqslant b\} - P\{X \leqslant a\} = F(b) - F(a)$$

分布函数 $F(x)$ 是一个普通的函数，定义域是整个数轴，若将 X 看作数轴上随机点的坐标，则 $F(x)$ 的值就表示 X 落在区间 $(-\infty, x]$ 上的概率. 而 X 落在区间 $(a, b]$ 上的概率恰为 $F(x)$ 在此区间两个端点的函数值之差，因此引进分布函数使许多求概率的问题简化为函数的运算，这样就能利用微积分的理论与方法对随机现象的统计规律性进行研究、分析与计算.

分布函数 $F(x)$ 具有以下基本性质：

(1) $0 \leqslant F(x) \leqslant 1$；

因为 $F(x) = P\{X \leqslant x\}$，即 $F(x)$ 是 X 落在 $(-\infty, x]$ 上的概率，所以 $0 \leqslant F(x) \leqslant 1$.

(2) $F(x)$ 是 x 的单调不减函数，即对任意实数 $x_1 < x_2$，$F(x_1) \leqslant F(x_2)$，事实上由 $F(x_2) - F(x_1) = P\{x_1 < X \leqslant x_2\} \geqslant 0$，即得.

(3) $F(-\infty) = \lim\limits_{x \to -\infty} F(x) = 0$，$F(+\infty) = \lim\limits_{x \to +\infty} F(x) = 1$；

(4) 右连续性. 即 $F(x+0) = F(x)$.

关于性质(3)可作几何上的说明：若将区间 $(-\infty, x]$ 的端点 x 沿数轴无限向左移动(即 $x \to -\infty$)，则“X 落在 x 左边”这一事件逐渐成为不可能事件，即 $F(-\infty) = 0$；又若将端点 x 无限向右移动(即 $x \to +\infty$)，则“X 落在 x 左边”就成为必然事件，即 $F(+\infty) = 1$.

【例 1】 设随机变量 X 的分布律为

X	-1	2	3
p_k	$\frac{1}{6}$	$\frac{1}{2}$	$\frac{1}{3}$

，

求 X 的分布函数，并求 $P\left\{X = \frac{7}{2}\right\}$，$P\left\{X \leqslant \frac{5}{2}\right\}$，$P\{-1 < X < 3\}$.

解　我们分成以下四个区间：$(-\infty,-1)$，$[-1,2)$，$[2,3)$ 及 $[3,+\infty)$ 来考察函数 $F(x)$ 的变化情况. 注意到 X 只能取 $-1,2,3$ 这三个值，所以

当 $x<-1$ 时，$F(x)=P\{X\leqslant x\}=P(\Phi)=0$；

当 $-1\leqslant x<2$ 时，$F(x)=P\{X\leqslant x\}=P\{X=-1\}=\dfrac{1}{6}$；

当 $2\leqslant x<3$ 时，$F(x)=P\{X\leqslant x\}=P\{X=-1\}+P\{X=2\}=\dfrac{1}{6}+\dfrac{1}{2}=\dfrac{2}{3}$；

当 $x\geqslant 3$ 时，$F(x)=P\{X\leqslant x\}=P\{X=-1\}+P\{X=2\}+P\{X=3\}=1$.

故 X 的分布函数为

$$F(x)=P\{X\leqslant x\}=\begin{cases}0, & x<-1,\\ \dfrac{1}{6}, & -1\leqslant x<2,\\ \dfrac{2}{3}, & 2\leqslant x<3,\\ 1 & x\geqslant 3.\end{cases}$$

由于 X 取 $-1,2,3$ 这三个可能值，所以

$$P\left\{X=\frac{7}{2}\right\}=0;$$

$$P\left\{X\leqslant\frac{5}{2}\right\}=F\left(\frac{5}{2}\right)=\frac{2}{3};$$

$$P\{-1<X<3\}=P\{X=2\}=\frac{1}{2}.$$

$F(x)$ 的图形如图 2-1 所示. 它呈阶梯形状，在 $x=-1,2,3$ 处有跳跃间断点，跳跃值分别为 $\dfrac{1}{6},\dfrac{1}{2},\dfrac{1}{3}$，它们恰好分别为随机变量 X 取 $-1,2,3$ 的概率.

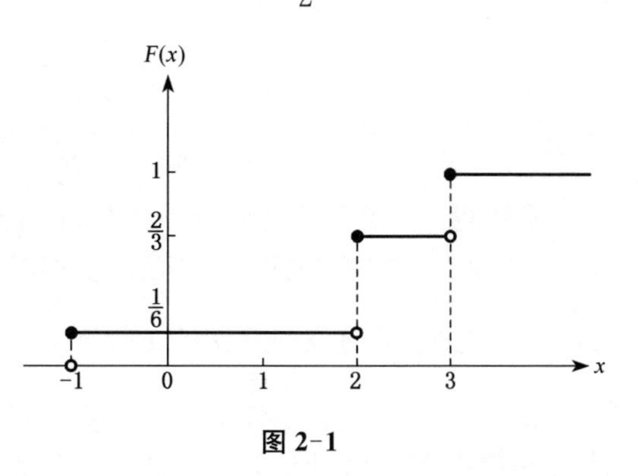

图 2-1

一般地，设离散型随机变量 X 的分布律为

$P\{X=x_k\}=p_k,\quad k=1,2,\cdots,$

则 X 的分布函数为

$$F(x)=P\{X\leqslant x\}=\sum_{x_k\leqslant x}P\{X=x_k\}=\sum_{x_k\leqslant x}p_k.$$

其中“$\sum\limits_{x_k\leqslant x}$”表示对所有满足不等式 $x_k\leqslant x$ 的 k 求和.

易知 $F(x)$ 的图形是一阶梯曲线(此时我们也称 $F(x)$ 为阶梯函数)，X 的任一可能取值 $x_k(k=1, 2, \cdots)$ 均为 $F(x)$ 的跳跃间断点，函数在 $x=x_k$ 的跳跃值为 $F(x_k)-F(x_k^-)=P\{X=x_k\}=p_k$.

反之，若 $F(x)$ 是右连续的阶梯函数，则 $F(x)$ 一定是离散型随机变量的分布函数.

【例 2】 设随机变量 X 的分布函数为

$$F(x)=\begin{cases}A, & x<-2,\\ 0.1, & -2\leqslant x<3,\\ 0.4, & 3\leqslant x<10,\\ B, & x\geqslant 10.\end{cases}$$

(1) 试确定 A 与 B；(2) 求 X 的分布律；(3) 计算 $P\{-4<X<6\}$.

解 (1) 由 $F(-\infty)=A=0$, $F(+\infty)=B=1$ 得：$A=0$, $B=1$

(2) 这是阶梯形函数，故是离散型随机变量的分布函数，所以各间断点就是随机变量的取值点.

$$P\{X=-2\}=F(-2)-F(-2-0)=0.1-0=0.1;$$

$$P\{X=3\}=F(3)-F(3-0)=0.4-0.1=0.3;$$

$$P\{X=10\}=F(10)-F(10-0)=1-0.4=0.6;$$

于是 X 的分布律为

X	-2	3	10
p_k	0.1	0.3	0.6

(3) $P\{-4<X<6\}=F(6)-F(-4)-P\{X=6\}=0.4-0-0=0.4$.

【例 3】 一个靶子是半径为 2 米的圆盘，设击中靶上任一同心圆盘上的点的概率与该圆盘的面积成正比，并设射击都能中靶，以 X 表示弹着点与圆心的距离. 试求随机变量 X 的分布函数 $F(x)$ 及 $P\left\{\frac{1}{2}<X\leqslant 1\right\}$.

解 当 $x<0$ 时，事件 $\{X\leqslant x\}$ 表示弹着点与圆心的距离是负值，故 $\{X\leqslant x\}$ 是不可能事件，于是 $F(x)=P\{X\leqslant x\}=P(\varnothing)=0$；

当 $0 \leqslant x \leqslant 2$ 时,由题意,$P\{0 \leqslant X \leqslant x\} = kx^2$,$k$ 是某一常数,为了确定 k 的值,取 $x=2$,因射击都能中靶,故 $\{0 \leqslant X \leqslant 2\}$ 是必然事件,则

$$P\{0 \leqslant X \leqslant 2\} = k2^2 = 1,\text{ 即 } k = \frac{1}{4},$$

于是 $F(x) = P\{X \leqslant x\} = P\{X < 0\} + P\{0 \leqslant X \leqslant x\} = \frac{1}{4}x^2$;

当 $x > 2$ 时,由题意知 $\{X \leqslant x\}$ 是必然事件,于是

$$\begin{aligned} F(x) &= P\{X \leqslant x\} = P\{X < 0\} + P\{0 \leqslant X \leqslant 2\} + P\{2 < X \leqslant x\} \\ &= 0 + 1 + 0 = 1. \end{aligned}$$

综合上述,即得 X 的分布函数为

$$F(x) = \begin{cases} 0, & x < 0, \\ \frac{1}{4}x^2, & 0 \leqslant x < 2, \\ 1, & x \geqslant 2. \end{cases}$$

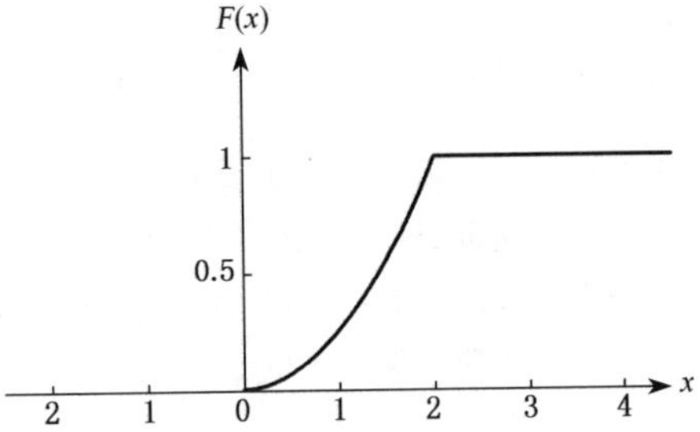

分布函数的图形是一条连续曲线,如图 2-2 所示.

图 2-2

$$P\left\{\frac{1}{2} < X \leqslant 1\right\} = F(1) - F\left(\frac{1}{2}\right) = \frac{1}{4} - \frac{1}{4}\left(\frac{1}{2}\right)^2 = \frac{3}{16}.$$

从例 3 中可以看到,这个随机变量的分布函数处处连续,除 $x = 2$ 外处处可导,且

$$F'(x) = \begin{cases} \frac{x}{2}, & 0 < x < 2, \\ 0, & x \leqslant 0 \text{ 或 } x > 2, \\ \text{不存在}, & x = 2. \end{cases}$$

若令

$$f(t) = \begin{cases} \frac{t}{2}, & 0 < t < 2, \\ 0, & \text{其它}. \end{cases}$$

则对于任意的 x,$F(x)$ 可以写成

$$F(x) = \int_{-\infty}^{x} f(t)\,\mathrm{d}t,$$

即 $F(x)$ 恰是 $f(t)$ 在区间 $(-\infty, x]$ 上的广义积分. 与离散型随机变量不同,这是一类十分重要而且常见的随机变量,这就是下一节我们要讨论的连续型随机变量.

习题 2-3

1. 下列函数是否是某个随机变量的分布函数?

(1) $F(x)=\begin{cases}0, & x<0, \\ \sin x, & 0 \leqslant x<\dfrac{2\pi}{3}, \\ 1, & x \geqslant \dfrac{2\pi}{3}.\end{cases}$

(2) $F(x)=\begin{cases}0, & x<0, \\ \dfrac{x}{2}, & 0 \leqslant x<1, \\ 1, & x \geqslant 1.\end{cases}$

2. 设随机变量 X 的分布函数为 $F(x)=A+B\arctan x\ (-\infty<x<+\infty)$, 试求:
(1) 系数 A 与 B; (2) X 落在 $(-1, 1]$ 内的概率.

3. 已知随机变量 X 的分布律为

X	1	2	3
p_k	a	$7a^2$	$\frac{5}{16}$

(1) 试确定参数 a; (2) 写出 X 的分布函数.

4. 盒中有 6 张同样的卡片,其中 3 张各写有 1, 2 张各写有 2, 1 张上写有 3,今从盒中任取 3 张卡片,以 X 表示所得数字的和,求随机变量 X 的分布函数,并作出其图形.

5. 在区间 $[0, 4]$ 上任意掷一个质点,这个质点落入区间 $[0, 4]$ 上任一子区间内的概率与这个区间的长度成正比,以 X 表示这个质点到原点的距离,求 X 的分布函数.

第四节 连续型随机变量的概率分布

在非离散型随机变量中,有一类常见而重要的类型,即连续型随机变量. 例如上节例 3 中的随机变量 X 是连续型随机变量,它具有下列特点:一是 X 可在某个区间内连续取值,二是 X 的分布函数可用非负函数的积分来表示.

一、连续型随机变量及其概率密度

定义 若对于随机变量 X 的分布函数 $F(x)$, 存在非负函数 $f(x)$, 使得对于任意实数 x, 有

$$F(x)=\int_{-\infty}^{x} f(t)\mathrm{d}t, \tag{2.4.1}$$

则称 X 为连续型随机变量,其中被积函数 $f(x)$ 称为 X 的概率密度函数(简称概率密度).

由式(2.4.1)知,连续型随机变量 X 的分布函数 $F(x)$ 是连续函数.给定随机变量 X 的概率密度函数 $f(x)$,由(2.4.1)式可求出分布函数 $F(x)$,这说明连续型随机变量的概率密度函数也完全刻画了随机变量的概率分布.

由定义,概率密度 $f(x)$ 具有以下性质:

(1) 非负性,$f(x)\geqslant 0$;

(2) 规范性,$\int_{-\infty}^{+\infty} f(x)\mathrm{d}x=1$;

(3) 对于任意实数区间 $(a, b]$,有

$$P\{a<X\leqslant b\}=F(b)-F(a)=\int_{a}^{b} f(x)\mathrm{d}x;$$

(4) 在 $f(x)$ 的连续点 x 处,$F'(x)=f(x)$.

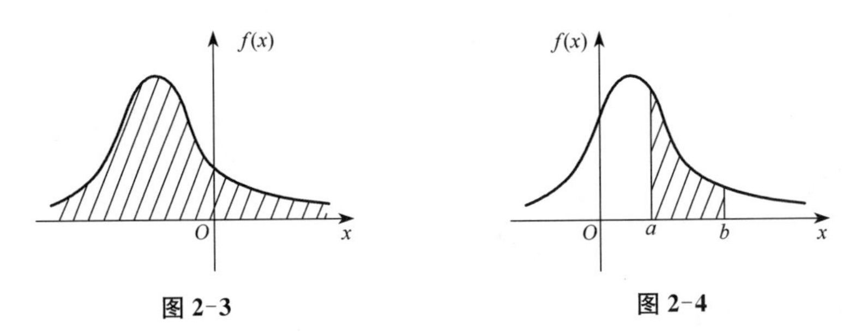

图 2-3　　　　图 2-4

性质(2)的几何意义是介于曲线 $y=f(x)$ 与 x 轴之间的面积等于1(图 2-3).由性质(3)知,X 落在区间 $(a, b]$ 上的概率 $P\{a<X\leqslant b\}$ 等于区间 $(a, b]$ 上曲线 $y=f(x)$ 之下的曲边梯形面积(图 2-4).

由性质(4),对于 $f(x)$ 的连续点 x,有

$$f(x)=\lim_{\Delta x\to 0^{+}}\frac{F(x+\Delta x)-F(x)}{\Delta x}=\lim_{\Delta x\to 0^{+}}\frac{P\{x<X\leqslant x+\Delta x\}}{\Delta x},$$

上式说明概率密度 $f(x)$ 不是随机变量 X 取值 x 的概率,而是 X 在点 x 的概率分布的密集程度,$f(x)$ 的大小能反映出 X 取 x 附近的值的概率大小,它与物理学中线密度的定义相类似,若不计高阶无穷小,则有

$$P\{x<X\leqslant x+\Delta x\}\approx f(x)\Delta x,$$

即 X 落在小区间 $(x, x+\Delta x]$ 上的概率近似地等于 $f(x)\Delta x$.

需要特别指出的是，对于连续型随机变量 X 而言，它取任一指定实数 a 的概率为 0. 即 $P\{X=a\}=0$. 事实上

$$0 \leqslant P\{X=a\} \leqslant \lim_{\Delta x \to 0^+} P\{a-\Delta x < X \leqslant a\}$$
$$= \lim_{\Delta x \to 0^+} [F(a)-F(a-\Delta x)] = 0.$$

于是对连续型随机变量 X，有

$$P\{a < X < b\} = P\{a < X \leqslant b\} = P\{a \leqslant X \leqslant b\}$$
$$= P\{a \leqslant X < b\} = \int_a^b f(x)\mathrm{d}x.$$

要注意的是，尽管 $P\{X=a\}=0$，但 $\{X=a\}$ 并非不可能事件. 此性质说明概率为 0 的事件不一定是不可能事件；同样，概率为 1 的事件不一定是必然事件.

【例 1】 设连续型随机变量 X 的概率密度为

$$f(x)=\begin{cases} ax, & 0<x<1, \\ \dfrac{1}{x^2}, & 1 \leqslant x < 2, \\ 0, & \text{其它}. \end{cases}$$

求：(1) 系数 a；

(2) X 落在区间 $\left(\dfrac{1}{2}, \dfrac{3}{2}\right)$ 内的概率；

(3) X 的分布函数.

解 (1) 由 $\int_{-\infty}^{+\infty} f(x)\mathrm{d}x = 1$，得

$$\int_0^1 ax\,\mathrm{d}x + \int_1^2 \frac{1}{x^2}\mathrm{d}x = \frac{1}{2}a + \frac{1}{2} = 1, \quad a = 1.$$

所以

$$f(x)=\begin{cases} x, & 0<x<1, \\ \dfrac{1}{x^2}, & 1 \leqslant x < 2, \\ 0, & \text{其它}. \end{cases}$$

(2) X 落在区间 $\left(\dfrac{1}{2}, \dfrac{3}{2}\right)$ 内的概率为

$$P\left\{\frac{1}{2}<X<\frac{3}{2}\right\}=\int_{\frac{1}{2}}^{1}x\mathrm{d}x+\int_{1}^{\frac{3}{2}}\frac{1}{x^2}\mathrm{d}x=\frac{17}{24}.$$

(3) 当 $x<0$ 时，$F(x)=\int_{-\infty}^{x}f(t)\mathrm{d}t=\int_{-\infty}^{x}0\cdot\mathrm{d}t=0$；

当 $0\leqslant x<1$ 时，$F(x)=\int_{-\infty}^{x}f(t)\mathrm{d}t=\int_{-\infty}^{0}0\cdot\mathrm{d}t+\int_{0}^{x}t\mathrm{d}t=\frac{1}{2}x^2$；

当 $1\leqslant x<2$ 时，$F(x)=\int_{-\infty}^{x}f(t)\mathrm{d}t=\int_{-\infty}^{0}0\cdot\mathrm{d}t+\int_{0}^{1}t\mathrm{d}t+\int_{1}^{x}\frac{1}{t^2}\mathrm{d}t=\frac{3}{2}-\frac{1}{x}$；

当 $x\geqslant 2$ 时，$F(x)=\int_{-\infty}^{x}f(t)\mathrm{d}t=\int_{-\infty}^{0}0\cdot\mathrm{d}t+\int_{0}^{1}t\mathrm{d}t+\int_{1}^{2}\frac{1}{t^2}\mathrm{d}t+\int_{2}^{x}0\cdot\mathrm{d}t=1.$

于是 X 的分布函数为

$$F(x)=\begin{cases}0, & x<0,\\ \frac{1}{2}x^2, & 0\leqslant x<1,\\ \frac{3}{2}-\frac{1}{x}, & 1\leqslant x<2,\\ 1, & x\geqslant 2.\end{cases}$$

【例 2】 设连续型随机变量 X 的分布函数为

$$F(x)=\begin{cases}A+B\mathrm{e}^{-2x}, & x>0,\\ 0, & x\leqslant 0.\end{cases}$$

求：(1) 系数 A，B；

(2) X 落在区间 $(-1,1)$ 内的概率；

(3) X 的概率密度 $f(x)$.

解　(1) 由分布函数的性质 $F(+\infty)=1$，得

$$\lim_{x\to+\infty}(A+B\mathrm{e}^{-2x})=1,$$

由此得

$$A=1,$$

因为

$$\lim_{x\to 0^-}F(x)=0,\quad \lim_{x\to 0^+}F(x)=A+B,$$

由 $F(x)$ 在 $x=0$ 处的连续性，得

$$A+B=0.$$

注意到 $A=1$，所以 $B=-1$，从而

$$F(x)=\begin{cases}1-\mathrm{e}^{-2x}, & x>0,\\ 0, & x\leqslant 0.\end{cases}$$

(2) X 落在区间 $(-1,1)$ 内的概率为

$$P\{-1<X<1\}=F(1)-F(-1)=(1-\mathrm{e}^{-2})-0=1-\mathrm{e}^{-2}.$$

(3) 对 $F(x)$ 求导,得 X 的概率密度为

$$f(x)=F'(x)=\begin{cases}2\mathrm{e}^{-2x}, & x>0,\\ 0, & x\leqslant 0.\end{cases}$$

二、三种常见的连续型随机变量及其概率分布

1. 均匀分布

设连续型随机变量 X 在有限区间 (a,b) 内取值,且其概率密度为

$$f(x)=\begin{cases}\dfrac{1}{b-a}, & a<x<b,\\ 0, & \text{其它}.\end{cases}\tag{2.4.2}$$

则称 X 在区间 (a,b) 上服从均匀分布,记为 $X\sim U(a,b)$.

易知 $f(x)\geqslant 0$,且 $\int_{-\infty}^{+\infty}f(x)\mathrm{d}x=1$. 由式(2.4.2),$X$ 的分布函数为

$$F(x)=\begin{cases}0, & x<a,\\ \dfrac{x-a}{b-a}, & a\leqslant x<b,\\ 1, & x\geqslant b.\end{cases}$$

$f(x)$ 及 $F(x)$ 的图形分别如图 2-5、图 2-6 所示.

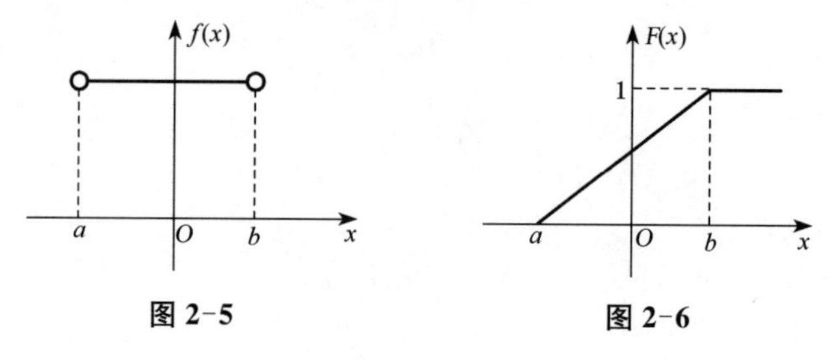

图 2-5　　图 2-6

对于任意满足 $a\leqslant c<d\leqslant b$ 的 c, d,有

$$P\{c<X<d\}=\int_{c}^{d}\frac{1}{b-a}\mathrm{d}x=\frac{d-c}{b-a}.$$

这表明，X 取值于 (a, b) 中任一子区间的概率与该子区间的长度成正比，而与该子区间的具体位置无关. 也就是说，X 落在 (a, b) 中任意相等长度的子区间内的可能性是相同的. 因此均匀分布可用来描述在某个区间上具有等可能结果的随机试验的统计规律性，例如一维情形下的几何概率就可以用均匀分布来描述.

【例 3】 公共汽车站每隔 5 分钟有一辆汽车通过，又乘客到达汽车站在任一时刻是等可能的. 求乘客候车时间不超过 3 分钟的概率.（假设公共汽车一来，乘客必能上车.）

解　设乘客到达的时刻为随机变量 X，乘客到达汽车站后来到的第一辆公汽到站的时刻为 t_0，于是乘客在 $(t_0-5, t_0]$ 内的任一时刻到达汽车站是等可能的，因而 X 在该区间服从均匀分布，其概率密度为

$$f(x)=\begin{cases}\dfrac{1}{5}, & t_0-5<x\leqslant t_0,\\ 0, & \text{其它}.\end{cases}$$

于是所求概率为

$$P\{t_0-3<X\leqslant t_0\}=\int_{t_0-3}^{t_0}\frac{1}{5}\mathrm{d}x=\frac{3}{5}.$$

2. 指数分布

若连续型随机变量 X 的概率密度为

$$f(x)=\begin{cases}\lambda \mathrm{e}^{-\lambda x}, & x>0,\\ 0, & x\leqslant 0.\end{cases}$$

其中 $\lambda>0$ 为常数，则称 X 服从参数为 λ 的指数分布，记为 $X\sim E(\lambda)$.

易知 $f(x)\geqslant 0$，且 $\int_{-\infty}^{+\infty}f(x)\mathrm{d}x=1$. 易求出 X 的分布函数为

$$F(x)=\begin{cases}1-\mathrm{e}^{-\lambda x}, & x>0,\\ 0, & x\leqslant 0.\end{cases}$$

$f(x)$ 及 $F(x)$ 的图形分别如图 2-7、图 2-8 所示.

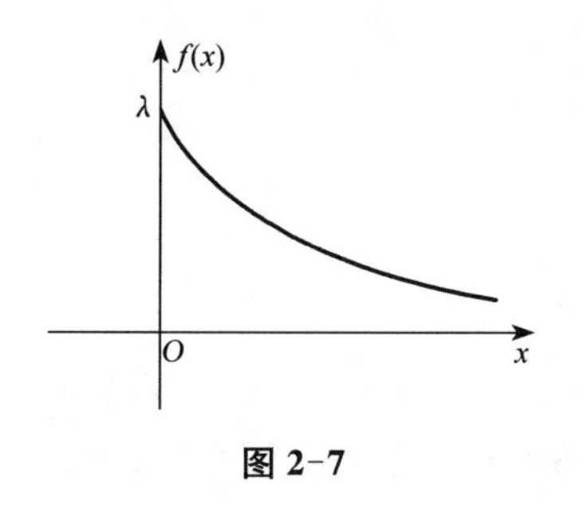

图 2-7

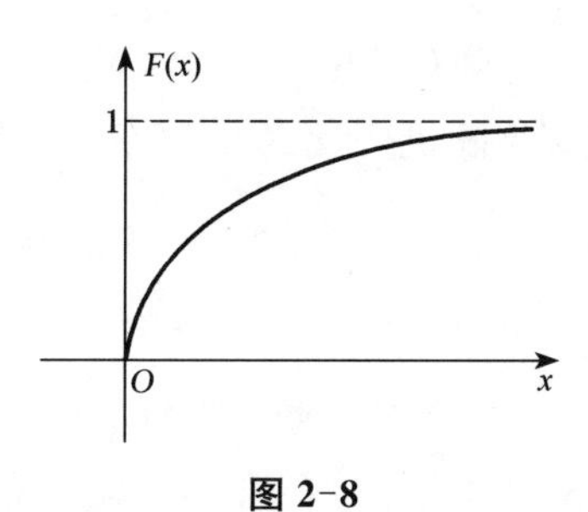

图 2-8

在可靠性问题中，指数分布是很重要的分布，主要是它可作为各种“寿命”的近似分布. 在实践中，到某个特定事件发生所需的等待时间往往服从指数分布，如从现在开始，到一次地震发生、电话通话时间、随机服务系统的服务时间等都常假定服从指数分布.

【例 4】 某种电子元件的使用寿命 X（年）服从参数为 10 的指数分布.

（1）求该电子元件在未来 1 年内损坏的概率；

（2）已知该电子元件已使用了 2 年，求在未来 1 年内损坏的概率.

解 （1）X 的概率密度为

$$f(x)=\begin{cases}10\mathrm{e}^{-10x}, & x>0,\\ 0, & x\leqslant 0.\end{cases}$$

故所求概率为

$$P\{X<1\}=\int_0^1 10\mathrm{e}^{-10x}\mathrm{d}x=1-\mathrm{e}^{-10};$$

（2）所求概率为

$$P\{X<3\mid X>2\}=\frac{P\{X<3,\ X>2\}}{P\{X>2\}}=\frac{\int_2^3 10\mathrm{e}^{-10x}\mathrm{d}x}{\int_2^{+\infty}10\mathrm{e}^{-10x}\mathrm{d}x}$$

$$=\frac{\mathrm{e}^{-20}-\mathrm{e}^{-30}}{\mathrm{e}^{-20}}=1-\mathrm{e}^{-10}.$$

计算结果表明：$P\{X<3\mid X>2\}=P\{X<1\}$，即在已使用了 2 年未损坏的条件下，在未来 1 年内损坏的概率，等于其寿命在未来 1 年内损坏的无条件概率. 这种性质叫做“无后效性”，也就是说，产品以前无故障使用的时间，不影响它以后使用寿命的统计规律性.

3. 正态分布

（1）正态分布的概率密度

设连续型随机变量 X 的概率密度为

$$f(x)=\frac{1}{\sqrt{2\pi}\sigma}\mathrm{e}^{-\frac{(x-\mu)^2}{2\sigma^2}},\quad -\infty<x<+\infty,$$

其中 $\mu,\ \sigma(\sigma>0)$ 为常数，则称 X 服从参数为 $\mu,\ \sigma$ 的正态分布或高斯(Gauss)分布. 记为 $X\sim N(\mu,\ \sigma^2)$. 服从正态分布的随机变量称为正态随机变量.

显然 $f(x) \geqslant 0$，下面证明 $\int_{-\infty}^{+\infty} f(x)\mathrm{d}x = 1$.

令 $\frac{x-\mu}{\sigma} = t$，得

$$\int_{-\infty}^{+\infty} \frac{1}{\sqrt{2\pi}\sigma} \mathrm{e}^{-\frac{(x-\mu)^2}{2\sigma^2}} \mathrm{d}x = \frac{1}{\sqrt{2\pi}} \int_{-\infty}^{+\infty} \mathrm{e}^{-\frac{t^2}{2}} \mathrm{d}t,$$

利用广义积分 $\int_{0}^{+\infty} \mathrm{e}^{-x^2} \mathrm{d}x = \frac{\sqrt{\pi}}{2}$，得到 $\int_{-\infty}^{+\infty} \mathrm{e}^{-\frac{t^2}{2}} \mathrm{d}t = \sqrt{2\pi}$，于是

$$\int_{-\infty}^{+\infty} \frac{1}{\sqrt{2\pi}\sigma} \mathrm{e}^{-\frac{(x-\mu)^2}{2\sigma^2}} \mathrm{d}x = 1.$$

正态分布是概率统计中最重要的一种分布，在自然现象和社会经济现象中大量随机变量都服从或近似服从正态分布. 人的身高和体重、农作物的产量、海洋波浪的高度、电子管中的噪声电流和电压、热力学中理想气体分子的速度等都可以认为服从正态分布. 另外，许多分布可用正态分布作近似计算，在第五章的中心极限定理就表明，在一定条件下，很多随机变量的迭加都可以用正态分布来近似.

正态分布的概率密度 $f(x)$ 的图形如图 2-9 所示.

图 2-9

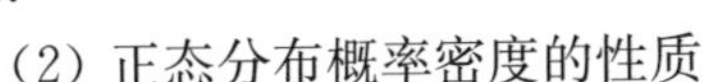

(2) 正态分布概率密度的性质

① 正态分布的概率密度曲线位于 x 轴的上方，且关于直线 $x=\mu$ 对称. 因此对任意 $h>0$，有

$$P\{\mu-h < X \leqslant \mu\} = P\{\mu < X \leqslant \mu+h\}，见图 2-9 中阴影部分.$$

② 曲线在 $x=\mu\pm\sigma$ 处有拐点，曲线以 Ox 轴为渐近线.

③ $f(x)$ 在区间 $(-\infty,\mu)$ 单调增加，在区间 $(\mu,+\infty)$ 单调减少. 当 $x=\mu$ 时，$f(x)$ 取得最大值

$$f(\mu) = \frac{1}{\sqrt{2\pi}\sigma}.$$

x 离 μ 越远，函数 $f(x)$ 的值越小，因此对于同样长度的区间，区间离 μ 越远，X 落在这个区间上的概率越小(见图 2-10 中的阴影部分).

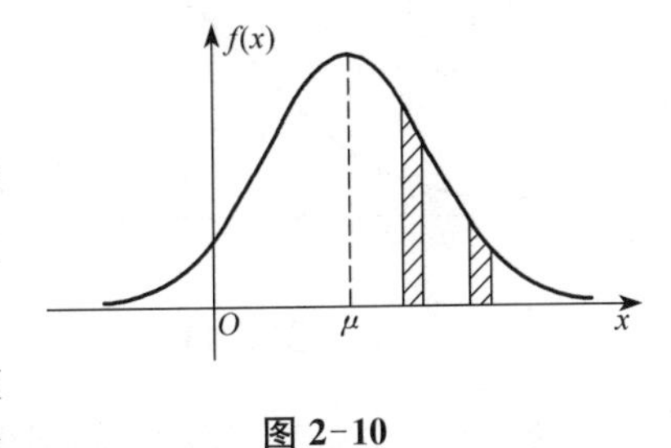

图 2-10

④ 曲线 $f(x)$ 的位置与形状分别依赖于参数 μ 和 σ. 如果固定 σ，改变 μ 的值，则图形沿 Ox 轴

平移改变位置,但曲线的形状不变,如图 2-11 所示. μ 称为位置参数.

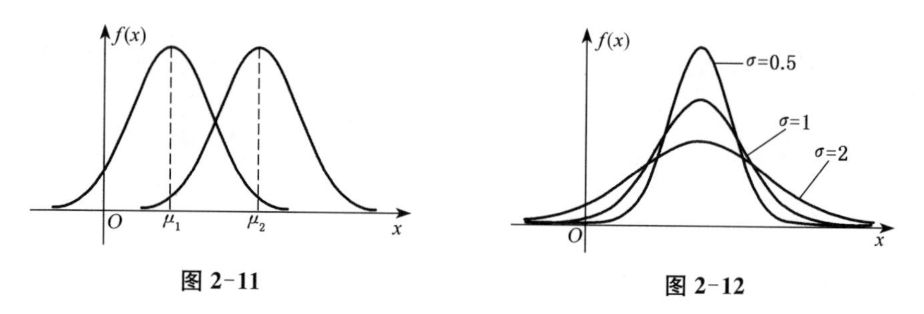

图 2-11　　图 2-12

若 μ 不变而改变 σ, 由于最大值为 $f(\mu)=\frac{1}{\sqrt{2\pi}\sigma}$, 可见当 σ 越小时,曲线越陡峭;而当 σ 越大时,曲线越扁平,如图 2-12 所示. σ 称为尺度参数.

(3) 标准正态分布的概率密度和分布函数

由分布函数的定义,正态随机变量 X 的分布函数为

$$F(x)=\frac{1}{\sqrt{2\pi}\sigma}\int_{-\infty}^{x}\mathrm{e}^{-\frac{(t-\mu)^2}{2\sigma^2}}\mathrm{d}t,$$

如图 2-13 所示. 特别当 $\mu=0$, $\sigma=1$ 时,称 X 服从标准正态分布 $N(0,1)$, 其概率密度和分布函数分别用 $\varphi(x)$ 和 $\Phi(x)$ 表示,即

$$\varphi(x)=\frac{1}{\sqrt{2\pi}}\mathrm{e}^{-\frac{x^2}{2}},\quad(-\infty<x<+\infty)$$

$$\Phi(x)=\frac{1}{\sqrt{2\pi}}\int_{-\infty}^{x}\mathrm{e}^{-\frac{t^2}{2}}\mathrm{d}t,$$

易知

$$\Phi(-x)=1-\Phi(x).\quad(\text{见图 2-14})$$

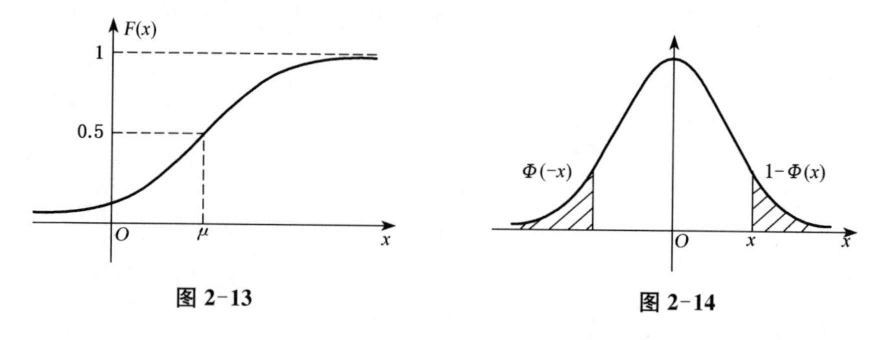

图 2-13　　图 2-14

$\Phi(x)$ 是非初等函数,人们利用近似计算方法求出其近似值,并编制了标准正

态分布表供使用时查找(见附录表 2).

对于一个一般的正态分布，总可以通过下述定理转化为标准正态分布.

定理　若 $X \sim N(\mu, \sigma^2)$，则

(1) X 的分布函数为

$$F(x) = \Phi\left(\frac{x-\mu}{\sigma}\right);$$

(2) $P\{a < X \leqslant b\} = \Phi\left(\frac{b-\mu}{\sigma}\right) - \Phi\left(\frac{a-\mu}{\sigma}\right)$.

证　(1) $F(x) = P\{X \leqslant x\} = \dfrac{1}{\sqrt{2\pi}\sigma}\displaystyle\int_{-\infty}^{x} e^{-\frac{(t-\mu)^2}{2\sigma^2}} dt$，

令 $\dfrac{t-\mu}{\sigma} = u$，得

$$F(x) = \frac{1}{\sqrt{2\pi}}\int_{-\infty}^{\frac{x-\mu}{\sigma}} e^{-\frac{u^2}{2}} du = \Phi\left(\frac{x-\mu}{\sigma}\right);$$

(2) $P\{a < X \leqslant b\} = F(b) - F(a)$，由(1)，

$$P\{a < X \leqslant b\} = \Phi\left(\frac{b-\mu}{\sigma}\right) - \Phi\left(\frac{a-\mu}{\sigma}\right).$$

【例 5】　设 $X \sim N(3, 4)$，求 $P\{2 < X \leqslant 5\}$，$P\{|X| > 2\}$ 及 $P\{X > 3\}$.

解　由题设 $\mu = 3$，$\sigma = 2$.

$$\begin{aligned}
P\{2 < X \leqslant 5\} &= \Phi\left(\frac{5-3}{2}\right) - \Phi\left(\frac{2-3}{2}\right) = \Phi(1) - \Phi(-0.5) \\
&= \Phi(1) - [1 - \Phi(0.5)] \\
&= 0.8413 - (1 - 0.6915) = 0.5328;
\end{aligned}$$

$$\begin{aligned}
P\{|X| > 2\} &= 1 - P\{|X| \leqslant 2\} = 1 - P\{-2 \leqslant X \leqslant 2\} \\
&= 1 - \left[\Phi\left(\frac{2-3}{2}\right) - \Phi\left(\frac{-2-3}{2}\right)\right] \\
&= 1 - [\Phi(-0.5) - \Phi(-2.5)] \\
&= 1 - \{[1 - \Phi(0.5)] - [1 - \Phi(2.5)]\} \\
&= 1 - 0.9938 + 0.6915 = 0.6977;
\end{aligned}$$

$$P\{X > 3\} = 1 - P\{X \leqslant 3\} = 1 - \Phi\left(\frac{3-3}{2}\right) = 1 - \Phi(0) = 0.5.$$

【例 6】　设 $X \sim N(\mu, \sigma^2)$，求 $P\{|X-\mu| < k\sigma\}$，$(k = 1, 2, 3)$.

解 由于

$$
\begin{aligned}
P\{|X-\mu|<k\sigma\} &= P\{\mu-k\sigma<X<\mu+k\sigma\} \\
&= \Phi\left(\frac{\mu+k\sigma-\mu}{\sigma}\right)-\Phi\left(\frac{\mu-k\sigma-\mu}{\sigma}\right) \\
&= \Phi(k)-\Phi(-k)=2\Phi(k)-1 \quad (k=1,2,3)
\end{aligned}
$$

所以

$$
\begin{aligned}
P\{|X-\mu|<\sigma\} &= 2\Phi(1)-1=0.6826, \\
P\{|X-\mu|<2\sigma\} &= 2\Phi(2)-1=0.9544, \\
P\{|X-\mu|<3\sigma\} &= 2\Phi(3)-1=0.9974.
\end{aligned}
$$

上式表明,尽管正态随机变量 X 的取值范围是 $(-\infty,+\infty)$,但它的值绝大部分落在区间 $(\mu-3\sigma,\mu+3\sigma)$ 内,X 落在该区间以外的概率小于 3‰,由于这一概率很小,所以 X 几乎不可能在该区间外取值. 正态随机变量的这种取值规律称为"3σ 规则".

【例 7】 某人从酒店乘车去机场,现有两条路线可供选择. 走第一条路线,穿过市区,路程较短,但道路拥堵,所需时间 X_1 (单位:min),$X_1\sim N(40,10^2)$;走第二条路线,通过高架桥,路程较长,但交通畅通,所需时间 X_2 (单位:min),$X_2\sim N(45,4^2)$. 当离停止办理登机手续还有(1)45 min,(2)50 min 时,请问选择哪条路线较好.

解 两种情形下,都应选择能准时到达概率较大的路线.

(1) 当离停止办理登机手续还有 45 min 时,则比较 $P\{X_1\leqslant 45\}$ 和 $P\{X_2\leqslant 45\}$

$$
P\{X_1\leqslant 45\}=\Phi\left(\frac{45-40}{10}\right)=\Phi(0.5)=0.6915,
$$

$$
P\{X_2\leqslant 45\}=\Phi\left(\frac{45-45}{4}\right)=\Phi(0)=0.5000,
$$

由于前者较大,故选第一条路线较好.

(2) 当离停止办理登机手续还有 50 min 时,

$$
P\{X_1\leqslant 50\}=\Phi\left(\frac{50-40}{10}\right)=\Phi(1)=0.8413,
$$

$$
P\{X_2\leqslant 50\}=\Phi\left(\frac{50-45}{4}\right)=\Phi(1.25)=0.8944,
$$

由于后者较大,故选第二条路线较好.

习题 2-4

1. 设随机变量 X 的概率密度为

$$f(x)=\begin{cases}a+x, & -1\leqslant x<0,\\ a-x, & 0\leqslant x<1,\\ 0, & \text{其它}.\end{cases}$$

(1) 试确定 a 的值;(2) 计算 $P\left\{|X|>\dfrac{1}{3}\right\}$;(3)求 X 的分布函数 $F(x)$.

2. 设连续型随机变量 X 的分布函数为

$$F(x)=\begin{cases}A+Be^{-\frac{x^2}{2}}, & x>0,\\ 0, & x\leqslant 0.\end{cases}$$

求:(1) 系数 A, B;

(2) X 落在区间 $(1, 2)$ 内的概率;

(3) X 的概率密度.

3. 设随机变量 X 在 $[1, 5]$ 上服从均匀分布,若 $x_1<1<x_2<5$, 试求 $P\{x_1<X<x_2\}$.

4. 设顾客排队等待服务的时间 X(分钟)服从 $\lambda=\dfrac{1}{5}$ 的指数分布. 某顾客等待服务,若超过 10 分钟,他就离开. 他一个月要去等待服务 5 次,以 Y 表示一个月内他未等到服务而离开的次数,试求 Y 的概率分布律和 $P\{Y\geqslant 1\}$.

5. 设随机变量 X 在 $(2, 5)$ 上服从均匀分布. 现对 X 进行三次独立观测,试求至少有两次观测值大于 3 的概率.

6. 设 $X\sim N(1, 4)$, 求 $P\{1.2<X<3\}$, $P\{X\leqslant 0\}$, $P\{X\geqslant 4\}$ 及 $P\{|X|\leqslant 1\}$.

7. 设某城市男子身高 $X\sim N(170, 36)$, 问应如何选择公共汽车车门的高度使男子与车门碰头的几率小于 0.01.

8. 设某机器生产的螺栓的长度(厘米)服从参数为 $\mu=10.05$, $\sigma=0.06$ 的正态分布,规定长度范围在 10.05 ± 0.12 内为合格品,求一螺栓为不合格品的概率.

第五节　随机变量函数的分布

在实际问题中,我们常要讨论随机变量函数的分布. 例如,在测量圆轴的截面积时,往往只能测量到圆轴的直径 d, 然后由函数 $A=\dfrac{\pi}{4}d^2$ 得到截面积的值. 一般来说,随机变量的函数仍是一个随机变量. 在这一节中,我们将讨论如何由已知的随机变量 X 的概率分布来寻求它的函数 $Y=g(X)$ 的概率分布,这里 $g(x)$ 是已知的连续函数.下面分两种情况讨论.

一、离散型随机变量函数的分布

设 X 是离散型随机变量,易见其函数 $Y=g(X)$ 显然仍为离散型随机变量.若 X 的分布律为

X	x_1	x_2	$\cdots$	x_n	$\cdots$
p_k	p_1	p_2	$\cdots$	p_n	$\cdots$

则 $Y=g(X)$ 的分布律为

$Y=g(X)$	$g(x_1)$	$g(x_2)$	$\cdots$	$g(x_n)$	$\cdots$
p_k	p_1	p_2	$\cdots$	p_n	$\cdots$

.

上表中,若 $g(x_i)$ $(i=1, 2, \cdots)$ 中有相等的值,应将对应概率相加,且按 $g(x_i)$ $(i=1, 2, \cdots)$ 取值从小到大的顺序进行排列,便得到函数 Y 的分布律.

【例 1】 设随机变量 X 的分布律为

X	-2	-1	0	1	2	3
p_k	0.10	0.20	0.25	0.20	0.15	0.10

,

求:(1) $Y=-2X$; (2) $Z=X^2$ 的分布律.

解 由 X 的分布律首先列出下表

X	-2	-1	0	1	2	3
$Y=-2X$	4	2	0	-2	-4	-6
$Z=X^2$	4	1	0	1	4	9
p_k	0.10	0.20	0.25	0.20	0.15	0.10

,

由于

$$P\{Y=4\}=P\{-2X=4\}=P\{X=-2\}=0.10,$$

$$P\{Y=2\}=P\{-2X=2\}=P\{X=-1\}=0.20,$$

$$P\{Z=4\}=P\{X^2=4\}=P\{X=-2\}+P\{X=2\}$$
$$=0.10+0.15=0.25,$$

$$P\{Z=0\}=P\{X^2=0\}=P\{X=0\}=0.25,$$

等等,可以得到下述表格:

(1) $Y=-2X$ 的分布律为

Y	-6	-4	-2	0	2	4
p_k	0.10	0.15	0.20	0.25	0.20	0.10

；

(2) $Z=X^2$ 的分布律为

Z	0	1	4	9
p_k	0.25	0.40	0.25	0.10

.

二、连续型随机变量函数的分布

设 X 是连续型随机变量，$y=g(x)$ 是连续函数，一般来说，$Y=g(X)$ 也是连续型随机变量. 设已知 X 的分布函数 $F_X(x)$ 或概率密度函数 $f_X(x)$，则随机变量函数 $Y=g(X)$ 的分布函数可按如下方法求得：

$$F_Y(y)=P\{Y\leqslant y\}=P\{g(X)\leqslant y\}=P\{X\in L_y\},$$

其中
$$L_y=\{x\mid g(x)\leqslant y\},$$

而 $P\{X\in L_y\}$ 可由 X 的分布函数 $F_X(x)$ 来表达或由其概率密度函数 $f_X(x)$ 的积分来表达：

$$F_Y(y)=P\{X\in L_y\}=\int_{L_y}f_X(x)\mathrm{d}x,$$

上式两端对 y 求导，即得 Y 的概率密度函数.

【例 2】 设随机变量 X 的概率密度为

$$f_X(x)=\frac{1}{\pi(1+x^2)}\quad(-\infty<x<+\infty),$$

求随机变量 $Y=1-\sqrt[3]{X}$ 的概率密度.

解 设 Y 的分布函数为 $F_Y(y)$，则

$$\begin{aligned}F_Y(y)&=P\{Y\leqslant y\}=P\{1-\sqrt[3]{X}\leqslant y\}\\&=P\{X\geqslant(1-y)^3\}=1-P\{X<(1-y)^3\}\\&=1-\int_{-\infty}^{(1-y)^3}f_X(x)\mathrm{d}x=1-\int_{-\infty}^{(1-y)^3}\frac{1}{\pi(1+x^2)}\mathrm{d}x\end{aligned}$$

上式两端对 y 求导，得 $Y=1-\sqrt[3]{X}$ 的概率密度为

$$f_Y(y)=F'_Y(y)=\frac{3(1-y)^2}{\pi[1+(1-y)^6)}\qquad(-\infty<y<+\infty).$$

【例 3】 设随机变量 $X \sim N(0, 1)$，求 $Y = |X|$ 的概率密度.

解 X 的概率密度为

$$f_X(x) = \frac{1}{\sqrt{2\pi}} e^{-\frac{x^2}{2}}, \quad -\infty < x < +\infty.$$

设 Y 的分布函数为 $F_Y(y)$，则

$$F_Y(y) = P\{Y \leqslant y\} = P\{|X| \leqslant y\}.$$

由于 $Y = |X| \geqslant 0$，故当 $y < 0$ 时，$\{|X| \leqslant y\}$ 为不可能事件，故 $F_Y(y) = P\{Y \leqslant y\} = 0$.

当 $y \geqslant 0$ 时，有

$$\begin{aligned} F_Y(y) &= P\{|X| \leqslant y\} = P\{-y \leqslant X \leqslant y\} \\ &= \int_{-y}^{y} f_X(x)\mathrm{d}x = \int_{-y}^{y} \frac{1}{\sqrt{2\pi}} e^{-\frac{x^2}{2}} \mathrm{d}x = \frac{2}{\sqrt{2\pi}} \int_0^y e^{-\frac{x^2}{2}} \mathrm{d}x, \end{aligned}$$

则

$$f_Y(y) = F'_Y(y) = \sqrt{\frac{2}{\pi}}\, e^{-\frac{y^2}{2}}.$$

综上所述得 $Y = |X|$ 的概率密度为

$$f_Y(y) = F'_Y(y) = \begin{cases} \sqrt{\dfrac{2}{\pi}}\, e^{-\frac{y^2}{2}}, & y \geqslant 0, \\ 0, & y < 0. \end{cases}$$

上面介绍的方法是求随机变量函数 $Y = g(X)$ 分布的主要方法，适用范围广泛，能解决很多问题. 对单调函数 $y = g(x)$，下面的定理提供了一种计算 $Y = g(X)$ 的概率密度的简单方法.

定理 设连续型随机变量 X 的概率密度为 $f_X(x)$ $(-\infty < x < +\infty)$，又设函数 $g(x)$ 处处可导，且对任意 x 有 $g'(x) > 0$（或恒有 $g'(x) < 0$），则 $Y = g(X)$ 是一个连续型随机变量，其概率密度为

$$f_Y(y) = \begin{cases} f_X[h(y)]\,|h'(y)|, & \alpha < y < \beta, \\ 0, & \text{其它}. \end{cases} \tag{2.5.1}$$

其中 $h(y)$ 是 $g(x)$ 的反函数，$\alpha = \min\{g(-\infty), g(+\infty)\}$，$\beta = \max\{g(-\infty), g(+\infty)\}$.

证 就 $g'(x) > 0$ 的情况给出证明.

设对任意 x，有 $g'(x) > 0$，因而 $g(x)$ 在 $(-\infty, +\infty)$ 内严格单调增加，它的反函数 $h(y)$ 存在，并且 $h(y)$ 在 (α, β) 内严格单调增加且可导.

设 $Y=g(X)$ 的分布函数为 $F_Y(y)$，因为 $Y=g(X)$ 在 (α,β) 内取值，从而当 $y\leqslant\alpha$ 时，$F_Y(y)=P\{Y\leqslant y\}=0$；当 $y\geqslant\beta$ 时，$F_Y(y)=P\{Y\leqslant y\}=1$. 当 $\alpha<y<\beta$ 时，

$$F_Y(y)=P\{Y\leqslant y\}=P\{g(X)\leqslant y\}=P\{X\leqslant h(y)\}=\int_{-\infty}^{h(y)}f_X(x)\mathrm{d}x.$$

于是 Y 的概率密度为

$$f_Y(y)=\begin{cases}f_X[h(y)]\cdot h'(y), & \alpha<y<\beta,\\ 0, & \text{其它}.\end{cases}$$

对于 $g'(x)<0$ 的情况，可得当 $\alpha<y<\beta$ 时，

$$F_Y(y)=P\{Y\leqslant y\}=P\{g(X)\leqslant y\}=P\{X\geqslant h(y)\}=\int_{h(y)}^{+\infty}f_X(x)\mathrm{d}x.$$

于是 Y 的概率密度为

$$f_Y(y)=\begin{cases}f_X[h(y)][-h'(y)], & \alpha<y<\beta,\\ 0, & \text{其它}.\end{cases}$$

综合以上两种情况，即得

$$f_Y(y)=\begin{cases}f_X[h(y)]\,|\,h'(y)\,|, & \alpha<y<\beta,\\ 0, & \text{其它}.\end{cases}$$

若 $f_X(x)$ 在区间 (a,b) 以外等于零，则只需假设在 (a,b) 上恒有 $g'(x)>0$（或恒有 $g'(x)<0$），此时

$$\alpha=\min\{g(a),g(b)\},\ \beta=\max\{g(a),g(b)\}.$$

【例 4】 设随机变量 $X\sim N(\mu,\sigma^2)$，求线性函数 $Y=aX+b(a\neq0)$ 的概率密度.

解 设 X 的概率密度为 $f_X(x)$，则

$$f_X(x)=\frac{1}{\sqrt{2\pi}\sigma}\mathrm{e}^{-\frac{(x-\mu)^2}{2\sigma^2}},\quad -\infty<x<+\infty$$

由 $y=g(x)=ax+b$，得 $x=h(y)=\dfrac{y-b}{a}$，且 $h'(y)=\dfrac{1}{a}$. 于是由式(2.5.1)得 $Y=aX+b$ 的概率密度为

$$f_Y(y)=\frac{1}{|a|}f_X\left(\frac{y-b}{a}\right)=\frac{1}{|a|}\frac{1}{\sqrt{2\pi}\sigma}\mathrm{e}^{-\frac{\left(\frac{y-b}{a}-\mu\right)}{2\sigma^2}}=\frac{1}{\sqrt{2\pi}\,|a|\,\sigma}\mathrm{e}^{-\frac{[y-(a\mu+b)]^2}{2(a\sigma)^2}},$$

$$(-\infty<y<+\infty)$$

即有$Y=aX+b\sim N(a\mu+b,(a\sigma)^2)$. 这就是说正态随机变量的线性函数仍然服从正态分布. 在例4中,若取$a=\frac{1}{\sigma}$, $b=-\frac{\mu}{\sigma}$, 则

$$Y=\frac{X-\mu}{\sigma}\sim N(0,\ 1).$$

【例5】 设随机变量X的概率密度为

$$f_X(x)=\begin{cases}\frac{2x}{\pi^2}, & 0<x\leqslant\pi,\\ 0, & \text{其它}.\end{cases}$$

求$Y=\frac{1}{X}-\frac{1}{\pi}$的概率密度.

解 $y=g(x)=\frac{1}{x}-\frac{1}{\pi}$, 在$(0,\ \pi)$内$g'(x)=-\frac{1}{x^2}<0$, 其反函数$x=h(y)=\frac{\pi}{1+\pi y}$, 且$h'(y)=\frac{-\pi^2}{(1+\pi y)^2}$, $\alpha=\min\{g(0+0),\ g(\pi)\}=0$, $\beta=\max\{g(0+0),g(\pi)\}=+\infty$.

于是由式(2.5.1)得$Y=\frac{1}{X}-\frac{1}{\pi}$的概率密度为

$$f_Y(y)=\begin{cases}\frac{2\pi}{(1+\pi y)^3}, & y>0,\\ 0, & y\leqslant 0.\end{cases}$$

习题 2-5

1. 设随机变量X的分布律为

X	-1	0	1	2
p_k	0.20	0.25	0.30	0.25

试求:(1) $Y=-3X+1$; (2) $Z=X^2+1$的分布律.

2. 设随机变量X的概率密度为

$$f_X(x)=\begin{cases}2x, & 0<x<1,\\ 0, & \text{其它}.\end{cases}$$

求随机变量$Y=3X-1$的概率密度.

3. 设随机变量$X\sim N(0,\ 1)$, 求:

(1) $Y=\mathrm{e}^X$ 的概率密度;

(2) $Y=2X^2+1$ 的概率密度.

4. 设随机变量 X 在区间 $\left(-\frac{\pi}{2},\frac{\pi}{2}\right)$ 上服从均匀分布,求 $Y=\tan X$ 的概率密度.

5. 设随机变量 X 的概率密度为

$$f(x)=\begin{cases}\frac{2x}{\pi^2}, & 0<x<\pi,\\ 0, & \text{其它}.\end{cases}$$

求 $Y=\sin X$ 的概率密度.

第三章　多维随机变量及其分布

第二章讨论的随机变量是一维的，即随机试验的结果仅用一个数值来描述，而在很多实际问题中，仅用一个随机变量描述随机试验的结果往往是不够的，常同时涉及用两个或两个以上的随机变量. 例如，打靶时命中点的位置是由定义在同一样本空间上的两个随机变量（横坐标 X 和纵坐标 Y）来确定的；再如，为了了解某校初三学生的学习成绩，就要了解学生的语文成绩 X、数学成绩 Y 和英语成绩 Z 等随机变量. 用于描述某一随机试验结果的随机变量之间往往存在着一定的联系，所以这些随机变量构成一个整体，因此我们引入多维随机变量，并探讨其分布. 本章主要讨论二维随机变量及其分布，其所有结论都可以推广到更高维的随机变量.

第一节　二维随机变量及其分布

一、二维随机变量及其分布函数

定义 1　设 E 为一个随机试验，其样本空间为 $S=\{e\}$，随机变量 $X=X(e)$ 和 $Y=Y(e)$ 定义在样本空间 S 上，称由它们构成的向量 (X, Y) 为二维随机变量或二维随机向量.

如研究某地区小学生的发育状况. 抽查这一地区小学生的身高和体重，若用 $S=\{e\}$ 表示样本空间，用定义在 S 上的随机变量 X 和 Y 分别表示身高和体重，则向量 (X, Y) 即为一个二维随机变量.

第二章所讨论的随机变量也称为一维随机变量. 类似于上一章，我们也用分布函数来研究二维随机变量.

定义 2　设 (X, Y) 是定义在样本空间 $S=\{e\}$ 上的二维随机变量，对于任意实数 x, y, 二元函数

$$F(x, y)=P\{(X \leqslant x) \cap (Y \leqslant y)\} \xlongequal{\text{记作}} P\{X \leqslant x, Y \leqslant y\}$$

称为二维随机变量 (X, Y) 的分布函数，或称为随机变量 X 和 Y 的联合分布函数.

若把二维随机变量 (X, Y) 看作平面 xOy 上的随机点的坐标，则可以将分布

函数 $F(x, y)$ 在 (x, y) 处的函数值理解为随机点 (X, Y) 落在以点 (x, y) 为顶点且位于该点左下方的无穷矩形区域内的概率,如图 3-1 中阴影部分所示.

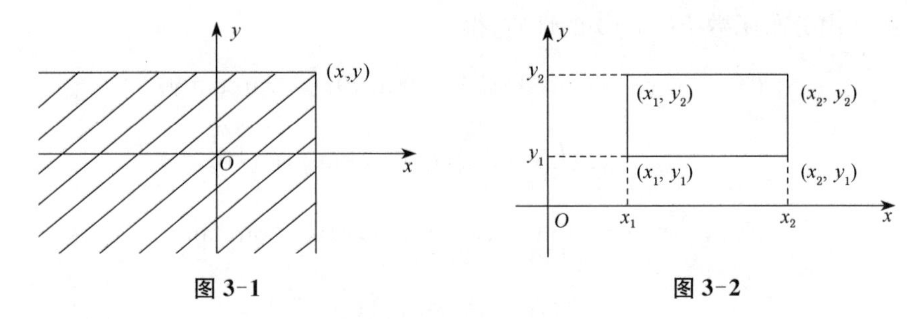

图 3-1　　　　图 3-2

分布函数 $F(x, y)$ 具有以下一些基本性质:

性质 1　$F(x, y)$ 是变量 x 或 y 的不减函数. 对任意固定的 y,当 $x_1 < x_2$ 时,$F(x_1, y) \leqslant F(x_2, y)$;同样,对任意固定的 x,当 $y_1 < y_2$ 时,$F(x, y_1) \leqslant F(x, y_2)$.

性质 2　$0 \leqslant F(x, y) \leqslant 1$. 且

对任意固定的 x,$F(x, -\infty) = \lim\limits_{y \to -\infty} F(x, y) = 0$;

对任意固定的 y,$F(-\infty, y) = \lim\limits_{x \to -\infty} F(x, y) = 0$;

$$F(-\infty, -\infty) = \lim_{\substack{x \to -\infty \\ y \to -\infty}} F(x, y) = 0;$$

$$F(+\infty, +\infty) = \lim_{\substack{x \to +\infty \\ y \to +\infty}} F(x, y) = 1.$$

性质 3　$F(x, y)$ 关于 x 右连续,即 $F(x^+, y) = F(x, y)$;

$F(x, y)$ 关于 y 右连续,即 $F(x, y^+) = F(x, y)$.

性质 4　对任意的 (x_1, y_1),(x_2, y_2),若 $x_1 < x_2$,$y_1 < y_2$,则有

$$F(x_2, y_2) - F(x_1, y_2) - F(x_2, y_1) + F(x_1, y_1) \geqslant 0.$$

证　如图 3-2 所示,随机点 (X, Y) 落在矩形区域 $\{x_1 < X \leqslant x_2, y_1 < Y \leqslant y_2\}$ 内的概率

$$\begin{aligned} & P\{x_1 < X \leqslant x_2, y_1 < Y \leqslant y_2\} \\ = & P\{X \leqslant x_2, Y \leqslant y_2\} - P\{X \leqslant x_1, Y \leqslant y_2\} \\ & - P\{X \leqslant x_2, Y \leqslant y_1\} + P\{X \leqslant x_1, Y \leqslant y_1\} \\ = & F(x_2, y_2) - F(x_1, y_2) - F(x_2, y_1) + F(x_1, y_1) \geqslant 0. \end{aligned}$$

【例 1】　设二维随机变量 (X, Y) 的分布函数为

$$F(x, y) = A(B+\arctan x)(C+\arctan y), \quad (-\infty < x < +\infty, -\infty < y < +\infty)$$

求常数 A, B, C.

解 由分布函数 $F(x, y)$ 的性质,得

$$F(-\infty, y) = \lim_{x \to -\infty} A(B+\arctan x)(C+\arctan y)$$

$$= A\left(B-\frac{\pi}{2}\right)(C+\arctan y) = 0,$$

$$F(x, -\infty) = \lim_{y \to -\infty} A(B+\arctan x)(C+\arctan y)$$

$$= A(B+\arctan x)\left(C-\frac{\pi}{2}\right) = 0,$$

$$F(+\infty, +\infty) = \lim_{\substack{x \to +\infty \\ y \to +\infty}} A(B+\arctan x)(C+\arctan y)$$

$$= A\left(B+\frac{\pi}{2}\right)\left(C+\frac{\pi}{2}\right) = 1,$$

由此解得 $B = \frac{\pi}{2}$, $C = \frac{\pi}{2}$, $A = \frac{1}{\pi^2}$.

如同一维随机变量一样,二维随机变量也分为离散型和连续型两种类型,下面分别就这两种类型进行讨论.

二、二维离散型随机变量及其分布

定义 3 若 X 与 Y 均为一维离散型随机变量,则称 (X, Y) 是二维离散型随机变量.

由定义可得,若 (X, Y) 是二维离散型随机变量,则其所有可能的取值为有限多对或无限可列多对.类似于一维离散型随机变量的分布律,可定义二维离散型随机变量的分布律如下:

定义 4 设二维离散型随机变量 (X, Y) 所有可能的取值为 $(x_i, y_j)(i, j = 1, 2, \cdots)$,且取这个值的概率为 $p_{ij}(i, j = 1, 2, \cdots)$,即

$$P\{X = x_i, Y = y_j\} = p_{ij}, \ i, j = 1, 2, \cdots \tag{3.1.1}$$

$p_{ij}(i, j = 1, 2, \cdots)$ 满足下列两个条件:

(1) $p_{ij} \geqslant 0$, $i, j = 1, 2, \cdots$;

(2) $\sum\limits_{i=1}^{\infty}\sum\limits_{j=1}^{\infty} p_{ij} = 1$.

我们称式(3.1.1)为二维离散型随机变量 (X, Y) 的分布律,或随机变量 X 和 Y 的联合分布律.

常用下面的表格表示 (X, Y) 的分布律：

$X \backslash Y$	y_1	y_2	$\cdots$	y_j	$\cdots$
x_1	p_{11}	p_{12}	$\cdots$	p_{1j}	$\cdots$
x_2	p_{21}	p_{22}	$\cdots$	p_{2j}	$\cdots$
$\vdots$	$\vdots$	$\vdots$		$\vdots$	
x_i	p_{i1}	p_{i2}	$\cdots$	p_{ij}	$\cdots$
$\vdots$	$\vdots$	$\vdots$	$\cdots$	$\vdots$	$\cdots$

由上面给出的分布律的定义，易得下面两式成立：

(1) $F\{x, y) = P\{X \leqslant x, Y \leqslant y\} = \sum\limits_{x_i \leqslant x} \sum\limits_{y_j \leqslant y} p_{ij}$，

其中：$\sum\limits_{x_i \leqslant x} \sum\limits_{y_j \leqslant y} p_{ij}$ 表示对一切满足 $x_i \leqslant x$，$y_j \leqslant y$ 的 i，j 求和.

(2) $P\{(X, Y) \in D\} = \sum\limits_{(x_i, y_j) \in D} P\{X = x_i, Y = y_j\} = \sum\limits_{(x_i, y_j) \in D} p_{ij}$，

其中：D 表示 xOy 平面上的一个点集，$\sum\limits_{(x_i, y_j) \in D} p_{ij}$ 表示对所有满足 $(x_i, y_j) \in D$ 的 i，j 求和.

【例 2】 设袋中有 4 个白球和 5 个红球，现从中随机抽取两次，每次取一个，作不放回抽样. 定义随机变量

$$X_i = \begin{cases} 0, & \text{第 } i \text{ 次摸出白球}, \\ 1, & \text{第 } i \text{ 次摸出红球}. \end{cases}$$

试求：(1) (X_1, X_2) 的概率分布；

(2) $P\{X_1 \geqslant X_2\}$.

解 对于不放回抽样，(X_1, X_2) 的可能取值为 $(0, 0)$，$(0, 1)$，$(1, 0)$，$(1, 1)$.

(1) $P\{X_1 = 0, X_2 = 0\} = \dfrac{4}{9} \times \dfrac{3}{8} = \dfrac{1}{6}$,

$P\{X_1 = 0, X_2 = 1\} = \dfrac{4}{9} \times \dfrac{5}{8} = \dfrac{5}{18}$,

$P\{X_1 = 1, X_2 = 0\} = \dfrac{5}{9} \times \dfrac{4}{8} = \dfrac{5}{18}$,

$P\{X_1 = 1, X_2 = 1\} = \dfrac{5}{9} \times \dfrac{4}{8} = \dfrac{5}{18}$,

所以 (X_1, X_2) 的联合概率分布为

X_1 \ X_2	0	1
0	$\frac{1}{6}$	$\frac{5}{18}$
1	$\frac{5}{18}$	$\frac{5}{18}$

(2) 由于事件

$$\{X_1 \geqslant X_2\} = \{X_1 = 0, X_2 = 0\} \cup \{X_1 = 1, X_2 = 0\} \cup \{X_1 = 1, X_2 = 1\},$$

且三个事件互不相容,所以

$$P\{X_1 \geqslant X_2\} = P\{X_1 = 0, X_2 = 0\} + P\{X_1 = 1, X_2 = 0\} + P\{X_1 = 1, X_2 = 1\} = \frac{1}{6} + \frac{5}{18} + \frac{5}{18} = \frac{13}{18}.$$

注 同学们计算一下以上例题作放回抽样时的结果,就会发现不同的抽样方式对 (X_1, X_2) 的取值规律是有影响的.

三、二维连续型随机变量及其分布

类似于一维连续型随机变量,我们定义二维连续型随机变量如下:

定义 5 设函数 $F(x, y)$ 是二维随机变量 (X, Y) 的分布函数,若存在非负函数 $f(x, y)$,使对于任意实数 x, y,都有

$$F(x, y) = \int_{-\infty}^{x}\int_{-\infty}^{y} f(u, v)\mathrm{d}u\mathrm{d}v,$$

则称 (X, Y) 是二维连续型随机变量,称非负函数 $f(x, y)$ 为二维连续型随机变量 (X, Y) 的概率密度,或称为随机变量 X 和 Y 的联合概率密度.

容易证明,概率密度 $f(x, y)$ 具有下列性质:

(1) 非负性,即 $f(x, y) \geqslant 0$;

(2) 规范性,即 $\int_{-\infty}^{+\infty}\int_{-\infty}^{+\infty} f(x, y)\mathrm{d}x\mathrm{d}y = F(+\infty, +\infty) = 1$;

(3) $P\{(X, Y) \in D\} = \iint\limits_{D} f(x, y)\mathrm{d}x\mathrm{d}y$,其中 D 是 xOy 平面上的一个区域;

(4) 若 $f(x, y)$ 在点 (x, y) 处连续,则有

$$\frac{\partial^2 F(x, y)}{\partial x \partial y} = f(x, y).$$

【例 3】 设二维连续型随机变量 (X, Y) 具有概率密度

$$f(x, y)=\begin{cases}k\mathrm{e}^{-2x-y}, & x>0, y>0, \\ 0, & \text{其它}.\end{cases}$$

试求：(1) 常数 k；

(2) 分布函数 $F(x, y)$；

(3) $P\{X \geqslant Y\}$.

解　(1) 由概率密度的性质 $\int_{-\infty}^{+\infty}\int_{-\infty}^{+\infty} f(x, y)\mathrm{d}x\mathrm{d}y=1$，得

$$\int_{-\infty}^{+\infty}\int_{-\infty}^{+\infty} f(x, y)\mathrm{d}x\mathrm{d}y=\int_{0}^{+\infty}\int_{0}^{+\infty} k\mathrm{e}^{-2x-y}\mathrm{d}x\mathrm{d}y=k\int_{0}^{+\infty} \mathrm{e}^{-2x}\mathrm{d}x\int_{0}^{+\infty} \mathrm{e}^{-y}\mathrm{d}y=\frac{k}{2}=1,$$

所以解得

$$k=2.$$

(2) 当 $x \leqslant 0$ 或 $y \leqslant 0$ 时，$f(x, y)=0$，故有 $F(x, y)=\int_{-\infty}^{x}\int_{-\infty}^{y} 0\mathrm{d}u\mathrm{d}v=0$，当 $x>0$，$y>0$ 时，$f(x, y)=2\mathrm{e}^{(-2x-y)}$，故有

$$F(x, y)=\int_{0}^{x}\int_{0}^{y} 2\mathrm{e}^{-2u-v}\mathrm{d}u\mathrm{d}v=\int_{0}^{x} 2\mathrm{e}^{-2u}\mathrm{d}u\int_{0}^{y} \mathrm{e}^{-v}\mathrm{d}v=(1-\mathrm{e}^{-2x})(1-\mathrm{e}^{-y}).$$

所以 (X, Y) 的分布函数为

$$F(x, y)=\begin{cases}(1-\mathrm{e}^{-2x})(1-\mathrm{e}^{-y}), & x>0, y>0, \\ 0, & \text{其它}.\end{cases}$$

(3) 将 (X, Y) 看作平面上随机点的坐标，则有 $\{X \geqslant Y\}=\{(X, Y) \in D\}$，其中

$$D=\{(x, y) \mid -\infty<x<+\infty, y \leqslant x\}$$

如图 3-3 所示，因此

$$\begin{aligned}P\{X \geqslant Y\} &=P\{(X, Y) \in D\} \\ &=\iint_{D} f(x, y)\mathrm{d}x\mathrm{d}y \\ &=\int_{0}^{+\infty}\mathrm{d}x\int_{0}^{x} 2\mathrm{e}^{-2x-y}\mathrm{d}y \\ &=\int_{0}^{+\infty} 2\mathrm{e}^{-2x}(1-\mathrm{e}^{-x})\mathrm{d}x=\frac{1}{3}.\end{aligned}$$

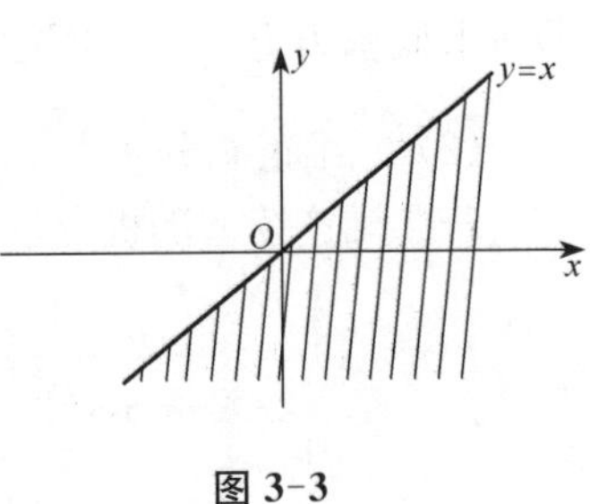

图 3-3

下面介绍两个常用分布.

(1) 二维均匀分布

若二维连续型随机变量 (X, Y) 具有概率密度

$$f(x, y)=\begin{cases}\dfrac{1}{A}, & (x, y)\in D,\\ 0, & \text{其它}.\end{cases}$$

其中 D 表示 xOy 平面上的有界区域,其面积为 A,则称二维连续型随机变量 (X, Y) 在区域 D 上服从(二维)均匀分布.

【例 4】 设 (X, Y) 在区域 $D=\{(x, y)\mid -1\leqslant x\leqslant 1, -1\leqslant y\leqslant 1\}$ 上服从均匀分布,试求关于 t 的一元二次方程 $t^2+tX+Y=0$ 有实根的概率.

解 由题意得 D 的面积为 $2\times 2=4$,根据均匀分布的定义,(X, Y) 的概率密度为

$$f(x, y)=\begin{cases}\dfrac{1}{4}, & (x, y)\in D,\\ 0, & \text{其它}.\end{cases}$$

当 $X^2-4Y\geqslant 0$,即 $Y\leqslant \dfrac{X^2}{4}$ 时,方程 $t^2+tX+Y=0$ 有实根. 记

$$G=\left\{(x, y)\mid -1\leqslant x\leqslant 1, -1\leqslant y\leqslant \frac{x^2}{4}\right\},$$

如图 3-4 所示,

$$\begin{aligned}P\{X^2-4Y\geqslant 0\}&=P\{(X, Y)\in G\}\\&=\iint_G f(x, y)\mathrm{d}x\mathrm{d}y\\&=\int_{-1}^{1}\mathrm{d}x\int_{-1}^{\frac{x^2}{4}}\frac{1}{4}\mathrm{d}y=\frac{13}{24}.\end{aligned}$$

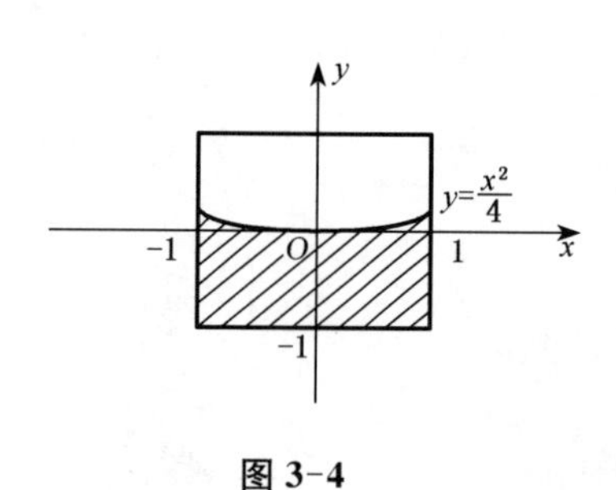

图 3-4

即所求概率为 $P\{X^2-4Y\geqslant 0\}=\dfrac{13}{24}$.

(2) 二维正态分布

若二维连续型随机变量 (X, Y) 的概率密度为

$$f(x, y)=\frac{1}{2\pi\sigma_1\sigma_2\sqrt{1-\rho^2}}\cdot$$
$$\exp\left\{\frac{-1}{2(1-\rho^2)}\left[\frac{(x-\mu_1)^2}{\sigma_1^2}-2\rho\frac{(x-\mu_1)(y-\mu_2)}{\sigma_1\sigma_2}+\frac{(y-\mu_2)^2}{\sigma_2^2}\right]\right\},$$
$$-\infty<x<+\infty, -\infty<y<+\infty,$$

其中 $\mu_1, \mu_2, \sigma_1, \sigma_2, \rho$ 均为常数,且 $\sigma_1>0, \sigma_2>0, -1<\rho<1$,则称 (X, Y) 为服从参数为 $\mu_1, \mu_2, \sigma_1, \sigma_2, \rho$ 的二维正态分布,记作 $(X, Y)\sim N(\mu_1, \mu_2, \sigma_1^2, \sigma_2^2, \rho)$.

注　二维正态分布概率密度的图像如图 3-5 所示.

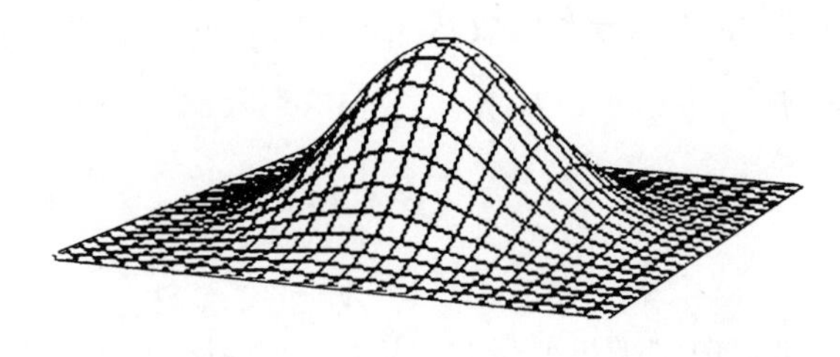

图 3-5

二维正态分布的一些性质,会在后面的相关内容中陆续给出.

习题 3-1

1. 将一硬币抛掷三次,以 X 表示在三次中出现正面的次数,以 Y 表示三次中出现正面次数与出现反面次数之差的绝对值. 试写出 X 和 Y 的联合分布律.

2. 从 1, 2, 3, 4 中任取一数记为 X, 再从 $1, \cdots, X$ 中任取一数记为 Y. 试求

(1) (X, Y) 的分布律;

(2) $P(X=Y)$.

3. 设随机变量 (X, Y) 的概率密度为

$$f(x, y)=\begin{cases} k(6-x-y), & 0<x<2,\ 2<y<4, \\ 0, & \text{其它}, \end{cases}$$

(1) 确定常数 k;　　(2) 求 $P\{X<1, Y<3\}$;

(3) 求 $P\{X<1.5\}$;　　(4) 求 $P\{X+Y\leqslant 4\}$.

4. 设随机变量(X, Y)的概率密度为

$$f(x, y)=\begin{cases} A\mathrm{e}^{-(3x+4y)}, & x>0,\ y>0, \\ 0, & \text{其它}. \end{cases}$$

求:(1) 常数 A;

(2) 随机变量(X, Y)的分布函数;

(3) $P\{0\leqslant X<1, 0\leqslant Y<2\}$.

第二节　边 缘 分 布

根据二维随机变量 (X, Y) 的定义,我们知道 X 和 Y 也是随机变量,所以它们有各自的概率分布. 我们将 X 和 Y 的概率分布分别称为二维随机变量 (X, Y) 关于 X 和关于 Y 的边缘概率分布,简称边缘分布. 设二维随机变量 (X, Y) 的分布函数为 $F(x, y)$, 则称 X 和 Y 各自的分布函数为 (X, Y) 关于 X 和关于 Y 的边缘分

布函数，依次记作 $F_X(x)$ 和 $F_Y(y)$. 若已知分布函数 $F(x, y)$，我们可以通过 $F(x, y)$ 求出 X 和 Y 的边缘分布函数 $F_X(x)$ 和 $F_Y(y)$，求法如下：

$$F_X(x) = P\{X \leqslant x\} = P\{X \leqslant x, Y < +\infty\} = F(x, +\infty),$$

即
$$F_X(x) = F(x, +\infty). \tag{3.2.1}$$

同理可得
$$F_Y(y) = F(+\infty, y).$$

下面我们从二维离散型随机变量和二维连续型随机变量两个方面讨论联合分布和边缘分布的关系和相关计算.

一、二维离散型随机变量的边缘分布

设二维离散型随机变量 (X, Y) 的分布律为

$$P\{X = x_i, Y = y_j\} = p_{ij}, \quad i, j = 1, 2, \cdots$$

因为

$$\{X = x_i\} = \{X = x_i, Y < +\infty\} = \bigcup_{j=1}^{\infty} \{X = x_i, Y = y_j\},$$

又事件组 $\{X = x_i, Y = y_j\}$ $(j = 1, 2, \cdots)$ 两两互不相容，所以

$$P\{X = x_i\} = \sum_{j=1}^{\infty} P\{X = x_i, Y = y_j\} = \sum_{j=1}^{\infty} p_{ij}, \ i = 1, 2, \cdots.$$

同理可得
$$P\{Y = y_j\} = \sum_{i=1}^{\infty} p_{ij}, \ j = 1, 2, \cdots.$$

若记
$$p_{i\cdot} = \sum_{j=1}^{\infty} p_{ij}, \ i = 1, 2, \cdots,$$

$$p_{\cdot j} = \sum_{i=1}^{\infty} p_{ij}, \ j = 1, 2, \cdots,$$

则有
$$P\{X = x_i\} = p_{i\cdot}, \ i = 1, 2, \cdots, \tag{3.2.2}$$

$$P\{Y = y_j\} = p_{\cdot j}, \ j = 1, 2, \cdots \tag{3.2.3}$$

分别称式(3.2.2)和式(3.2.3)为 (X, Y) 关于 X 和关于 Y 的边缘分布律.

由上面的定义易知 $P\{X = x_i\} = p_{i\cdot}, \ i = 1, 2, \cdots$；$P\{Y = y_j\} = p_{\cdot j}, \ j = 1, 2, \cdots$.

【例 1】 抛掷一枚均匀的硬币，正面朝上记为 1，反面朝上记为 2. 将硬币连抛 3 次，以 X 记前两次所得数字之和，以 Y 记后两次所得数字之差(第 2 次减去第 3 次). 试求 X 和 Y 的联合分布律以及边缘分布律.

解　先将试验的样本空间及 X, Y 的取值情况列出如下：

样本点	111	112	121	122	211	212	221	222
X	2	2	3	3	3	3	4	4
Y	0	-1	1	0	0	-1	1	0

X 所有可能的取值为 2, 3, 4, Y 所有可能的取值为 -1, 0, 1. 易得 (X, Y) 取 (u, v), $u=2, 3, 4$, $v=-1, 0, 1$ 的概率. 例如

$$P\{X=2, Y=0\}=\frac{1}{8}, P\{X=3, Y=0\}=\frac{2}{8}.$$

可得 X 和 Y 的联合分布律如下

X \ Y	-1	0	1	$p_{i\cdot}$
2	$\frac{1}{8}$	$\frac{1}{8}$	0	$\frac{1}{4}$
3	$\frac{1}{8}$	$\frac{2}{8}$	$\frac{1}{8}$	$\frac{1}{2}$
4	0	$\frac{1}{8}$	$\frac{1}{8}$	$\frac{1}{4}$
$p_{\cdot j}$	$\frac{1}{4}$	$\frac{1}{2}$	$\frac{1}{4}$	

边缘分布律即是

X	2	3	4
$p_{i\cdot}$	$\frac{1}{4}$	$\frac{1}{2}$	$\frac{1}{4}$

,

Y	-1	0	1
$p_{\cdot j}$	$\frac{1}{4}$	$\frac{1}{2}$	$\frac{1}{4}$

.

注　在本例题求解过程中的联合分布律表中,中间部分是 X 和 Y 的联合分布律,处在边沿部分的最后一行由在同一列的概率相加得到,即是关于 Y 的边缘分布律;而处在边沿部分的最后一列由在同一行的概率相加得到,即是关于 X 的边缘分布律. 这也就是"边缘"一词的由来.

二、二维连续型随机变量的边缘分布

设 (X, Y) 为二维连续型随机变量,其概率密度为 $f(x, y)$, 由式(3.2.1)可得

$$F_X(x)=F(x, +\infty)=\int_{-\infty}^{x}\left[\int_{-\infty}^{+\infty}f(x, y)\mathrm{d}y\right]\mathrm{d}x,$$

由连续型随机变量的定义知 X 是一个连续型随机变量，其概率密度如下

$$f_X(x)=\int_{-\infty}^{+\infty}f(x,\ y)\mathrm{d}y.$$

同理易知 Y 也是一个连续型随机变量，其概率密度如下

$$f_Y(y)=\int_{-\infty}^{+\infty}f(x,\ y)\mathrm{d}x,$$

分别称函数 $f_X(x)$ 和 $f_Y(y)$ 为 $(X,\ Y)$ 关于 X 和关于 Y 的边缘概率密度.

【例 2】 设二维随机变量$(X,\ Y)$的概率密度为

$$f(x,\ y)=\begin{cases}\dfrac{21}{4}x^2y, & x^2\leqslant y\leqslant 1,\\ 0, & \text{其它}.\end{cases}\quad(\text{图 3-6})$$

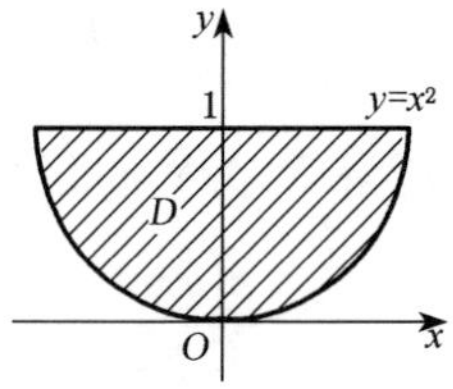

求边缘概率密度 $f_X(x)$，$f_Y(y)$.

图 3-6

解 $(X,\ Y)$ 关于 X 的边缘概率密度为

$$f_X(x)=\int_{-\infty}^{+\infty}f(x,\ y)\mathrm{d}y$$

$$=\begin{cases}\displaystyle\int_{x^2}^{1}\frac{21}{4}x^2y\mathrm{d}y\\ 0,\end{cases}=\begin{cases}\dfrac{21}{8}x^2(1-x^4), & -1\leqslant x\leqslant 1,\\ 0, & \text{其它}.\end{cases}$$

$(X,\ Y)$ 关于 Y 的边缘概率密度为

$$f_Y(y)=\int_{-\infty}^{+\infty}f(x,\ y)\mathrm{d}x=\begin{cases}\displaystyle\int_{-\sqrt{y}}^{\sqrt{y}}\frac{21}{4}x^2y\mathrm{d}x\\ 0,\end{cases}=\begin{cases}\dfrac{7}{2}y^{\frac{5}{2}}, & 0\leqslant y\leqslant 1,\\ 0, & \text{其它}.\end{cases}$$

【例 3】 设二维随机变量 $(X,\ Y)$ 服从参数为 μ_1，μ_2，σ_1，σ_2，ρ 的二维正态分布，试分别求 $(X,\ Y)$ 关于 X 和关于 Y 的边缘概率密度 $f_X(x)$，$f_Y(y)$.

解 由二维正态分布的定义知 $(X,\ Y)$ 的概率密度为

$$f(x,\ y)=\frac{1}{2\pi\sigma_1\sigma_2\sqrt{1-\rho^2}}\cdot$$

$$\exp\left\{\frac{-1}{2(1-\rho^2)}\left[\frac{(x-\mu_1)^2}{\sigma_1^2}-2\rho\frac{(x-\mu_1)(y-\mu_2)}{\sigma_1\sigma_2}+\frac{(y-\mu_2)^2}{\sigma_2^2}\right]\right\},$$

$$-\infty<x<+\infty,\ -\infty<y<+\infty,$$

由于 $$\frac{(x-\mu_1)^2}{\sigma_1^2}-2\rho\frac{(x-\mu_1)(y-\mu_2)}{\sigma_1\sigma_2}+\frac{(y-\mu_2)^2}{\sigma_2^2}$$

$$=(1-\rho^2)\frac{(x-\mu_1)^2}{\sigma_1^2}+\left(\frac{y-\mu_2}{\sigma_2}-\rho\frac{x-\mu_1}{\sigma_1}\right)^2,$$

所以 $f_X(x)=\int_{-\infty}^{+\infty}f(x,\ y)\mathrm{d}y$

$$=\frac{1}{2\pi\sigma_1\sigma_2\sqrt{1-\rho^2}}\mathrm{e}^{-\frac{(x-\mu_1)^2}{2\sigma_1^2}}\int_{-\infty}^{+\infty}\mathrm{e}^{-\frac{1}{2(1-\rho^2)}\left(\frac{y-\mu_2}{\sigma_2}-\rho\frac{x-\mu_1}{\sigma_1}\right)^2}\mathrm{d}y,$$

令 $t=\frac{1}{\sqrt{1-\rho^2}}\left(\frac{y-\mu_2}{\sigma_2}-\rho\frac{x-\mu_1}{\sigma_1}\right)$，则 $\mathrm{d}y=\sigma_2\sqrt{1-\rho^2}\mathrm{d}t$，

因此
$$f_X(x)=\frac{1}{2\pi\sigma_1}\mathrm{e}^{-\frac{(x-\mu_1)^2}{2\sigma_1^2}}\int_{-\infty}^{+\infty}\mathrm{e}^{-\frac{t^2}{2}}\mathrm{d}t,$$

又已知 $\int_{-\infty}^{+\infty}\mathrm{e}^{-\frac{t^2}{2}}\mathrm{d}t=\sqrt{2\pi}$，故

$$f_X(x)=\frac{1}{\sqrt{2\pi}\sigma_1}\mathrm{e}^{-\frac{(x-\mu_1)^2}{2\sigma_1^2}},\quad -\infty<x<+\infty.$$

同理

$$f_Y(y)=\frac{1}{\sqrt{2\pi}\sigma_2}\mathrm{e}^{-\frac{(y-\mu_2)^2}{2\sigma_2^2}},\quad -\infty<y<+\infty.$$

从上列可得，若二维随机变量 $(X,Y)\sim N(\mu_1,\mu_2,\sigma_1^2,\sigma_2^2,\rho)$，则 $X\sim N(\mu_1,\sigma_1^2)$，$Y\sim N(\mu_2,\sigma_2^2)$，即二维正态分布的两个边缘分布都是一维正态分布，且这两个边缘分布都和参数 ρ 无关，也就是说只要给定 μ_1、μ_2 与 σ_1、σ_2，虽然不同的 ρ 决定了不同的二维正态分布，但它们的边缘分布却是相同的. 这一结果表明，虽然由 X 和 Y 的联合分布可以确定关于 X 和关于 Y 的边缘分布，但反之不成立，即仅由关于 X 和关于 Y 的边缘分布，一般不能确定 X 和 Y 的联合分布.

习题 3-2

1. 求习题 3-1 第 1 题中随机变量 (X,Y) 的边缘分布律.

2. 设二维随机变量 (X,Y) 的概率密度为

$$f(x,\ y)=\begin{cases}4.8y(2-x), & 0\leqslant x\leqslant 1,\ 0\leqslant y\leqslant x,\\ 0, & \text{其它}.\end{cases}$$

求边缘概率密度 $f_X(x)$，$f_Y(y)$.

3. 设二维随机变量 (X,Y) 具有概率密度

$$f(x, y)=\begin{cases}x^2+cxy, & 0\leqslant x\leqslant 1,\ 0\leqslant y\leqslant 2,\\ 0, & \text{其它}.\end{cases}$$

求边缘概率密度 $f_X(x)$,$f_Y(y)$.

4. 设二维随机变量 (X, Y) 的概率密度为

$$f(x, y)=\begin{cases}1, & 0<x<1,\ |y|<x,\\ 0, & \text{其它}.\end{cases}$$

求边缘概率密度 $f_X(x)$,$f_Y(y)$.

第三节　条件分布

在第一章中,我们曾经讨论过随机事件的条件概率,本节中我们由此引出条件概率分布的概念.下面分二维离散型随机变量和二维连续型随机变量两种情况进行介绍.

一、二维离散型随机变量的条件分布

定义　设 (X, Y) 是二维离散型随机变量,其分布律和边缘分布律分别为

$$P\{X=x_i, Y=y_j\}=p_{ij},\quad i, j=1, 2, \cdots,$$

$$P\{X=x_i\}=p_{i\cdot}=\sum_{j=1}^{\infty}p_{ij},\quad i=1, 2, \cdots,$$

$$P\{Y=y_j\}=p_{\cdot j}=\sum_{i=1}^{\infty}p_{ij},\quad j=1, 2, \cdots.$$

若对于固定的 j, $P\{Y=y_j\}=p_{\cdot j}>0$,则称

$$P\{X=x_i \mid Y=y_j\}=\frac{p_{ij}}{p_{\cdot j}},\quad i=1, 2, \cdots$$

为在 $Y=y_j$ 条件下随机变量 X 的条件分布律.

可用表格形式表示为

$X=x_i$	x_1	x_2	$\cdots$	x_i	$\cdots$
$P\{X=x_i \mid Y=y_j\}$	$\frac{p_{1j}}{p_{\cdot j}}$	$\frac{p_{2j}}{p_{\cdot j}}$	$\cdots$	$\frac{p_{ij}}{p_{\cdot j}}$	$\cdots$

类似地,若对于固定的 i, $P\{X=x_i\}=p_{i\cdot}>0$,则称

$$P\{Y=y_j \mid X=x_i\}=\frac{p_{ij}}{p_{i\cdot}},\quad j=1, 2, \cdots$$

为在 $X=x_i$ 条件下随机变量 Y 的条件分布律.

可用表格形式表示为

$Y=y_j$	y_1	y_2	$\cdots$	y_j	$\cdots$
$P\{Y=y_j\mid X=x_i\}$	$\frac{p_{i1}}{p_{i\cdot}}$	$\frac{p_{i2}}{p_{i\cdot}}$	$\cdots$	$\frac{p_{ij}}{p_{i\cdot}}$	$\cdots$

事实上,若对于固定的 j, $p_{\cdot j}>0$, 则根据条件概率公式可得

$$P\{X=x_i\mid Y=y_j\}=\frac{P\{X=x_i,Y=y_j\}}{P\{Y=y_j\}}=\frac{p_{ij}}{p_{\cdot j}}\geqslant 0;$$

且
$$\sum_{i=1}^{\infty}P\{X=x_i\mid Y=y_j\}=\sum_{i=1}^{\infty}\frac{p_{ij}}{p_{\cdot j}}=\frac{1}{p_{\cdot j}}\sum_{i=1}^{\infty}p_{ij}=\frac{p_{\cdot j}}{p_{\cdot j}}=1,$$

所以上述条件分布律具有分布律的两条基本性质,即非负性和规范性.

【例 1】 设二维随机变量 (X,Y) 的分布律为

$X\backslash Y$	0	1	2	$p_{i\cdot}$
0	$\frac{1}{3}$	0	$\frac{1}{6}$	$\frac{1}{2}$
1	$\frac{1}{12}$	$\frac{1}{6}$	$\frac{1}{4}$	$\frac{1}{2}$
$p_{\cdot j}$	$\frac{5}{12}$	$\frac{1}{6}$	$\frac{5}{12}$	

试求:(1) 在 $Y=2$ 的条件下, X 的条件分布律;

(2) 在 $X=0$ 的条件下, Y 的条件分布律.

解 边缘分布律已在上表中列出. 在 $Y=1$ 的条件下 X 的条件分布律为

$$P\{X=0\mid Y=2\}=\frac{P\{X=0,Y=2\}}{P\{Y=2\}}=\frac{\frac{1}{6}}{\frac{5}{12}}=\frac{2}{5};$$

$$P\{X=1\mid Y=2\}=\frac{P\{X=1,Y=2\}}{P\{Y=2\}}=\frac{\frac{1}{4}}{\frac{5}{12}}=\frac{3}{5}.$$

即在 $Y=2$ 的条件下, X 的条件分布律为

$X=k$	0	1
$P\{X=k\mid Y=2\}$	$\frac{2}{5}$	$\frac{3}{5}$

(2) 同(1)可得在 $X=0$ 的条件下，Y 的条件分布律为

$Y=k$	0	1	2
$P\{Y=k\mid X=0\}$	$\frac{2}{3}$	0	$\frac{1}{3}$

二、二维连续型随机变量的条件分布

对于二维连续型随机变量 (X, Y)，此时由于对任意实数 x 和 y，$P\{X=x\}=P\{Y=y\}=0$，所以不能像二维离散型随机变量那样直接利用条件概率公式来定义条件分布. 但可以如下定义：

定义 设 (X, Y) 是二维连续型随机变量，其概率密度为 $f(x, y)$，(X, Y) 关于 Y 的边缘概率密度为 $f_Y(y)$，若对于固定的 y，$f_Y(y)>0$，则称 $\dfrac{f(x, y)}{f_Y(y)}$ 为在条件 $Y=y$ 下 X 的条件概率密度，记为

$$f_{X|Y}(x\mid y)=\frac{f(x, y)}{f_Y(y)}.$$

称 $\int_{-\infty}^{x} f_{X|Y}(x\mid y)\mathrm{d}x=\int_{-\infty}^{x}\dfrac{f(x, y)}{f_Y(y)}\mathrm{d}x$ 为在条件 $Y=y$ 下 X 的条件分布函数，记为 $P\{X\leqslant x\mid Y=y\}$ 或 $F_{X|Y}(x\mid y)$，即

$$F_{X|Y}(x\mid y)=P\{X\leqslant x\mid Y=y\}=\int_{-\infty}^{x}\frac{f(x, y)}{f_Y(y)}\mathrm{d}x.$$

若对于固定的 x，$f_X(x)>0$，则称 $\dfrac{f(x, y)}{f_X(x)}$ 为在条件 $X=x$ 下 Y 的条件概率密度，记为

$$f_{Y|X}(y\mid x)=\frac{f(x, y)}{f_X(x)}.$$

称 $F_{Y|X}(y\mid x)=\int_{-\infty}^{y}\dfrac{f(x, y)}{f_X(x)}\mathrm{d}y$ 为在条件 $X=x$ 下 Y 的条件分布函数，记为 $P\{Y\leqslant y\mid X=x\}$ 或 $F_{Y|X}(y\mid x)$，即

$$F_{Y|X}(y\mid x)=P\{Y\leqslant y\mid X=x\}=\int_{-\infty}^{y}\frac{f(x, y)}{f_X(x)}\mathrm{d}y.$$

容易验证,条件概率密度 $f_{X|Y}(x \mid y)$ 和 $f_{Y|X}(y \mid x)$ 满足概率密度的两条基本性质,即非负性与规范性.

【例 2】 若二维随机变量 (X, Y) 在圆形区域 $x^2+y^2 \leqslant 1$ 上服从均匀分布,求条件概率密度 $f_{X|Y}(x \mid y)$ 和 $f_{Y|X}(y \mid x)$.

解　由条件可知

$$f(x, y)=\begin{cases}\dfrac{1}{\pi}, & x^2+y^2 \leqslant 1, \\ 0, & \text{其它}.\end{cases}$$

由此可得

$$f_X(x)=\int_{-\infty}^{+\infty} f(x, y) \mathrm{d} y=\begin{cases}\dfrac{2}{\pi} \sqrt{1-x^2}, & -1 \leqslant x \leqslant 1, \\ 0, & \text{其它}.\end{cases}$$

$$f_Y(x)=\int_{-\infty}^{+\infty} f(x, y) \mathrm{d} x=\begin{cases}\dfrac{2}{\pi} \sqrt{1-y^2}, & -1 \leqslant y \leqslant 1, \\ 0, & \text{其它}.\end{cases}$$

故当 $-1<y<1$ 时,有

$$f_{X|Y}(x \mid y)=\begin{cases}\dfrac{1}{2 \sqrt{1-y^2}}, & -\sqrt{1-y^2} \leqslant x \leqslant \sqrt{1-y^2}, \\ 0, & \text{其它}.\end{cases}$$

当 $-1<x<1$ 时,有

$$f_{Y|X}(y \mid x)=\begin{cases}\dfrac{1}{2 \sqrt{1-x^2}}, & -\sqrt{1-x^2} \leqslant y \leqslant \sqrt{1-x^2}, \\ 0, & \text{其它}.\end{cases}$$

【例 3】 已知二维随机变量 (X, Y) 的概率密度为

$$f(x, y)=\begin{cases}2 \mathrm{e}^{-(2x+y)}, & x>0,\ y>0, \\ 0, & \text{其它}.\end{cases}$$

试求:(1) 条件概率密度 $f_{X|Y}(x \mid y)$ 和 $f_{Y|X}(y \mid x)$;

(2) 概率 $P(x \leqslant 2 \mid y=1)$.

解　(1) 由条件得

$$f_X(x)=\begin{cases}\displaystyle\int_0^{+\infty} 2 \mathrm{e}^{-(2x+y)} \mathrm{d} y=2 \mathrm{e}^{-2x}, & x>0, \\ 0, & \text{其它}.\end{cases}$$

$$f_Y(y)=\begin{cases}\int_0^{+\infty}2e^{-(2x+y)}dx=e^{-y}, & y>0,\\ 0, & \text{其它}.\end{cases}$$

$$f_{X|Y}(x\mid y)=\frac{f(x,y)}{f_Y(y)}=\begin{cases}2e^{-2x}, & x>0,\\ 0, & \text{其它}.\end{cases}$$

$$f_{Y|X}(y\mid x)=\frac{f(x,y)}{f_X(x)}=\begin{cases}e^{-y}, & y>0,\\ 0, & \text{其它}.\end{cases}$$

(2) $P(x\leqslant 2\mid y=1)=\dfrac{P(x\leqslant 2,\ y=1)}{P(y=1)}=\int_0^2 2e^{-2x}dx=1-e^{-4}$.

习题 3-3

1. 在习题 3-1 第 1 题中求

(1) 已知事件 $\{Y=1\}$ 发生时 X 的条件分布律；

(2) 已知事件 $\{X=2\}$ 发生时 Y 的条件分布律.

2. 设二维随机变量 (X,Y) 的概率密度为

$$f(x,y)=\begin{cases}1, & 0<x<1,\ |y|<x,\\ 0, & \text{其它}.\end{cases}$$

求条件概率密度 $f_{X|Y}(x\mid y)$ 和 $f_{Y|X}(y\mid x)$.

3. 设二维随机变量 (X,Y) 的概率密度为

$$f(x,y)=\begin{cases}4, & 0\leqslant x\leqslant 1,\ 0\leqslant y\leqslant \frac{1}{2}(1-x),\\ 0, & \text{其它}.\end{cases}$$

求条件概率密度 $f_{X|Y}(x\mid y)$ 和 $f_{Y|X}(y\mid x)$.

4. 设二维随机变量 (X,Y) 的概率密度为

$$f(x,y)=\begin{cases}\frac{21}{4}x^2y, & x^2\leqslant y\leqslant 1,\\ 0, & \text{其它}.\end{cases}$$

试求：(1) 条件概率密度 $f_{X|Y}(x\mid y)$ 和 $f_{Y|X}(y\mid x)$；(2) $P\left\{Y\geqslant \frac{1}{4}\,\middle|\, X=\frac{1}{2}\right\}$.

第四节　随机变量的独立性

本节我们主要介绍随机变量的独立性. 由于在第一章中我们已经学习过随机事件的独立性，所以对独立性这个概念并不陌生. 本节我们将借助已经熟悉的概

念——随机事件的独立性,引出随机变量的独立性.

定义　设二维随机变量 (X, Y) 的分布函数及边缘分布函数分别为 $F(x, y)$ 及 $F_X(x), F_Y(y)$, 若对于任意实数 x, y 都有

$$P\{X \leqslant x, Y \leqslant y\} = P\{X \leqslant x\} \cdot P\{Y \leqslant y\}$$

即
$$F(x, y) = F_X(x) \cdot F_Y(y) \tag{3.4.1}$$

则称随机变量 X 和 Y 是相互独立的.

独立性这个概念很重要. 在上一节中我们曾经得到如下结论:由边缘分布一般不能确定联合分布,但由上述随机变量相互独立的定义可知,若随机变量相互独立,则由边缘分布可确定联合分布,并且联合分布可由边缘分布根据式(3.4.1)求得.

一、离散型随机变量的独立性

若 (X, Y) 是二维离散型随机变量,则 X 和 Y 相互独立的条件等价于

$$P\{X = x_i, Y = y_j\} = P\{X = x_i\} \cdot P\{Y = y_j\}$$

即
$$p_{ij} = p_{i\cdot}p_{\cdot j} \quad i, j = 1, 2, \cdots$$

其中 p_{ij}, $p_{i\cdot}$, $p_{\cdot j}$ 分别为 (X, Y), X 和 Y 的分布律.

【例 1】　设 (X, Y) 的分布律为

X \ Y	-1	0
1	$\frac{1}{6}$	$\frac{5}{18}$
2	$\frac{5}{18}$	$\frac{5}{18}$

试问随机变量 X, Y 是否相互独立?

解　求得 X, Y 的边缘分布律为

X	1	2
p_k	$\frac{4}{9}$	$\frac{5}{9}$

,

Y	-1	0
p_k	$\frac{4}{9}$	$\frac{5}{9}$

.

因为 $P\{X = 1, Y = -1\} = \dfrac{1}{6}$, $P\{X = 1\}P\{Y = -1\} = \dfrac{4}{9} \cdot \dfrac{4}{9} = \dfrac{16}{81}$,

所以　$P\{X = 1, Y = -1\} \neq P\{X = 1\}P\{Y = -1\}$,

故 X 与 Y 不相互独立.

二、连续型随机变量的独立性

若 (X, Y) 是二维连续型随机变量，则 X 和 Y 相互独立的条件等价于

$$f(x, y) = f_X(x) \cdot f_Y(y)$$

在 $f(x, y)$，$f_X(x)$，$f_Y(y)$ 的一切公共连续点上都成立，其中 $f(x, y)$ 是 (X, Y) 的概率密度，$f_X(x)$，$f_Y(y)$ 是它的边缘概率密度.

【例 2】 设二维随机变量 (X, Y) 的概率密度为

$$f(x, y) = \begin{cases} 9e^{-3(x+y)}, & x > 0, y > 0, \\ 0, & \text{其它}. \end{cases}$$

试判断 X，Y 是否相互独立？为什么？

解 由条件得 $f_X(x) = \begin{cases} \int_0^{+\infty} 9e^{-3(x+y)} dy = 3e^{-3x}, & x > 0, \\ 0, & \text{其它}. \end{cases}$

$$f_Y(y) = \begin{cases} \int_0^{+\infty} 9e^{-3(x+y)} dx = 3e^{-3y}, & y > 0, \\ 0, & \text{其它}. \end{cases}$$

由于 $f(x, y) = f_X(x) f_Y(y)$，所以 X 与 Y 相互独立.

【例 3】 设二维随机变量 (X, Y) 服从参数为 μ_1，μ_2，σ_1，σ_2，ρ 的二维正态分布，即 $(X, Y) \sim N(\mu_1, \mu_2, \sigma_1^2, \sigma_2^2, \rho)$，证明：$X$ 和 Y 相互独立的充要条件是参数 $\rho = 0$.

证 充分性：若 $\rho = 0$，由二维正态分布的定义可知，(X, Y) 的概率密度为

$$f(x, y) = \frac{1}{2\pi\sigma_1\sigma_2} \exp\left\{-\frac{1}{2}\left[\frac{(x-\mu_1)^2}{\sigma_1^2} + \frac{(y-\mu_2)^2}{\sigma_2^2}\right]\right\}.$$

根据第二节例 3 的计算结果，X 与 Y 的概率密度分别为

$$f_X(x) = \frac{1}{\sqrt{2\pi}\sigma_1} e^{-\frac{(x-\mu_1)^2}{2\sigma_1^2}}, \quad f_Y(y) = \frac{1}{\sqrt{2\pi}\sigma_2} e^{-\frac{(y-\mu_2)^2}{2\sigma_2^2}}.$$

由此可见，对于任意实数 x，y，有 $f(x, y) = f_X(x) f_Y(y)$ 成立，所以 X 和 Y 相互独立.

必要性：若 X 和 Y 相互独立，由于 $f(x, y)$，$f_X(x)$ 及 $f_Y(y)$ 都是连续函数，故对于任意实数 x，y 有

$$f(x, y) = f_X(x) f_Y(y),$$

特别地，令 $x = \mu_1$，$y = \mu_2$，并代入上式得

$$\frac{1}{2\pi\sigma_1\sigma_2\sqrt{1-\rho^2}}=\frac{1}{2\pi\sigma_1\sigma_2},$$

于是可得 $\rho=0$.

综上所述,命题成立.

二维正态分布 $N(\mu_1, \mu_2, \sigma_1^2, \sigma_2^2, \rho)$ 中的参数 ρ 反映了二维正态分布 $N(\mu_1, \mu_2, \sigma_1^2, \sigma_2^2, \rho)$ 中变量 X 与 Y 之间的相互关系. 实际应用中,只要两个随机变量的取值互不影响,或者影响很小,即可认为这两个随机变量是相互独立的.

本章前面几节中所介绍的二维随机变量的概念和性质,可平行地推广到 $n(n>2)$ 维随机变量. 为方便读者阅读,现将某些定义及相关结论罗列如下:

1. 设 E 为一个随机试验,其样本空间为 $S=\{e\}$,随机变量 $X_1=X_1(e)$, $X_2=X_2(e)$, $\cdots$, $X_n=X_n(e)$ 定义在 S 上,称 n 维向量 $(X_1, X_2, \cdots, X_n)$ 为定义在 S 上的 n 维随机变量或 n 维随机向量.

2. 对于任意 n 个实数 $x_1, x_2, \cdots, x_n$,称 n 元函数

$$F(x_1, x_2, \cdots, x_n)=P\{X_1\leqslant x_1, X_2\leqslant x_2, \cdots, X_n\leqslant x_n\}$$

为 n 维随机变量 $(X_1, X_2, \cdots, X_n)$ 的分布函数或随机变量 $X_1, X_2, \cdots, X_n$ 的联合分布函数.

已知 $(X_1, X_2, \cdots, X_n)$ 的分布函数 $F(x_1, x_2, \cdots, x_n)$,可确定 $(X_1, X_2, \cdots, X_n)$ 的 $k\ (1\leqslant k<n)$ 维边缘分布函数. 例如 $(X_1, X_2, \cdots, X_n)$ 关于 X_1,关于 (X_1, X_2) 的边缘分布函数分别为

$$F_{X_1}(x_1)=F(x_1, +\infty, \cdots, +\infty),$$

$$F_{X_1, X_2}(x_1, x_2)=F(x_1, x_2, +\infty, \cdots, +\infty).$$

二维以上边缘分布函数类似可得.

3. 若对任意实数 $x_1, x_2, \cdots, x_n$ 都有

$$F(x_1, x_2, \cdots, x_n)=F_{X_1}(x_1)F_{X_2}(x_2)\cdots F_{X_n}(x_n),$$

则称 $X_1, X_2, \cdots, X_n$ 是相互独立的.

若 $(X_1, X_2, \cdots, X_n)$ 是离散型随机变量,则 $X_1, X_2, \cdots, X_n$ 相互独立的充分必要条件:对 $(X_1, X_2, \cdots, X_n)$ 的任何一组可能取值 $(x_1, x_2, \cdots, x_n)$ 都有

$$\begin{aligned}&P\{X_1=x_1, X_2=x_2, \cdots, X_n=x_n\}\\ =&P\{X_1=x_1\}P\{X_2=x_2\}\cdots P\{X_n=x_n\}.\end{aligned}$$

若 $(X_1, X_2, \cdots, X_n)$ 是连续型随机变量,则 $X_1, X_2, \cdots, X_n$ 相互独立的充分必要条件:

$$f(x_1, x_2, \cdots, x_n)=f_{X_1}(x_1)f_{X_2}(x_2)\cdots f_{X_n}(x_n)$$

在 $f(x_1, x_2, \cdots, x_n), f_{X_1}(x_1), f_{X_2}(x_2), \cdots, f_{X_n}(x_n)$ 的一切公共连续点上成立，其中 $f(x_1, x_2, \cdots, x_n)$ 是 $(X_1, X_2, \cdots, X_n)$ 的概率密度，$f_{X_i}(x_i)$ 是 $(X_1, X_2, \cdots, X_n)$ 关于 X_i 的边缘概率密度 $(i = 1, 2, \cdots, n)$.

更一般地，若对任意实数 $x_1, x_2, \cdots, x_m$；$y_1, y_2, \cdots, y_n$ 都有

$$F(x_1, x_2, \cdots, x_m, y_1, y_2, \cdots, y_n) = F_1(x_1, x_2, \cdots, x_m)F_2(y_1, y_2, \cdots, y_n),$$

则称随机变量 $(X_1, X_2, \cdots, X_m)$ 和 $(Y_1, Y_2, \cdots, Y_n)$ 是相互独立的，其中 F_1，F_2，F 分别为 $(X_1, X_2, \cdots, X_m)$，$(Y_1, Y_2, \cdots, Y_n)$ 和 $(X_1, X_2, \cdots, X_m, Y_1, Y_2, \cdots, Y_n)$ 的分布函数.

习题 3-4

1. 设二维随机变量 (X, Y) 的概率密度为

$$f(x, y) = \begin{cases} c(x+y), & 0 \leqslant y \leqslant x \leqslant 1, \\ 0, & \text{其它}, \end{cases}$$

(1) 试确定常数 c；(2)判断 X 与 Y 是否相互独立.

2. 设随机变量 X 和 Y 的联合分布律为

X \ Y	1	2
1	$\frac{1}{6}$	$\frac{1}{3}$
2	$\frac{1}{9}$	α
3	$\frac{1}{18}$	β

试问：当 α, β 取何值时，X 与 Y 相互独立？

3. 设随机变量 (X, Y) 在区域 G 上服从均匀分布，其中 G 由直线 $y=-2x+2$ 及 x 轴，y 轴所围成，

(1) 求 X 与 Y 的联合概率密度；

(2) 求边缘概率密度；

(3) 问 X 与 Y 相互独立吗？为什么？

4. 设 X 和 Y 是两个相互独立的随机变量，X 在 $(0, 1)$ 上服从均匀分布，Y 的概率密度为

$$f_Y(y) = \begin{cases} \frac{1}{2}e^{-\frac{y}{2}}, & y > 0, \\ 0, & y \leqslant 0. \end{cases}$$

(1) 求 (X, Y) 的概率密度 $f(x, y)$；

(2) 求概率 $P(X^2 \geqslant Y)$.

第五节　两个随机变量的函数的分布

在第二章,已经讨论过已知一个随机变量的分布,求其函数分布的问题.本节我们对已知二维随机变量的分布,推求其函数分布的问题进行讨论.

一、二维离散型随机变量函数的分布

已知二维离散型随机变量 (X, Y) 的分布,求其函数分布的问题比较简单,具体结论如下:

设二维离散型随机变量 (X, Y) 的分布律为

$$P\{X = x_i, Y = y_j\} = p_{ij}, \quad (i, j = 1, 2, \cdots)$$

则 X, Y 的函数 $Z = g(X, Y)$ 是离散型随机变量,且其分布律为

$$P\{Z = z_k\} = P\{g(X, Y) = z_k\} = \sum_{\{(x_i, y_j)|g(x_i, y_j)=z_k\}} P\{X = x_i, Y = y_j\}$$

$$= \sum_{\{(x_i, y_j)|g(x_i, y_j)=z_k\}} p_{ij}. \quad (k = 1, 2, \cdots)$$

【例 1】 设 X, Y 的联合分布律为

X \ Y	-1	0	1
0	0.2	0.1	0.1
1	0.3	0.2	0.1

,

试分别求:(1) $Z_1 = X+Y$;

(2) $Z_2 = X \cdot Y$;

(3) $Z_3 = \max(X, Y)$;

(4) $Z_4 = \min(X, Y)$ 的分布律.

解 根据 X, Y 的联合分布律列表如下:

p_{ij}	0.2	0.1	0.1	0.3	0.2	0.1
(X, Y)	$(0, -1)$	$(0, 0)$	$(0, 1)$	$(1, -1)$	$(1, 0)$	$(1, 1)$
$Z_1 = X+Y$	-1	0	1	0	1	2
$Z_2 = X \cdot Y$	0	0	0	-1	0	1
$Z_3 = \max(X, Y)$	0	0	1	1	1	1
$Z_4 = \min(X, Y)$	-1	0	0	-1	0	1

所以,$Z_1 = X+Y$ 的分布律为

Z_1	-1	0	1	2
p_k	0.2	$0.1+0.3=0.4$	$0.1+0.2=0.3$	0.1

$Z_2 = X \cdot Y$ 的分布律为

Z_2	-1	0	1
p_k	0.3	$0.2+0.1+0.1+0.2=0.6$	0.1

$Z_3 = \max(X, Y)$ 的分布律为

Z_3	0	1
p_k	$0.2+0.1=0.3$	$0.1+0.3+0.2+0.1=0.7$

$Z_4 = \min(X, Y)$ 的分布律为

Z_4	-1	0	1
p_k	$0.2+0.3=0.5$	$0.1+0.1+0.2=0.4$	0.1

注 求二维离散型随机变量 (X, Y) 的函数 $Z = g(X, Y)$ 的分布时,一定要注意随机变量 Z 取相同值的概率的合并.

【例 2】 设随机变量 $X \sim B(n_1, p)$, $Y \sim B(n_2, p)$, 且 X 与 Y 相互独立,证明

$$Z = X+Y \sim B(n_1+n_2, p).$$

证 因为 $X \sim B(n_1, p)$, $Y \sim B(n_2, p)$, 故 X 与 Y 的分布律分别为

$$P\{X=i\} = C_{n_1}^{i} p^{i} (1-p)^{n_1-i} \quad (i=0, 1, 2, \cdots, n_1)$$

$$P\{Y=j\} = C_{n_2}^{j} p^{j} (1-p)^{n_2-j} \quad (j=0, 1, 2, \cdots, n_2),$$

又 X 与 Y 相互独立,所以 $Z = X+Y$ 的分布律为

$$\begin{aligned} P\{Z=k\} = P\{X+Y=k\} &= \sum_{i=0}^{k} P\{X=i, Y=k-i\} \\ &= \sum_{i=0}^{k} P\{X=i\} \cdot P\{Y=k-i\} \\ &= \sum_{i=0}^{k} C_{n_1}^{i} C_{n_2}^{k-i} p^{k} (1-p)^{n_1+n_2-k} \\ &= C_{n_1+n_2}^{k} p^{k} (1-p)^{n_1+n_2-k} \quad (k=0, 1, 2, \cdots, n_1+n_2). \end{aligned}$$

即　$Z = X + Y \sim B(n_1 + n_2,\ p)$.

二、两个连续型随机变量函数的分布

两个连续型随机变量函数的分布比上面介绍的两个离散型随机变量函数的分布要复杂得多.下面仅就几个具体的函数来讨论.

1. 和的分布

设二维连续型随机变量 (X, Y) 的概率密度为 $f(x, y)$，则 $Z = X + Y$ 的分布函数为

$$F_Z(z) = P\{Z \leqslant z\} = P\{X + Y \leqslant z\} = \iint_D f(x, y)\mathrm{d}x\mathrm{d}y,$$

其中积分区域 $D = \{(x, y) \mid x + y \leqslant z\}$ 是直线 $x + y = z$ 及其左下方的半平面(图 3-7 所示).

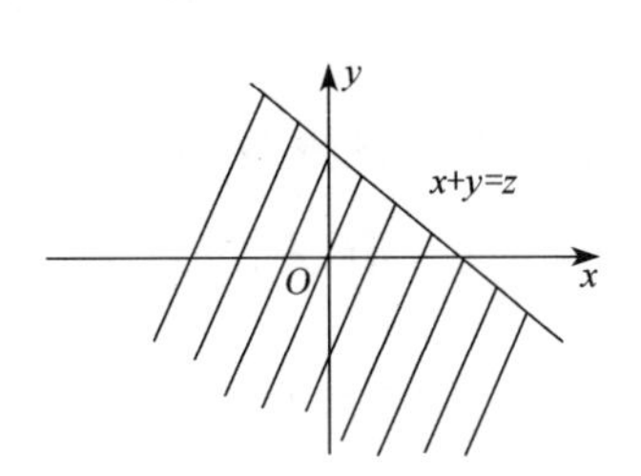

图 3-7

将以上二重积分化成二次积分可得

$$F_Z(z) = \int_{-\infty}^{+\infty}\left[\int_{-\infty}^{z-x} f(x, y)\mathrm{d}y\right]\mathrm{d}x,$$

令 $y = v - x$ (作变量代换)，可得

$$\int_{-\infty}^{z-x} f(x, y)\mathrm{d}y = \int_{-\infty}^{z} f(x, v - x)\mathrm{d}v$$

所以 $F_Z(z) = \int_{-\infty}^{+\infty}\int_{-\infty}^{z} f(x, v - x)\mathrm{d}v\mathrm{d}x = \int_{-\infty}^{z}\left[\int_{-\infty}^{+\infty} f(x, v - x)\mathrm{d}x\right]\mathrm{d}v.$

由概率密度的定义，可得 Z 的概率密度为

$$f_Z(z) = \int_{-\infty}^{+\infty} f(x, z - x)\mathrm{d}x, \tag{3.5.1}$$

由 X, Y 的对称性，$f_Z(z)$ 也可写为

$$f_Z(z) = \int_{-\infty}^{+\infty} f(z - y, y)\mathrm{d}y. \tag{3.5.2}$$

特别地，当 X 和 Y 相互独立时，设 (X, Y) 关于 X 和 Y 的边缘概率密度分别为 $f_X(x)$，$f_Y(y)$，则式(3.5.1)和(3.5.2)分别可以写为

$$f_Z(z) = \int_{-\infty}^{+\infty} f_X(x) f_Y(z - x)\mathrm{d}x, \tag{3.5.3}$$

$$f_Z(z) = \int_{-\infty}^{+\infty} f_X(z - y) f_Y(y)\mathrm{d}y, \tag{3.5.4}$$

称式(3.5.3)和(3.5.4)为卷积公式,记为 $f_X * f_Y$,即

$$f_X * f_Y = \int_{-\infty}^{+\infty} f_X(x) f_Y(z-x)\mathrm{d}x = \int_{-\infty}^{+\infty} f_X(z-y) f_Y(y)\mathrm{d}y.$$

【例 3】 设随机变量 X 和 Y 相互独立,其概率密度分别为

$$f_X(x) = \begin{cases} 1, & 0 \leqslant x \leqslant 1 \\ 0, & \text{其它} \end{cases}, \quad f_Y(y) = \begin{cases} \mathrm{e}^{-y}, & y > 0 \\ 0, & \text{其它} \end{cases},$$

求 $Z = X+Y$ 的概率密度 $f_Z(z)$.

解 法一 $Z = X+Y$ 的分布函数为

$$F_Z(z) = P\{Z \leqslant z\} = P\{X+Y \leqslant z\} = \iint\limits_D f_X(x) \cdot f_Y(y)\mathrm{d}x\mathrm{d}y,$$

其中积分区域 $D = \{(x, y) \mid x+y \leqslant z\}$ 是直线 $x+y=z$ 及其左下方的半平面.

当 $z \leqslant 0$ 时,$F_Z(z) = \iint\limits_D 0\mathrm{d}x\mathrm{d}y = 0$;

当 $z > 1$ 时,$F_Z(z) = \int_0^1 \left[\int_0^{z-x} 1 \cdot \mathrm{e}^{-y}\mathrm{d}y\right]\mathrm{d}x = \int_0^1 [1-\mathrm{e}^{x-z}]\mathrm{d}x$

$= \mathrm{e}^{-z} - \mathrm{e}^{1-z} + 1$;

当 $0 < z \leqslant 1$ 时,

$$F_Z(z) = \int_0^z \left[\int_0^{z-x} 1 \cdot \mathrm{e}^{-y}\mathrm{d}y\right]\mathrm{d}x = \int_0^z [1-\mathrm{e}^{x-z}]\mathrm{d}x = \mathrm{e}^{-z} + z - 1$$

即
$$F_Z(z) = \begin{cases} \mathrm{e}^{-z} - \mathrm{e}^{1-z} + 1, & z > 1 \\ \mathrm{e}^{-z} + z - 1, & 0 < z \leqslant 1 \\ 0, & z \leqslant 0 \end{cases}$$

所以

$$f_Z(z) = \begin{cases} (\mathrm{e}-1)\mathrm{e}^{-z}, & z > 1, \\ 1-\mathrm{e}^{-z}, & 0 < z \leqslant 1, \\ 0, & z \leqslant 0. \end{cases}$$

法二 利用卷积公式可得

$$\begin{aligned} f_Z(z) &= \int_{-\infty}^{+\infty} f_X(x) f_Y(z-x)\mathrm{d}x \\ &= \int_{-\infty}^{0} 0 \cdot f_Y(z-x)\mathrm{d}x + \int_0^1 1 \cdot f_Y(z-x)\mathrm{d}x + \int_1^{+\infty} 0 \cdot f_Y(z-x)\mathrm{d}x \\ &= \int_0^1 f_Y(z-x)\mathrm{d}x \end{aligned}$$

令 $u = z - x$，则 $x = z - u$，$dx = -du$，故

$$f_Z(z) = \int_{z}^{z-1} f_Y(u)(-du) = \int_{z-1}^{z} f_Y(u)du$$

当 $z \leqslant 0$ 时，$f_Z(z) = \int_{z-1}^{z} 0du = 0$；

当 $z - 1 > 0$，即 $z > 1$ 时，$f_Z(z) = \int_{z-1}^{z} e^{-u}du = [-e^{-u}]_{z-1}^{z} = (e-1)e^{-z}$；

当 $z - 1 \leqslant 0$，$z > 0$，即 $0 < z \leqslant 1$ 时，

$$f_Z(z) = \int_{z-1}^{0} 0du + \int_{0}^{z} e^{-u}du = [-e^{-u}]_0^z = 1 - e^{-z}$$

所以

$$f_Z(z) = \begin{cases} (e-1)e^{-z}, & z > 1 \\ 1 - e^{-z}, & 0 < z \leqslant 1. \\ 0, & z \leqslant 0 \end{cases}$$

【例 4】 设随机变量 X 和 Y 相互独立，且都服从标准正态分布 $N(0, 1)$，求 $Z = X + Y$ 的概率密度 $f_Z(z)$.

解 由标准正态分布的定义可知，X 和 Y 的概率密度分别为

$$f_X(x) = \frac{1}{\sqrt{2\pi}}e^{-\frac{x^2}{2}}, \quad -\infty < x < +\infty,$$

$$f_Y(y) = \frac{1}{\sqrt{2\pi}}e^{-\frac{y^2}{2}}, \quad -\infty < x < +\infty$$

由式(3.5.4)，$Z = X + Y$ 的概率密度为

$$f_Z(z) = \int_{-\infty}^{+\infty} f_X(z-y)f_Y(y)dy = \frac{1}{2\pi}\int_{-\infty}^{+\infty} e^{-\frac{(z-y)^2}{2}} \cdot e^{-\frac{y^2}{2}}dy$$

$$= \frac{1}{2\pi}e^{-\frac{z^2}{4}}\int_{-\infty}^{+\infty} e^{-\left(y-\frac{z}{2}\right)^2}dy,$$

令 $u = y - \frac{z}{2}$，则 $y = u + \frac{z}{2}$，$dy = du$ 得

$$f_Z(z) = \frac{1}{2\pi}e^{-\frac{z^2}{4}}\int_{-\infty}^{+\infty} e^{-u^2}du = \frac{1}{2\pi}e^{-\frac{z^2}{4}}\sqrt{\pi} = \frac{1}{\sqrt{2\pi}\cdot\sqrt{2}}e^{-\frac{z^2}{2\cdot 2}}.$$

从而可知随机变量 $Z = X + Y \sim N(0, 2)$.

由上例可得如下重要结论：

(1) 若两个随机变量 X, Y 相互独立,且 $X \sim N(\mu_1, \sigma_1^2)$, $Y \sim N(\mu_2, \sigma_2^2)$, 则

$$Z = X + Y \sim N(\mu_1 + \mu_2, \sigma_1^2 + \sigma_2^2);$$

(2) 将(1)推广到 n 个随机变量的情形. 若 n 个随机变量 X_1, X_2, …, X_n 相互独立,且 $X_i \sim N(\mu_i, \sigma_i^2)(i = 1, 2, \cdots n)$, 则 $Z = \sum\limits_{i=1}^{n} X_i \sim N\left(\sum\limits_{i=1}^{n} \mu_i, \sum\limits_{i=1}^{n} \sigma_i^2\right)$;

(3) 更进一步,可以证明有限个相互独立的正态随机变量的线性组合仍然服从正态分布.

2. 最大值与最小值的分布

设两个随机变量 X, Y 相互独立,它们的分布函数分别为 $F_X(x)$, $F_Y(y)$. 我们来讨论随机变量 $M = \max(X, Y)$ 与 $N = \min(X, Y)$ 的分布.

设 M 的分布函数为 $F_{\max}(z)$, 对任意实数 z,

$$F_{\max}(z) = P\{M \leqslant z\} = P\{\max(X, Y) \leqslant z\},$$

又 $\{\max(X, Y) \leqslant z\}$ 等价于 $\{X \leqslant z\}$ 且 $\{Y \leqslant z\}$, X 与 Y 相互独立,所以

$$F_{\max}(z) = P\{X \leqslant z, Y \leqslant z\} = P\{X \leqslant z\}P\{Y \leqslant z\},$$

故

$$F_{\max}(z) = F_X(z) \cdot F_Y(z).$$

类似地,设 N 的分布函数为 $F_{\min}(z)$, 得

$$\begin{aligned} F_{\min}(z) &= P\{N \leqslant z\} = 1 - P\{N > z\} = 1 - P\{\min(X, Y) > z\} \\ &= 1 - P\{X > z, Y > z\} = 1 - P\{X > z\}P\{Y > z\} \\ &= 1 - [1 - P\{X \leqslant z\}][1 - P\{Y \leqslant z\}], \end{aligned}$$

故

$$F_{\min}(z) = 1 - [1 - F_X(z)] \cdot [1 - F_Y(z)].$$

以上结论可以推广到有限多个独立随机变量的情形. 设 n 个随机变量 X_1, X_2, …, X_n 相互独立,其分布函数分别为 $F_{X_i}(x_i)(i = 1, 2, \cdots, n)$, 则 $M = \max(X_1, X_2, \cdots, X_n)$ 及 $N = \min(X_1, X_2, \cdots, X_n)$ 的分布函数分别为

$$F_{\max}(z) = F_{X_1}(z)F_{X_2}(z)\cdots F_{X_n}(z) = \prod_{i=1}^{n} F_{X_i}(z),$$

$$\begin{aligned} F_{\min}(z) &= 1 - [1 - F_{X_1}(z)][1 - F_{X_2}(z)]\cdots[1 - F_{X_n}(z)] \\ &= 1 - \prod_{i=1}^{n}[1 - F_{X_i}(z)]. \end{aligned}$$

特别地，当 $X_1, X_2, \cdots, X_n$ 相互独立且有相同的分布函数 $F(x)$ 时，以下结论成立：

$$F_{\max}(z) = [F(z)]^n,$$
$$F_{\min}(z) = 1 - [1 - F(z)]^n.$$

【例 5】 如图 3-8 所示，系统 L 由三个工作相互独立的电子元件 1，2，3 组成，设 $X_i (i = 1, 2, 3)$ 表示各个元件的使用寿命，它们的概率密度均为

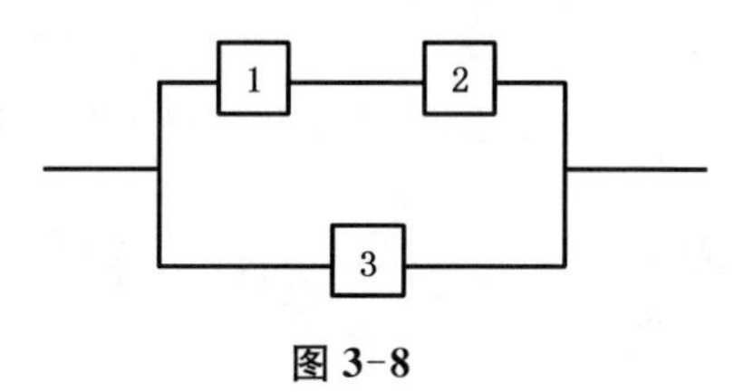

图 3-8

$$f(x) = \begin{cases} \lambda e^{-\lambda x}, & x > 0, \\ 0, & x \leqslant 0. \end{cases}$$

求系统 L 的使用寿命 Z 的分布函数及概率密度.

解 由已知条件求得 $X_i (i = 1, 2, 3)$ 的分布函数均为

$$F(x) = \begin{cases} 1 - e^{-\lambda x}, & x > 0, \\ 0, & x \leqslant 0. \end{cases}$$

由于电子元件 1，2 是串联的，所以只有当两个元件都正常工作时，该串联组才会正常工作，不妨设该串联组的使用寿命为 Y，则 $Y = \min(X_1, X_2)$，Y 的分布函数为

$$F_y(y) = 1 - [1 - F(y)]^2 = \begin{cases} 1 - e^{-2\lambda y}, & y > 0, \\ 0, & y \leqslant 0. \end{cases}$$

系统 L 由上述串联组与元件 3 再并联，只有当该串联组与元件 3 都损坏时，系统 L 才会停止工作，因此 L 的使用寿命 Z 为 $Z = \max(Y, X_3)$.
所以 Z 的分布函数为

$$F_Z(z) = F_Y(z)F(z) = \begin{cases} (1 - e^{-2\lambda z})(1 - e^{-\lambda z}), & z > 0, \\ 0, & z \leqslant 0, \end{cases}$$

Z 的概率密度为

$$f_Z(z) = F'_Z(z) = \begin{cases} \lambda(e^{-\lambda z} + 2e^{-2\lambda z} - 3e^{-3\lambda z}), & z > 0, \\ 0, & z \leqslant 0. \end{cases}$$

习题 3-5

1. 设 X 和 Y 是两个相互独立的随机变量，其分布律分别为

X	0	1
p_k	0.6	0.4

Y	-1	0	1
p_k	0.2	0.3	0.5

试分别求 $Z_1 = X+Y$ 和 $Z_2 = \max(X, Y)$ 的分布律.

2. 若随机变量 $X \sim \pi(\lambda_1)$，$Y \sim \pi(\lambda_2)$，且 X 与 Y 相互独立，试证

$$Z = X+Y \sim \pi(\lambda_1 + \lambda_2).$$

3. 设随机变量 X 和 Y 相互独立，其概率密度分别为

$$f_X(x) = \begin{cases} \frac{1}{2}e^{\frac{1}{2}x} & x \geqslant 0 \\ 0 & x < 0 \end{cases}, \quad f_Y(y) = \begin{cases} \frac{1}{3}e^{\frac{y}{3}} & y \geqslant 0, \\ 0 & y < 0. \end{cases}$$

求 $Z = X+Y$ 的概率密度.

4. 随机变量 X 表示某种商品一周内的需要量，其概率密度为

$$f(x) = \begin{cases} xe^{-x}, & x > 0, \\ 0, & x \leqslant 0. \end{cases}$$

已知这种商品每周的需要量相互独立，求两周的需要量 Z 的概率密度.

5. 设随机变量 X 与 Y 相互独立，且均服从区间 $[0, 3]$ 上的均匀分布，求 $Z = \min(X, Y)$ 的概率密度及概率 $P\{\max(X, Y) \leqslant 1\}$.

6. 设随机变量 X 和 Y 相互独立，且都服从正态分布 $N(0, \sigma^2)$，试验证随机变量 $Z = \sqrt{X^2 + Y^2}$ 具有概率密度

$$f_Z(z) = \begin{cases} \frac{z}{\sigma^2} e^{-\frac{z^2}{2\sigma^2}}, & z \geqslant 0, \\ 0, & z < 0. \end{cases}$$

我们称 Z 服从参数为 $\sigma(\sigma > 0)$ 的瑞利分布.

第四章　随机变量的数字特征

随机变量的概率分布完整地反映了随机变量的统计规律.但是,在许多实际问题中,一方面求其分布函数不容易,另一方面有时并不需要全面了解随机变量的统计规律,而只需掌握随机变量的某些特征指标即可.例如,比较两个班级的成绩好坏,通常关心的是两个班级的平均成绩,即使平均成绩相同,也只需考虑两个班级分数是否出现两极分化即可;再如,分析一批灯泡的质量,一般只需要知道该批灯泡的平均寿命,以及各个灯泡的寿命与平均寿命的偏离程度即可.如果平均寿命长且与平均寿命偏离程度小,则该批灯泡质量就好.由此可知,这些特征指标虽不能全面地描述随机变量的统计规律性,但能描述随机变量在某些方面的重要特征,这些特征指标称为随机变量的数字特征.在以下进一步讨论中还可以看到,有些随机变量的分布(如正态分布等)依赖于它们的数字特征,所以只要求出它的数字特征就完全可以确定它的分布了,因此随机变量的数字特征在理论和实践中都具有十分重要的意义.

本章将介绍随机变量的几个常用数字特征:数学期望、方差、协方差、相关系数和矩.

第一节　随机变量的数学期望

根据随机变量的分类,以下我们分别来定义离散型随机变量和连续型随机变量的数学期望.

一、离散型随机变量的数学期望

先看一个例子.

一射手进行射击训练,已知在 10 次射击中命中环数与次数记录如下表所示.试计算该射手射击的平均环数.

命中环数	7	8	9	10
射击次数	1	2	4	3

不难计算该射手命中的平均环数为

$$\frac{7\times1+8\times2+9\times4+10\times3}{10}=7\times\frac{1}{10}+8\times\frac{2}{10}+9\times\frac{4}{10}+10\times\frac{3}{10}=8.9$$

这个数值表示该射手命中环数的集中位置，这里的$\frac{1}{10}$，$\frac{2}{10}$，$\frac{4}{10}$，$\frac{3}{10}$为命中 7，8，9，10 环的频率，随着射击次数的增多，该频率将稳定于相应的概率.

由此，我们引出离散性随机变量数学期望的定义.

定义 1 设离散型随机变量 X 的分布律为

$$P\{X=x_k\}=p_k,\quad k=1,2,\cdots.$$

若级数 $\sum\limits_{k=1}^{\infty}x_k p_k$ 绝对收敛，则称这个级数和为随机变量 X 的数学期望，记为 $E(X)$，即

$$E(X)=\sum_{k=1}^{\infty}x_k p_k.$$

数学期望简称期望，又称均值.

期望是随机变量取值的一个代表性位置，它表示随机变量的大多数取值都集中在期望的周围.

【例 1】 甲、乙两工人生产同一种产品，且日产量相同，一天中甲、乙出现的次品数分别用 X 和 Y 表示，X 和 Y 的分布律分别为

X	0	1	2	3
p_k	0.7	0.1	0.1	0.1

和

Y	0	1	2	3
p_k	0.5	0.3	0.2	0

，

试比较两个工人的技术水平.

解 $E(X)=0\times0.7+1\times0.1+2\times0.1+3\times0.1=0.6$，

$E(Y)=0\times0.5+1\times0.3+2\times0.2+3\times0=0.7$，

因为$E(X)<E(Y)$，这表明，乙每天出现的废品的平均数比甲多. 因此甲的技术比乙的技术高.

【例 2】 设随机变量 X 服从参数为λ 的泊松分布，求 $E(X)$.

解 X 的分布律为

$$P\{X=k\}=\frac{\lambda^k}{k!}\mathrm{e}^{-\lambda},\quad k=0,1,2,\cdots,$$

所以

$$E(X)=\sum_{k=0}^{\infty}k\frac{\lambda^k}{k!}\mathrm{e}^{-\lambda}=\lambda\mathrm{e}^{-\lambda}\sum_{k=1}^{\infty}\frac{\lambda^{k-1}}{(k-1)!}=\lambda\mathrm{e}^{-\lambda}\cdot\mathrm{e}^{\lambda}=\lambda.$$

二、连续型随机变量的数学期望

定义 2　设连续型随机变量 X 的概率密度为 $f(x)$，若积分 $\int_{-\infty}^{+\infty}xf(x)\mathrm{d}x$ 绝对收敛，则称积分值为随机变量 X 的数学期望，记为 $E(X)$，即

$$E(X)=\int_{-\infty}^{+\infty}xf(x)\mathrm{d}x.$$

【例 3】　设随机变量 X 的概率密度为

$$f(x)=\begin{cases}2(1-x), & 0<x<1\\ 0, & \text{其它}\end{cases}$$

求 $E(X)$.

解　$E(X)=\int_{-\infty}^{+\infty}xf(x)\mathrm{d}x=\int_0^1 x\cdot 2(1-x)\mathrm{d}x=\frac{1}{3}.$

【例 4】　若 $X\sim N(\mu,\sigma^2)$，求 $E(X)$.

解　$E(X)=\int_{-\infty}^{+\infty}xf(x)\mathrm{d}x=\int_{-\infty}^{+\infty}x\frac{1}{\sqrt{2\pi}\sigma}\mathrm{e}^{-\frac{(x-\mu)^2}{2\sigma^2}}\mathrm{d}x$

令 $t=\frac{x-\mu}{\sigma}$，则

$$E(X)=\frac{1}{\sqrt{2\pi}}\int_{-\infty}^{+\infty}(\mu+\sigma t)\mathrm{e}^{-\frac{t^2}{2}}\mathrm{d}t=\mu\int_{-\infty}^{+\infty}\frac{1}{\sqrt{2\pi}}\mathrm{e}^{-\frac{t^2}{2}}\mathrm{d}t+\frac{\sigma}{\sqrt{2\pi}}\int_{-\infty}^{+\infty}t\mathrm{e}^{-\frac{t^2}{2}}\mathrm{d}t=\mu$$

【例 5】　设随机变量 X 服从柯西(Cauchy)分布，概率密度为

$$f(x)=\frac{1}{\pi(x^2+1)},\quad -\infty<x<+\infty,$$

求 $E(X)$.

解　由于

$$\int_{-\infty}^{+\infty}|x|f(x)\mathrm{d}x=\int_{-\infty}^{+\infty}|x|\frac{1}{\pi(x^2+1)}\mathrm{d}x=\frac{2}{\pi}\int_0^{+\infty}\frac{x}{x^2+1}\mathrm{d}x$$

$$=\frac{1}{\pi}\ln(x^2+1)\Big|_0^{+\infty}=+\infty,$$

即积分$\int_{-\infty}^{+\infty}|x|f(x)\mathrm{d}x$发散，所以$E(X)$不存在.

三、随机变量函数的数学期望

在许多实际问题中，我们常常需要求某些随机变量函数的数学期望，设X是一个随机变量，则$Y=g(X)$也是一个随机变量，其数学期望按定义需求出Y的概率分布，但下面的结论表明我们不需要求Y的概率分布，而直接利用X的分布即可求出$Y=g(X)$的数学期望，这为计算随机变量函数的分布带来了方便.

定理1 设Y是随机变量X的函数，$Y=g(X)$($g(x)$是连续函数)，(1) 若X是离散型随机变量，分布律为$P\{X=x_k\}=p_k$，$k=1,2,\cdots$，且级数$\sum_{k=1}^{\infty}g(x_k)p_k$绝对收敛，则

$$E(Y)=E[g(X)]=\sum_{k=1}^{\infty}g(x_k)p_k, \tag{4.1.1}$$

(2) 若X是连续型随机变量，其概率密度为$f(x)$，且积分$\int_{-\infty}^{+\infty}g(x)f(x)\mathrm{d}x$绝对收敛，则

$$E(Y)=E[g(X)]=\int_{-\infty}^{+\infty}g(x)f(x)\mathrm{d}x.$$

定理的重要性在于：求$E[g(X)]$时，不必知道$g(X)$的分布，只需知道X的分布即可. 此外，定理也可推广到二维及以上的情形.

定理2 设Z是随机变量X，Y的函数，$Z=g(X,Y)$，其中$g(x,y)$是连续函数，

(1) 若(X,Y)为二维离散型随机变量，其分布律为$P\{X=x_i,Y=y_j\}=p_{ij}$，$i,j=1,2,\cdots$，且级数$\sum_{i=1}^{\infty}\sum_{j=1}^{\infty}g(x_i,y_j)p_{ij}$绝对收敛，则$Z$的数学期望为

$$E(Z)=E[g(X,Y)]=\sum_{i=1}^{\infty}\sum_{j=1}^{\infty}g(x_i,y_j)p_{ij}.$$

(2) 若(X,Y)为二维连续型随机变量，其概率密度为$f(x,y)$，且积分$\int_{-\infty}^{+\infty}\int_{-\infty}^{+\infty}g(x,y)f(x,y)\mathrm{d}x\mathrm{d}y$绝对收敛，则$Z$的数学期望为

$$E(Z)=E[g(X,Y)]=\int_{-\infty}^{+\infty}\int_{-\infty}^{+\infty}g(x,y)f(x,y)\mathrm{d}x\mathrm{d}y. \tag{4.1.2}$$

特别当$Z=X$或$Z=Y$时，由式(4.1.2)可得

$$E(X)=\int_{-\infty}^{+\infty}\int_{-\infty}^{+\infty}xf(x,\ y)\mathrm{d}x\mathrm{d}y=\int_{-\infty}^{+\infty}xf_X(x)\mathrm{d}x,$$

$$E(Y)=\int_{-\infty}^{+\infty}\int_{-\infty}^{+\infty}yf(x,\ y)\mathrm{d}x\mathrm{d}y=\int_{-\infty}^{+\infty}yf_Y(y)\mathrm{d}y.$$

【例 6】 设随机变量 X 的分布律为

X	$\frac{\pi}{2}$	$\frac{\pi}{4}$	π	0
p_k	0.2	0.4	0.3	0.1

求 $E(\sin X)$.

解 由式(4.1.1),有

$$E(\sin X)=\sin\frac{\pi}{2}\times 0.2+\sin\frac{\pi}{4}\times 0.4+\sin\pi\times 0.3+\sin 0\times 0.1$$

$$=\frac{\sqrt{2}+1}{5}.$$

【例 7】 某车间生产的圆盘其半径 X 在区间$(a,\ b)$内服从均匀分布,试求圆盘直径和面积的数学期望.

解 X 的概率密度为

$$f(x)=\begin{cases}\dfrac{1}{b-a}, & a<x<b,\\ 0, & \text{其它}.\end{cases}$$

所以圆盘直径的数学期望为

$$E(2X)=\int_{-\infty}^{+\infty}2xf(x)\mathrm{d}x=\int_a^b\frac{2x}{b-a}\mathrm{d}x=b+a.$$

圆盘面积的数学期望为

$$E(\pi X^2)=\int_{-\infty}^{+\infty}\pi x^2f(x)\mathrm{d}x=\int_a^b\frac{\pi x^2}{b-a}\mathrm{d}x=\frac{\pi}{3}(a^2+ab+b^2)$$

【例 8】 某公司生产的机器,其无故障工作时间(单位:万小时)X 的密度函数为

$$f(x)=\begin{cases}\dfrac{1}{x^2}, & x\geqslant 1,\\ 0, & \text{其它}.\end{cases}$$

公司每售出一台机器可获利 1 600 元,若机器是售出后使用 1.2 万小时之内出故

障,则应予以更换,这时每台亏损 1 200 元;若在 1.2 万小时到 2 万小时之间出故障,则予以维修,由公司负担维修费 400 元;在使用 2 万小时以后出故障,则用户自己负责. 求该公司售出每台机器的平均获利.

解 设 Y 表示售出一台机器的获利,则

$$Y=g(X)=\begin{cases}-1\,200, & 0\leqslant X<1.2\\ 1\,600-400=1\,200, & 1.2\leqslant X\leqslant 2\\ 1\,600, & X>2\end{cases}$$

于是

$$\begin{aligned}E(Y)&=E(g(X))\\ &=\int_0^1(-1\,200)\cdot 0\mathrm{d}x+\int_1^{1.2}(-1\,200)\cdot\frac{1}{x^2}\mathrm{d}x+\\ &\quad\int_{1.2}^{2}1\,200\cdot\frac{1}{x^2}\mathrm{d}x+\int_2^{+\infty}1\,600\cdot\frac{1}{x^2}\mathrm{d}x\\ &=1\,000.\end{aligned}$$

即该公司售出每台机器平均获利 1 000 元.

【例 9】 设二维随机变量(X, Y)的分布律

X \ Y	1	2
0	$\frac{1}{2}$	$\frac{1}{4}$
1	$\frac{1}{4}$	0

求 $E(X)$, $E(Y)$, $E(XY)$.

解 $E(X)=0\times\left(\frac{1}{2}+\frac{1}{4}\right)+1\times\left(\frac{1}{4}+0\right)=\frac{1}{4}$,

$$E(Y)=1\times\left(\frac{1}{2}+\frac{1}{4}\right)+2\times\left(\frac{1}{4}+0\right)=\frac{5}{4},$$

$$E(XY)=0\times1\times\frac{1}{2}+0\times2\times\frac{1}{4}+1\times1\times\frac{1}{4}+1\times2\times0=\frac{1}{4}.$$

【例 10】 设二维随机变量(X, Y)的概率密度为

$$f(x,y)=\begin{cases}x+y, & 0\leqslant x\leqslant 1, 0\leqslant y\leqslant 1,\\ 0, & \text{其它},\end{cases}$$

求 $E(XY)$.

解

$$E(XY)=\int_{-\infty}^{+\infty}\int_{-\infty}^{+\infty}xyf(x,\ y)\mathrm{d}x\mathrm{d}y=\int_{0}^{1}\int_{0}^{1}xy(x+y)\mathrm{d}x\mathrm{d}y=\frac{1}{3}$$

四、数学期望的性质

设 X 和 Y 是随机变量，且 $E(X)$ 和 $E(Y)$ 都存在，C 是常数，那么，随机变量的数学期望有如下性质：

性质 1　$E(C)=C$.

性质 2　$E(CX)=CE(X)$.

性质 3　$E(X+Y)=E(X)+E(Y)$.

证　这里仅就 X 和 Y 是连续型随机变量给出证明，离散型随机变量的情形可以类似证明.

若 $(X,\ Y)$ 是二维连续型随机变量，其概率密度为 $f(x,y)$，由式(4.1.2)，得

$$\begin{aligned}E(X+Y)&=\int_{-\infty}^{+\infty}\int_{-\infty}^{+\infty}(x+y)f(x,\ y)\mathrm{d}x\mathrm{d}y\\&=\int_{-\infty}^{+\infty}\int_{-\infty}^{+\infty}xf(x,\ y)\mathrm{d}x\mathrm{d}y+\int_{-\infty}^{+\infty}\int_{-\infty}^{+\infty}yf(x,\ y)\mathrm{d}x\mathrm{d}y\\&=E(X)+E(Y).\end{aligned}$$

将此性质推广到有限多个随机变量的情形，有

$$E\left(\sum_{i=1}^{n}X_i\right)=\sum_{i=1}^{n}E(X_i)$$

性质 4　设随机变量 X 和 Y 互相独立，则

$$E(XY)=E(X)E(Y).$$

证　设 $(X,\ Y)$ 的概率密度为 $f(x,\ y)$，其边缘概率密度为 $f_X(x)$，$f_Y(y)$. 由于 X，Y 相互独立，所以

$$f(x,\ y)=f_X(x)f_Y(y),$$

由式(4.1.2)，得

$$\begin{aligned}E(XY)&=\int_{-\infty}^{+\infty}\int_{-\infty}^{+\infty}xyf(x,\ y)\mathrm{d}x\mathrm{d}y\\&=\int_{-\infty}^{+\infty}\int_{-\infty}^{+\infty}xyf_X(x)f_Y(y)\mathrm{d}x\mathrm{d}y\\&=\left[\int_{-\infty}^{+\infty}xf_X(x)\mathrm{d}x\right]\left[\int_{-\infty}^{+\infty}yf_Y(y)\mathrm{d}y\right]\\&=E(X)E(Y).\end{aligned}$$

反之,则不一定成立.

将此性质推广到有限多个随机变量的情形,当随机变量 $X_1, X_2, \cdots, X_n$ 相互独立时,有

$$E\left(\prod_{i=1}^{n} X_i\right) = \prod_{i=1}^{n} E(X_i)$$

【例 11】 设随机变量 $X_1, X_2, \cdots, X_n$ 相互独立,且都服从(0—1)分布:

X	0	1
p_k	$1-p$	p

$(0<p<1)$

试证 $X = \sum_{i=1}^{n} X_i \sim B(n, p)$,并求 $E(X)$.

解 因为 X_i 的取值只有 0, 1,因而 $X = k$ 即 $X_1, X_2, \cdots, X_n$ 中恰有 k 个取 1,其余 $n-k$ 个取 0. 由于 X 取 k 共有 C_n^k 种取法,并且这些取法两两互斥,又因 $X_1, X_2, \cdots, X_n$ 相互独立,所以每种方式出现的概率均为 $p^k(1-p)^{n-k}$,因此

$$P(X = k) = C_n^k p^k (1-p)^{n-k}, \quad k = 1, 2, \cdots, n,$$

即 $X \sim B(n, p)$,且

$$E(X) = E\left(\sum_{i=1}^{n} X_i\right) = \sum_{i=1}^{n} E(X_i) = np$$

【例 12】 一民航送客车载有 20 位旅客自机场开出,旅客有 10 个车站可以下车,如到达一个车站没有旅客下车就不停车. 以 X 表示停车的次数,求 $E(X)$.(设每位旅客在各个车站下车是等可能的,并设各旅客是否下车相互独立.)

解 引入随机变量

$$X_i = \begin{cases} 0, & \text{在第 } i \text{ 站无人下车}, \\ 1, & \text{在第 } i \text{ 站有人下车}. \end{cases} \qquad i=1, 2, \cdots 10$$

于是停车次数为

$$X = X_1 + X_2 + \cdots + X_{10}.$$

由题意,任一旅客在第 i 站下车的概率为 $\frac{1}{10}$,不下车的概率为 $\frac{9}{10}$,由于各旅客是否下车相互独立,因此 20 位旅客都不在第 i 站下车的概率为 $\left(\frac{9}{10}\right)^{20}$,于是在第 i 站有人下车的概率为 $1-\left(\frac{9}{10}\right)^{20}$,也就是

$$P\{X_i = 0\} = \left(\frac{9}{10}\right)^{20}, P\{X_i = 1\} = 1 - \left(\frac{9}{10}\right)^{20}, i = 1, 2, \cdots 10.$$

因此可得

$$E(X_i)=0\times\left(\frac{9}{10}\right)^{20}+1\times\left[1-\left(\frac{9}{10}\right)^{20}\right]=1-\left(\frac{9}{10}\right)^{20},i=1,2,\cdots 10,$$

进而有

$$\begin{aligned}E(X)&=E(X_1+X_2+\cdots+X_{10})=E(X_1)+E(X_2)+\cdots+E(X_{10})\\&=10\left[1-\left(\frac{9}{10}\right)^{20}\right]=8.784(\text{次}).\end{aligned}$$

本题将 X 分解成 n 个随机变量之和，然后利用随机变量和的数学期望等于随机变量数学期望之和来计算 $E(X)$，这种处理方法具有一定的普遍意义.

习题 4-1

1. 设随机变量 X 的分布律为

X	-2	0	2
p_k	0.4	0.3	0.3

求 $E(X)$，$E(3X^2+5)$.

2. 在 7 台仪器中，有 2 台是次品. 现从中任取 3 台，X 为取得的次品数，求取得次品的数学期望台数 $E(X)$.

3. 设随机变量 X 的概率密度为 $f(x)=\begin{cases}\dfrac{3x^2}{2}, & -1<x<1\\ 0, & \text{其它,}\end{cases}$ 求 $E(X)$，$E(X^2)$.

4. 设随机变量 X 的概率密度为

$$f(x)=\begin{cases}e^{-x}, & x>0,\\ 0, & x\leqslant 0.\end{cases}$$

求(1)$Y_1=2X$，(2)$Y_2=e^{-2X}$的数学期望.

5. 设(X,Y)的分布律为

X \ Y	1	3	5
2	0.1	0.2	0.1
4	0.15	0.3	0.15

(1) 求 $E(X)$，$E(Y)$；(2) 求 $E(XY^2)$.

6. 设二维随机变量(X,Y)的概率密度为

$$f(x,y)=\begin{cases}8xy, & 0\leqslant y\leqslant x,\ 0\leqslant x\leqslant 1\\ 0, & \text{其它}\end{cases}$$

求 $E(X)$，$E(Y)$，$E(X+Y)^2$.

7. 设(X,Y)在 G 上服从均匀分布，其中 G 为 x 轴、y 轴及直线 $x+y=1$ 围成，试求 $E(X)$，$E(3X+2Y)$，$E(XY)$.

8. 设一电路中电流 I(安)与电阻 R(欧)是两个相互独立的随机变量，其概率密度分别为

$$g(i)=\begin{cases}2i, & 0\leqslant i\leqslant 1,\\ 0, & \text{其它},\end{cases}\qquad h(r)=\begin{cases}\dfrac{r^2}{9}, & 0\leqslant r\leqslant 3,\\ 0, & \text{其它}.\end{cases}$$

求电压 $V=IR$ 的均值.

9. 将 n 封信随机放入 n 个写好地址的信封，以 X 表示配对的封数，求 $E(X)$.

10. 若有 n 把看上去样子相同的钥匙，其中只有一把能打开门上的锁，用它们去试开门上的锁，设取到每把钥匙是等可能的，若每把钥匙试开一次后除去，求试开次数 X 的数学期望.

第二节　随机变量的方差

实际问题中除了要了解随机变量的数学期望外，有时还要了解它取值的波动情况，了解实际取值与平均值的差别. 例如，甲、乙两射手的射击成绩分别为

甲命中环数	7	8	9	10
命中的概率	0.1	0.2	0.3	0.4

乙命中环数	8	9	10
命中的概率	0.25	0.5	0.25

经计算可知，甲乙两人平均成绩都是 9 环，但不能认为二人的技术水平相同，因为通过比较二人环数的分布律可以发现乙比甲在比赛中波动更小，表现得更稳定，从这个意义上讲，乙优于甲，而这一点从二人射击环数的期望值是看不出来的，因此有必要引入一个能描述随机变量 X 对期望 $E(X)$的分散程度的量. 我们用

$$E\{(X-E(X))^2\}$$

来度量随机变量 X 与其均值 $E(X)$的偏离程度. 为运算方便起见，我们引入方差的概念.

一、方差及标准差

定义　设 X 是一个随机变量，若 $E\{[X-E(X)]^2\}$ 存在，则称 $E\{[X-E(X)]^2\}$ 为 X 的方差，记为 $D(X)$，即

$$D(X)=E\{[X-E(X)]^2\}.$$

并称$\sqrt{D(X)}$为 X 的标准差或均方差，记作 $\sigma(X)$，即 $\sigma(X)=\sqrt{D(X)}$.

由定义可知，方差 $D(X)$反映了 X 的取值的分散程度. 方差越大，取值越分

散;方差越小,取值越集中.

方差本质上是随机变量函数 $g(X)=[X-E(X)]^2$ 的数学期望,于是对于离散型随机变量 X,

$$D(X)=\sum_{k=1}^{\infty}[X_k-E(X)]^2p_k$$

其中 $P\{X=x_k\}=p_k(k=1,2,\cdots)$ 是 X 的分布律.

对于连续型随机变量 X,

$$D(X)=\int_{-\infty}^{+\infty}[X-E(X)]^2f(x)\mathrm{d}x$$

其中 $f(x)$是 X 的概率密度.

利用数学期望的性质,可以得到

$$\begin{aligned}D(X)=E\{[X-E(X)]^2\}&=E\{X^2-2XE(X)+[E(X)]^2\}=\\&E(X^2)-2E(X)E(X)+[E(X)]^2=\\&E(X^2)-[E(X)]^2,\end{aligned}$$

因此方差的计算,更多地使用下面的公式

$$D(X)=E(X^2)-[E(X)]^2$$

【例 1】 设随机变量 X 服从(0—1)分布,其分布律为

$$P\{X=0\}=1-p,\ P\{X=1\}=p,\ (0<p<1)$$

求 $E(X)$, $D(X)$.

解 因为 X 的分布律为

X	0	1
p_k	$1-p$	p

,

所以

$$E(X)=0\cdot(1-p)+1\cdot p=p,\quad E(X^2)=0^2\cdot(1-p)+1^2\cdot p=p,$$

于是

$$D(X)=E(X^2)-[E(X)]^2=p-p^2=p(1-p).$$

即

$$E(X)=p,\quad D(X)=p(1-p).$$

【例 2】 设随机变量 X 服从参数为 $\lambda(\lambda>0)$的泊松分布,求 $D(X)$.

解 X 的分布律为

$$P\{X=k\}=\frac{\lambda^k}{k!}e^{-\lambda},\quad k=0,1,2,\cdots,$$

上节例 2 已算得 $E(X)=\lambda$，而

$$\begin{aligned}E(X^2)&=E[X(X-1)+X]=E[X(X-1)]+E(X)\\&=\sum_{k=0}^{\infty}k(k-1)\frac{\lambda^k e^{-\lambda}}{k!}+\lambda=\lambda^2 e^{-\lambda}\sum_{k=2}^{\infty}\frac{\lambda^{k-2}}{(k-2)!}+\lambda\\&=\lambda^2 e^{-\lambda}\cdot e^{\lambda}+\lambda=\lambda^2+\lambda,\end{aligned}$$

所以

$$D(X)=E(X^2)-[E(X)]^2=\lambda.$$

由此我们知道，泊松分布的数学期望与方差相等，都等于参数 λ. 由于泊松分布只含一个参数 λ，知道了它的数学期望或方差就能完全确定它的分布.

【例 3】 已知随机变量 X 的密度函数为 $f(x)=\begin{cases}x^2 & 0\leqslant x\leqslant 1\\ 0 & \text{其它}\end{cases}$，求 $E(X)$，$D(X)$.

解 $E(X)=\int_{-\infty}^{+\infty}xf(x)dx=\int_0^1 x\cdot x^2dx=\frac{1}{4}x^4\Big|_0^1=\frac{1}{4}$

$E(X^2)=\int_{-\infty}^{+\infty}x^2f(x)dx=\int_0^1 x^2\cdot x^2dx=\frac{1}{5}x^5\Big|_0^1=\frac{1}{5}$

$D(X)=E(X^2)-[E(X)]^2=\frac{1}{5}-\left(\frac{1}{4}\right)^2=\frac{11}{80}$

【例 4】 若 $X\sim N(\mu,\sigma^2)$，求 $D(X)$.

解 由上节定理 1，得

$$D(X)=\int_{-\infty}^{+\infty}(x-\mu)^2\frac{1}{\sqrt{2\pi}\sigma}e^{-\frac{(x-\mu)^2}{2\sigma^2}}dx$$

令 $t=\frac{x-\mu}{\sigma}$，则

$$D(X)=\frac{\sigma^2}{\sqrt{2\pi}}\int_{-\infty}^{+\infty}t^2e^{-\frac{t^2}{2}}dt=\frac{\sigma^2}{\sqrt{2\pi}}\left\{\left[-te^{\frac{t^2}{2}}\right]_{-\infty}^{+\infty}+\int_{-\infty}^{+\infty}e^{-\frac{t^2}{2}}dt\right\}=\sigma^2$$

由此我们知道，正态分布的概率密度中的两个参数 μ 和 σ^2 分别是该分布的数学期望和方差，因而知道了它的数学期望和方差就能完全确定它的分布.

二、方差的性质

设 X，Y 为随机变量，且 $D(X)$，$D(Y)$都存在，C 为常数.

性质 1　$D(C)=0$.

性质 2　$D(CX)=C^2D(X)$, $D(X+C)=D(X)$.

性质 3　设 X, Y 相互独立,则有

$$D(X\pm Y)=D(X)+D(Y).$$

证　$$\begin{aligned}D(X+Y)&=E\{[(X+Y)-E(X+Y)]^2\}\\&=E\{[(X-E(X))+(Y-E(Y))]^2\}\\&=E\{[X-E(X)]^2\}+E\{[Y-E(Y)]^2\}+\\&\quad 2E\{[X-E(X)][Y-E(Y)]\}\\&=D(X)+D(Y)+2E\{[X-E(X)][Y-E(Y)]\},\end{aligned}$$

由于 X, Y 相互独立,

$$\begin{aligned}E\{[X-E(X)][Y-E(Y)]\}&=E[X-E(X)]\cdot E[Y-E(Y)]\\&=[E(X)-E(X)][E(Y)-E(Y)]=0\end{aligned}$$

于是

$$D(X+Y)=D(X)+D(Y).$$

同理可得,　$$D(X-Y)=D(X)+D(Y)$$

推广　设随机变量 X_1, X_2, …, X_n 相互独立,且它们的方差都存在,则

$$D(X_1+X_2+\cdots+X_n)=D(X_1)+D(X_2)+\cdots+D(X_n).$$

性质 4　$D(X)=0$ 的充要条件是 X 以概率 1 取常数 C, 即

$$P\{X=C\}=1.$$

而这里的 C 即为 $E(X)$.

【例 5】　设 $X\sim B(n, p)$,求 $E(X)$, $D(X)$.

解　X 表示 n 重贝努利试验中事件 A 发生的次数,且在每次试验中 A 发生的概率为 p.

引入随机变量

$$X_i=\begin{cases}1, & \text{在第 } i \text{ 次试验中 } A \text{ 发生},\\0, & \text{在第 } i \text{ 次试验中 } A \text{ 不发生},\end{cases}\quad i=1, 2, \cdots n,$$

则

$$X=X_1+X_2+\cdots+X_n.$$

由于 X_1, X_2, …, X_n 相互独立, 且 $X_i(i=1, 2, \cdots n)$ 服从(0—1)分布, 由本节的例 1,则

$$E(X_i)=p,\ D(X_i)=p(1-p),\ i=1,\ 2,\ \cdots,\ n,$$

所以

$$E(X)=E(X_1+X_2+\cdots X_n)=E(X_1)+E(X_2)+\cdots+E(X_n)=np,$$
$$D(X)=D(X_1+X_2+\cdots X_n)=D(X_1)+D(X_2)+\cdots+D(X_n)=np(1-p),$$

即

$$E(X)=np,\quad D(X)=np(1-p).$$

由上一节例 4 和本节例 4 知,若随机变量 $X\sim N(\mu,\ \sigma^2)$,则 $E(x)=\mu,\ D(x)=\sigma^2$,再由上一章第五节中例 3 知道,若 $X_i\sim N(\mu_i,\ \sigma_i^2),\ i=1,\ 2,\ \cdots n$,且它们相互独立,则它们的线性组合:$C_1X_1+C_2X_2+\cdots+C_nX_n(C_1,\ C_2,\ \cdots,\ C_n$ 是不全为零的常数) 仍然服从正态分布. 由数学期望和方差的性质,

$$\begin{aligned}&E(C_1X_1+C_2X_2+\cdots+C_nX_n)\\&\quad=C_1E(X_1)+C_2E(X_2)+\cdots+C_nE(X_n)\\&\quad=C_1\mu_1+C_2\mu_2+\cdots+C_n\mu_n=\sum_{k=1}^{n}C_k\mu_k,\end{aligned}$$

$$\begin{aligned}&D(C_1X_1+C_2X_2+\cdots+C_nX_n)\\&\quad=C_1^2D(X_1)+C_2^2D(X_2)+\cdots+C_n^2D(X_n)\\&\quad=C_1^2\sigma_1^2+C_2^2\sigma_2^2+\cdots+C_n^2\sigma_n^2=\sum_{k=1}^{n}C_k^2\sigma_k^2,\end{aligned}$$

所以

$$C_1X_1+C_2X_2+\cdots+C_nX_n\sim N\left(\sum_{k=1}^{n}C_k\mu_k,\ \sum_{k=1}^{n}C_k^2\sigma_k^2\right).$$

表 4-1 列出的是一些常用分布及它们的数学期望与方差.

表 4-1 常用分布及其数学期望与方差

分布	分布律或概率密度	数学期望	方差
(0—1)分布	$P\{X=k\}=p^kq^{1-k},\ k=0,\ 1$ $(0<p<1,\ p+q=1)$	p	pq
二项分布 $B(n,\ p)$	$P\{X=k\}=\binom{n}{k}p^kq^{n-k},\ k=0,\ 1,\ \cdots,\ n$ $(n\geqslant 1,\ 0<p<1,\ p+q=1)$	np	npq
几何分布 $G(p)$	$P\{X=k\}=pq^{k-1},\ k=1,\ 2,\ \cdots$ $(0<p<1,\ p+q=1)$	$\frac{1}{p}$	$\frac{q}{p^2}$

（续　表）

分布	分布律或概率密度	数学期望	方差
超几何分布 $H(n, M, N)$	$P\{X=k\}=\dfrac{\binom{M}{k}\binom{N-M}{n-k}}{\binom{N}{n}}$, $k=0, 1, 2, \cdots, \min(n, M)$ （n, M, N 为正整数，$n\leqslant N$, $M\leqslant N$）	$\dfrac{nM}{N}$	$\dfrac{nM}{N}\left(1-\dfrac{M}{N}\right)\left(\dfrac{N-n}{N-1}\right)$
泊松分布 $\pi(\lambda)$	$P\{X=k\}=\dfrac{\lambda^k}{k!}e^{-\lambda}$, $k=0, 1, 2, \cdots$ $(\lambda>0)$	λ	λ
均匀分布 $U(a, b)$	$f(x)=\begin{cases}\dfrac{1}{b-a}, & a<x<b \\ 0, & \text{其它.}\end{cases}$	$\dfrac{a+b}{2}$	$\dfrac{(b-a)^2}{12}$
指数分布 $E(\lambda)$	$f(x)=\begin{cases}\lambda e^{-\lambda x}, & x>0 \\ 0, & x\leqslant 0\end{cases}$ $(\lambda>0)$	$\dfrac{1}{\lambda}$	$\dfrac{1}{\lambda^2}$
正态分布 $N(\mu, \sigma^2)$	$f(x)=\dfrac{1}{\sqrt{2\pi}\sigma}e^{-\frac{(x-\mu)^2}{2\sigma^2}}$, $-\infty<x<+\infty$ $(\sigma>0)$	μ	σ^2

三、切比雪夫不等式

对于随机变量 X，如果已知它的数学期望 $E(X)$ 和方差 $D(X)$，可以通过下面将要介绍的不等式对事件的概率进行估算.

定理（切比雪夫不等式）　设随机变量 X 的数学期望 $E(X)$ 与方差 $D(X)$ 存在，则对于任意正数 ε，有

$$P\{|X-E(X)|\geqslant\varepsilon\}\leqslant\frac{D(X)}{\varepsilon^2}$$

此不等式称为切比雪夫不等式. 它的等价形式是

$$P\{|X-E(X)|<\varepsilon\}\geqslant 1-\frac{D(X)}{\varepsilon^2}$$

证　这里仅证明 X 为连续型随机变量的情形. 设 X 的概率密度为 $f(x)$，则对于任意正数 ε

$$
\begin{aligned}
P\{|X-E(X)|\geqslant \varepsilon\} &= \int_{|x-E(X)|\geqslant \varepsilon} f(x)\mathrm{d}x \\
&\leqslant \int_{|x-E(X)|\geqslant \varepsilon} \frac{|X-E(X)|^2}{\varepsilon^2} f(x)\mathrm{d}x \\
&\leqslant \frac{1}{\varepsilon^2}\int_{-\infty}^{+\infty}[X-E(X)]^2 f(x)\mathrm{d}x \\
&= \frac{D(X)}{\varepsilon^2}
\end{aligned}
$$

由此可见，对于随机变量 X，当分布未知而只知其数学期望和方差时，切比雪夫不等式给出了估算事件$\{|X-E(X)|<\varepsilon\}$概率的一种方法.

【例 6】 设电站供电网有 10 000 盏电灯，夜晚每一盏灯开着的概率为 0.7，假设开关时间互相独立，试用切比雪夫不等式估计夜晚同时开着 6 800 到 7 200 盏灯的概率.

解 设 X 表示夜晚同时开着的灯的数目，则 $X\sim B(10\,000,\ 0.7)$，所以

$$
E(X) = 10\,000\times 0.7 = 7\,000,
$$
$$
D(X) = 10\,000\times 0.7\times 0.3 = 2\,100.
$$

因此

$$
\begin{aligned}
P\{6\,800 < X < 7\,200\} &= P\{|X-7\,000| < 200\} \\
&\geqslant 1-\frac{2\,100}{200^2} \\
&\approx 0.95
\end{aligned}
$$

虽然切比雪夫不等式估计的精确度可能不高，但是在理论上有着重要的意义.

四、随机变量的标准化

设随机变量 X 具有数学期望 $E(X)=\mu$，方差 $D(X)=\sigma^2>0$，记

$$
X^* = \frac{X-\mu}{\sigma},
$$

称 X^* 为 X 的标准化随机变量.

由随机变量的数学期望及方差的性质，易证标准化随机变量 X^* 的性质

$$
E(X^*)=0,\quad D(X^*)=1.
$$

例如，对于服从正态分布的随机变量，如果 $X\sim N(\mu,\ \sigma^2)$，则标准化随机变量 $X^*=\frac{X-\mu}{\sigma}\sim N(0,\ 1)$.

习题 4-2

1. 计算习题 4-1 的第 1 题，第 2 题，第 3 题中随机变量 X 的方差及标准差.

2. 设随机变量 X 在区间 (a, b) 上服从均匀分布，求 $D(X)$.

3. 设随机变量 X 服从参数为 λ 的指数分布，求 $E(X)$，$D(X)$.

4. 设 X 和 Y 相互独立，且 $X \sim N(\mu_1, \sigma_1^2)$，$Y \sim N(\mu_2, \sigma_2^2)$，证明：$X+Y \sim N(\mu_1+\mu_2, \sigma_1^2+\sigma_2^2)$.

5. 已知 $X \sim N(-2, 0.4^2)$，求 $E(X+3)^2$.

6. 设 X_1，X_2，X_3 相互独立，且服从参数 $\lambda = 3$ 的泊松分布，令 $Y = \dfrac{1}{3}(X_1+X_2+X_3)$，求 $E(Y^2)$.

7. 设随机变量 X 服从参数为 1 的指数分布，且 $Y = X + \mathrm{e}^{-2X}$. 求 $E(Y)$，$D(Y)$.

8. 设随机变量 X 服从泊松分布，且 $P\{X=1\} = P\{X=2\}$，求 $E(X)$，$D(X)$.

9. 已知 $X \sim N(1, 2)$，$Y \sim \pi(3)$，且 X 与 Y 相互独立. 求 $D(XY)$.

10. 设随机变量 X，Y 的概率密度分别为

$$f_X(x) = \begin{cases} 2\mathrm{e}^{-2x}, & x > 0, \\ 0, & x \leqslant 0, \end{cases} \qquad f_Y(x) = \begin{cases} 4\mathrm{e}^{-4y}, & y > 0, \\ 0, & y \leqslant 0. \end{cases}$$

求(1)$E(X+Y)$；(2)设 X，Y 相互独立，求 $D(X+Y)$，$E(XY)$.

11. 设随机变量 X 与 Y 相互独立，且 $X \sim N(720, 30^2)$，$Y \sim N(640, 25^2)$. 设 $Z_1 = 2X+Y$，$Z_2 = X-Y$，求 Z_1，Z_2 的概率分布，并求概率 $P\{X > Y\}$，$P\{X+Y > 1\,400)$.

12. 利用切比雪夫不等式估计 200 个新生儿中，男孩多于 80 个且少于 120 个的概率.（假定生男孩和生女孩的概率均为 0.5).

13. 设 X 是具有数学期望和方差的连续性随机变量，C 为常数，证明：

$$E(CX) = CE(X), \quad D(CX) = C^2 D(X).$$

第三节　协方差和相关系数

对于二维随机变量 (X, Y)，数学期望 $E(X)$，$E(Y)$ 和方差 $D(X)$，$D(Y)$ 反映了 X 和 Y 各自的平均水平和各自偏离中心位置的程度，这两个数字特征对 X 和 Y 之间的联系没有提供任何信息，但在实际问题中，有些随机变量之间是相互联系.相互影响的. 例如，某种商品的广告费 X 与销售量 Y，某地区的温度 X 和湿度 Y，某人的身高 X 和体重 Y 等，这些变量 X 和 Y 之间就是相互影响的. 因此我们希望能用一些数字特征来反映 X，Y 之间的某种联系. 本节将介绍刻画随机变量 X 和 Y 相互联系的数字特征：协方差、相关系数.

一、协方差

在上一节证明方差的性质 3 时，已经知道，当两个随机变量 X 和 Y 相互独立时，有

$$D(X+Y)=D(X)+D(Y).$$

而 $D(X+Y)$ 与 $D(X)+D(Y)$ 一般不相等，其相差的量 $E\{[X-E(X)][Y-E(Y)]\}$ 反映了两个变量 X 与 Y 之间相互关联的信息，描述这种相互关系程度的一个数字特征就是协方差.

定义 1 设 (X, Y) 是一个二维随机变量，若

$$E\{[X-E(X)][Y-E(Y)]\}$$

存在，则称其为随机变量 X 与 Y 的协方差，记作 $Cov(X, Y)$，即

$$Cov(X, Y)=E\{[X-E(X)][Y-E(Y)]\}.$$

特别地，$Cov(X, X)=E\{[X-E(X)][X-E(X)]\}=D(X)$

由上节性质 3 的证明过程和上述定义可得

$$D(X\pm Y)=D(X)+D(Y)\pm 2Cov(X, Y)$$

且不难推得：

$$Cov(X, Y)=E(XY)-E(X)E(Y).$$

我们常利用上述公式计算协方差.

容易验证协方差具有下列性质：

性质 1 $Cov(X, Y)=Cov(Y, X)$；

性质 2 $Cov(aX, bY)=abCov(X, Y)$，a, b 是常数；

性质 3 $Cov(X_1+X_2, Y)=Cov(X_1, Y)+Cov(X_2, Y)$；

性质 4 若 X 与 Y 相互独立，则 $Cov(X, Y)=0$.

二、相关系数

协方差 $Cov(X, Y)$ 在一定程度上描述了随机变量 X 与 Y 之间的相互关系，但是协方差 $Cov(X, Y)$ 是具有量纲的量，为此我们考虑标准化随机变量

$$X^*=\frac{X-E(X)}{\sqrt{D(X)}} \quad 与 \quad Y^*=\frac{Y-E(Y)}{\sqrt{D(Y)}}$$

的协方差 $Cov(X^*, Y^*)$. 由于 $E(X^*)=E(Y^*)=0$，所以

$$Cov(X^*, Y^*) = E(X^* Y^*)$$
$$= E\left[\frac{X - E(X)}{\sqrt{D(X)}} \cdot \frac{Y - E(Y)}{\sqrt{D(Y)}}\right]$$
$$= \frac{E\{[X - E(X)][Y - E(Y)]\}}{\sqrt{D(X)}\sqrt{D(Y)}} = \frac{Cov(X, Y)}{\sqrt{D(X)}\sqrt{D(Y)}},$$

这是一个无量纲的量,是我们下面要介绍的数字特征——相关系数.

定义 2　设(X, Y)是一个二维随机变量,若X与Y的协方差$Cov(X, Y)$存在,且$D(X)>0$, $D(Y)>0$,则称量$\frac{Cov(X, Y)}{\sqrt{D(X)}\sqrt{D(Y)}}$为随机变量$X$与$Y$的相关系数或标准协方差,记作$\rho_{XY}$,即

$$\rho_{XY} = \frac{Cov(X, Y)}{\sqrt{D(X)}\sqrt{D(Y)}}.$$

可以证明,相关系数有如下性质:

性质 1　$|\rho_{XY}| \leqslant 1$.

性质 2　$|\rho_{XY}| = 1$的充分必要条件是,存在常数a, b使

$$P\{Y = aX + b\} = 1.$$

相关系数的性质表明,相关系数可以刻画随机变量X与Y线性相关的程度.当$|\rho_{XY}|=1$时,X与Y之间以概率1存在着线性相关关系.当$|\rho_{XY}|$较大时,通常说X与Y线性相关程度较好;当$|\rho_{XY}|$较小时,通常说X与Y线性相关程度较差.

当$\rho_{XY} = 0$时,我们称X和Y不相关.

若X与Y相互独立,则$\rho_{XY}=0$,即X与Y不相关.

注　若X与Y不相关,则X与Y却不一定相互独立.这是因为不相关是指X和Y之间不存在线性关系,但是它们之间有可能存在其它的函数关系.(见例1)

【例 1】　设随机变量$\theta \sim U(0, 2\pi)$, $X=\cos\theta$, $Y=\sin\theta$,求ρ_{XY}.

$$E(X) = \frac{1}{2\pi}\int_0^{2\pi} \cos\theta \mathrm{d}\theta = 0,\quad E(Y) = \frac{1}{2\pi}\int_0^{2\pi} \sin\theta \mathrm{d}\theta = 0,$$

$$E(XY) = \frac{1}{2\pi}\int_0^{2\pi} \sin\theta\cos\theta \mathrm{d}\theta = 0,$$

$$Cov(X, Y) = E(XY) - E(X)E(Y) = 0,$$

$$E(X^2) = \frac{1}{2\pi}\int_0^{2\pi} \cos^2\theta \mathrm{d}\theta = \frac{1}{2},\ E(Y^2) = \frac{1}{2\pi}\int_0^{2\pi} \sin^2\theta \mathrm{d}\theta = \frac{1}{2},$$

$$D(X) = E(X^2) - [E(X)]^2 = \frac{1}{2},\ D(Y) = E(Y^2) - [E(Y)]^2 = \frac{1}{2},$$

$$\rho_{XY}=\frac{Cov(X,Y)}{\sqrt{D(X)}\sqrt{D(Y)}}=0$$

计算表明 X 与 Y 不相关,即它们不具有线性关系,但 X 和 Y 有严格的函数关系 $X^2+Y^2=1$.

【例 2】 设二维随机变量(X, Y)的分布律为

X \ Y	-1	0	1
0	0	$\frac{1}{3}$	0
1	$\frac{1}{3}$	0	$\frac{1}{3}$

证明 X 和 Y 不相关,但是 X 和 Y 不相互独立.

证 易知 X 及 Y 的边缘分布律分别为

X	0	1
$p_{i\cdot}$	$\frac{1}{3}$	$\frac{2}{3}$

和

Y	-1	0	1
$p_{\cdot j}$	$\frac{1}{3}$	$\frac{1}{3}$	$\frac{1}{3}$

于是

$$E(X)=0\times\frac{1}{3}+1\times\frac{2}{3}=\frac{2}{3},\quad E(X^2)=0^2\times\frac{1}{3}+1^2\times\frac{2}{3}=\frac{2}{3},$$

$$E(Y)=(-1)\times\frac{1}{3}+0\times\frac{1}{3}+1\times\frac{1}{3}=0,$$

$$E(Y^2)=(-1)^2\times\frac{1}{3}+0^2\times\frac{1}{3}+1^2\times\frac{1}{3}=\frac{2}{3},$$

$$E(XY)=0\times0\times\frac{1}{3}+1\times(-1)\times\frac{1}{3}+1\times1\times\frac{1}{3}=0,$$

从而

$$Cov(X,Y)=0-\frac{2}{3}\times0=0,$$

$$D(X)=\frac{2}{3}-\left(\frac{2}{3}\right)^2=\frac{2}{9},\quad D(Y)=\frac{2}{3}-0^2=\frac{2}{3},$$

所以

$$\rho_{XY}=0,$$

即 X 和 Y 不相关.

但是由于

$$P\{X=0, Y=0\}=\frac{1}{3}$$

$$P\{X=0\}P\{Y=0\}=\frac{1}{3}\times\frac{1}{3}=\frac{1}{9},$$

可见

$$P\{X=0,Y=0\}\neq P\{X=0\}P\{Y=0\},$$

所以 X 和 Y 不是相互独立的.

【例 3】 设二维随机变量(X, Y)服从的二维正态分布,即$(X, Y)\sim N(\mu_1, \mu_2, \sigma_1^2, \sigma_2^2, \rho)$,求 ρ_{XY}.

解 由第三章第二节例 3 的计算结果,X 与 Y 的概率密度分别为

$$f_X(x)=\frac{1}{\sqrt{2\pi}\sigma_1}e^{-\frac{(x-\mu_1)^2}{2\sigma_1^2}},\quad -\infty<x<+\infty,$$

$$f_Y(y)=\frac{1}{\sqrt{2\pi}\sigma_2}e^{-\frac{(y-\mu_2)^2}{2\sigma_2^2}},\quad -\infty<y<+\infty.$$

由于

$$E(X)=\mu_1,\ D(X)=\sigma_1^2,\ E(Y)=\mu_2,\ D(Y)=\sigma_2^2,$$

而

$$\begin{aligned}Cov(X, Y)&=E[(X-\mu_1)(Y-\mu_2)]\\&=\int_{-\infty}^{+\infty}\int_{-\infty}^{+\infty}(x-\mu_1)(y-\mu_2)f(x, y)\mathrm{d}x\mathrm{d}y\\&=\frac{1}{2\pi\sigma_1\sigma_2\sqrt{1-\rho^2}}\int_{-\infty}^{+\infty}\int_{-\infty}^{+\infty}(x-\mu_1)(y-\mu_2)\cdot e^{-\frac{(x-\mu_1)^2}{2\sigma_1^2}}\cdot\\&\quad e^{-\frac{1}{2(1-\rho^2)}\left(\frac{y-\mu_2}{\sigma_2}-\rho\frac{x-\mu_1}{\sigma_1}\right)^2}\mathrm{d}x\mathrm{d}y,\end{aligned}$$

令

$$t=\frac{1}{\sqrt{1-\rho^2}}\left(\frac{y-\mu_2}{\sigma_2}-\rho\frac{x-\mu_1}{\sigma_1}\right),\quad u=\frac{x-\mu_1}{\sigma_1},$$

则有

$$\begin{aligned}Cov(X, Y)&=\frac{1}{2\pi}\int_{-\infty}^{+\infty}\int_{-\infty}^{+\infty}(\sigma_1\sigma_2\sqrt{1-\rho^2}tu+\rho\sigma_1\sigma_2u^2)\cdot e^{-\frac{u^2+t^2}{2}}\mathrm{d}t\mathrm{d}u\\&=\frac{\sigma_1\sigma_2\sqrt{1-\rho^2}}{2\pi}\left(\int_{-\infty}^{+\infty}ue^{-\frac{u^2}{2}}\mathrm{d}u\right)\left(\int_{-\infty}^{+\infty}te^{-\frac{t^2}{2}}\mathrm{d}t\right)+\\&\quad\frac{\rho\sigma_1\sigma_2}{2\pi}\left(\int_{-\infty}^{+\infty}u^2e^{-\frac{u^2}{2}}\mathrm{d}u\right)\left(\int_{-\infty}^{+\infty}e^{-\frac{t^2}{2}}\mathrm{d}t\right)\\&=\frac{\rho\sigma_1\sigma_2}{2\pi}\cdot\sqrt{2\pi}\cdot\sqrt{2\pi}=\rho\sigma_1\sigma_2,\end{aligned}$$

于是

$$\rho_{XY}=\frac{Cov(X,Y)}{\sqrt{D(X)}\sqrt{D(Y)}}=\rho.$$

由此可见，二维正态随机变量(X, Y)的概率密度中的参数ρ就是X和Y的相关系数，因而二维正态随机变量(X, Y)的分布完全可由X与Y各自的数学期望、方差以及它们的相关系数所确定.

在第三章第四节的例3中已经提到，若(X, Y)服从二维正态分布，则X和Y相互独立的充分必要条件是$\rho=0$，现在知道$\rho_{XY}=\rho$，故对于二维正态随机变量(X, Y)来说，X和Y不相关与X和Y相互独立是等价的.

习题 4-3

1. 已知$Y=X^2$，分别求以下两种情况下X和Y的相关系数ρ_{XY}：

(1) $X\sim U(0, 1)$；(2) $X\sim U(-1, 1)$.

2. 已知二元离散型随机变量(X,Y)的概率分布如下表所示：

X \ Y	−1	1	2
−1	0.1	0.2	0.3
2	0.2	0.1	0.1

(1) 试求X和Y的边缘分布律；

(2) 试求X与Y的相关系数ρ_{XY}.

3. 设二维随机变量(X, Y)的分布律

X \ Y	0	1
0	0.1	0.2
1	0.3	0.4

试求$E(X)$，$E(Y)$，$D(X)$，$D(Y)$，$Cov(X, Y)$，ρ_{XY}.

4. 设二维随机变量(X, Y)的密度函数为

$$f(x, y)=\begin{cases}\frac{1}{8}(x+y), & 0\leqslant x\leqslant 2, 0\leqslant y\leqslant 2\\ 0, & \text{其它},\end{cases}$$

试求$E(X)$，$E(Y)$，$D(X)$，$D(Y)$，$Cov(X, Y)$，ρ_{XY}.

5. 设$D(X)=25$，$D(Y)=36$，$\rho_{XY}=0.4$，试求$D(X+Y)$以及$D(X-Y)$.

6. 设随机变量(X,Y)的概率密度为：

$$f(x, y)=\begin{cases}12y^2, & 0\leqslant y\leqslant x\leqslant 1,\\ 0, & 其它\end{cases}$$

求(1) $E(X)$，$E(Y)$；(2) $Cov(X, Y)$，ρ_{XY}.

7. 设随机变量$(X, Y)\sim N\left(1, 3^2; 0, 4^2; -\frac{1}{2}\right)$，设$Z=\frac{X}{3}+\frac{Y}{2}$，试求

(1) Z的数学期望与方差；

(2) X与Z的相关系数ρ_{XZ}；

(3) 问X与Z是否相互独立.

第四节　矩，协方差矩阵

为了更好地描述随机变量分布的特征，除了前面介绍的数学期望、方差及协方差以外，有时我们还要用到随机变量的其它几个数字特征.

定义　设X和Y是随机变量，若

$$E(X^k),\ k=1, 2, \cdots$$

存在，则称它为X的k阶原点矩，简称k阶矩.

若

$$E\{[X-E(X)]^k\},\ k=2, 3, \cdots$$

存在，则称它为X的k阶中心矩.

若

$$E(X^kY^l),\ k, l=1, 2, \cdots$$

存在，则称它为X和Y的$k+l$阶混合矩.

若

$$E\{[X-E(X)]^k[Y-E(Y)]^l\},\ k, l=1, 2, \cdots$$

存在，则称它为X和Y的$k+l$阶混合中心矩.

显然，X的数学期望$E(X)$是X的一阶原点矩，方差$D(X)$是X的二阶中心矩，协方差$Cov(X, Y)$是X和Y的二阶混合中心矩.

下面介绍n维随机变量的协方差矩阵，先来看二维随机变量的情形.

二维随机变量(X_1, X_2)有四个二阶中心矩(设它们都存在)，分别记为

$$c_{11}=E\{[X_1-E(X_1)]^2\}=D(X_1),$$

$$c_{12}=E\{[X_1-E(X_1)][X_2-E(X_2)]\}=Cov(X_1,X_2),$$

$$c_{21}=E\{[X_2-E(X_2)][X_1-E(X_1)]\}=Cov(X_2,X_1),$$

$$c_{22}=E\{[X_2-E(X_2)]^2\}=D(X_2),$$

其中 $c_{12}=c_{21}$，将它们排成矩阵的形式

$$\begin{pmatrix} c_{11} & c_{12} \\ c_{21} & c_{22} \end{pmatrix},$$

则这个矩阵称为二维随机变量 (X_1, X_2) 的协方差矩阵.

设 n 维随机变量 $(X_1, X_2, \cdots, X_n)$ 的二阶混合中心矩

$$c_{ij}=E\{[X_i-E(X_i)][X_j-E(X_j)]\}=Cov(X_i, X_j), \quad i, j=1, 2, \cdots, n$$

都存在，则称矩阵

$$\boldsymbol{C}=\begin{pmatrix} c_{11} & c_{12} & \cdots & c_{1n} \\ c_{21} & c_{22} & \cdots & c_{2n} \\ \vdots & \vdots & & \vdots \\ c_{n1} & c_{n2} & \cdots & c_{nn} \end{pmatrix}$$

为 n 维随机变量 $(X_1, X_2, \cdots, X_n)$ 的协方差矩阵. 由于 $c_{ij}=c_{ji}(i\neq j, i, j=1, 2, \cdots, n)$，所以上述矩阵是一个对称矩阵.

一般说来，n 维随机变量的分布是不知道的，或者太复杂，在数学上不易处理，因此在实际应用中协方差矩阵就显得重要了.

【例】 设随机变量 X 和 Y 相互独立，且都服从参数为 λ 的泊松分布，$U=2X+Y$，$V=2X-Y$，求 (U, V) 协方差矩阵 $\boldsymbol{C}$.

解 由于 $E(X)=E(Y)=\lambda$，$D(X)=D(Y)=\lambda$，所以

$$E(X^2)=E(Y^2)=D(X)+[E(X)]^2=\lambda+\lambda^2.$$

$$E(U)=2E(X)+E(Y)=3\lambda, \ E(V)=2E(X)-E(Y)=\lambda,$$

$$D(U)=D(V)=4D(X)+D(Y)=4\lambda+\lambda=5\lambda.$$

$$E(UV)=E(4X^2-Y^2)=4E(X^2)-E(Y^2)=3\lambda+3\lambda^2,$$

$$Cov(U, V)=E(UV)-E(U)E(V)=3\lambda+3\lambda^2-3\lambda^2=3\lambda.$$

因此 (U, V) 的协方差矩阵为

$$\boldsymbol{C}=\begin{pmatrix} 5\lambda & 3\lambda \\ 3\lambda & 5\lambda \end{pmatrix}.$$

借助于协方差矩阵，可将二维正态随机变量的概率密度改写成另一种形式. 设二维正态随机变量 (X_1, X_2) 的概率密度为

$$f(x_1, x_2) = \frac{1}{2\pi\sigma_1\sigma_2\sqrt{1-\rho^2}} \cdot$$
$$\exp\left\{\frac{-1}{2(1-\rho^2)}\left[\frac{(x_1-\mu_1)^2}{\sigma_1^2} - 2\rho\frac{(x_1-\mu_1)(x_2-\mu_2)}{\sigma_1\sigma_2} + \frac{(x_2-\mu_2)^2}{\sigma_2^2}\right]\right\},$$

若令
$$\boldsymbol{X} = \begin{pmatrix} x_1 \\ x_2 \end{pmatrix}, \qquad \boldsymbol{\mu} = \begin{pmatrix} \mu_1 \\ \mu_2 \end{pmatrix},$$

(X_1, X_2)的协方差矩阵为

$$\boldsymbol{C} = \begin{pmatrix} c_{11} & c_{12} \\ c_{21} & c_{22} \end{pmatrix} = \begin{pmatrix} \sigma_1^2 & \rho\sigma_1\sigma_2 \\ \rho\sigma_1\sigma_2 & \sigma_2^2 \end{pmatrix},$$

C 的行列式为

$$|C| = (1-\rho^2)\sigma_1^2\sigma_2^2,$$

C 的逆矩阵为

$$\boldsymbol{C}^{-1} = \frac{1}{|C|}\begin{pmatrix} \sigma_2^2 & -\rho\sigma_1\sigma_2 \\ -\rho\sigma_1\sigma_2 & \sigma_1^2 \end{pmatrix},$$

$(X-\mu)'$表示$(X-\mu)$的转置矩阵,则

$$f(x_1, x_2) = \frac{1}{(2\pi)^{\frac{2}{2}}|C|^{\frac{1}{2}}}\exp\left\{-\frac{1}{2}(X-\mu)'C^{-1}(X-\mu)\right\}.$$

上述结论容易推广到 n 维正态随机变量$(X_1, X_2, \cdots, X_n)$的情况.

若令

$$\boldsymbol{X} = \begin{pmatrix} x_1 \\ x_2 \\ \vdots \\ x_n \end{pmatrix}, \qquad \boldsymbol{\mu} = \begin{pmatrix} \mu_1 \\ \mu_2 \\ \vdots \\ \mu_n \end{pmatrix} = \begin{pmatrix} E(X_1) \\ E(X_2) \\ \vdots \\ E(X_n) \end{pmatrix},$$

$\boldsymbol{C}$ 是$(X_1, X_2, \cdots, X_n)$的协方差矩阵,则 n 维正态随机变量$(X_1, X_2, \cdots, X_n)$的概率密度可定义为

$$f(x_1, x_2, \cdots, x_n) = \frac{1}{(2\pi)^{\frac{n}{2}}|C|^{\frac{1}{2}}}\exp\left\{-\frac{1}{2}(X-\mu)'\boldsymbol{C}^{-1}(X-\mu)\right\}.$$

第五章　大数定律与中心极限定理

概率论与数理统计是研究随机现象统计规律性的学科. 人们在长期的实践中发现,在大量随机现象中,我们不仅可以看到随机事件的频率具有稳定性,而且还可以看到一般的平均结果也具有这种稳定性. 在概率论中描述大量随机现象平均结果稳定性的一系列定理称为大数定律. 大数定律是一种表现必然性与偶然性之间的辩证关系的规律.

在随机变量的一切可能分布中正态分布有着重要的地位. 实践中经常遇到的大量的随机变量都服从正态分布,进一步的研究表明,在一定的条件下,当随机变量的个数无限增加时,独立随机变量和的分布趋于正态分布. 这类反映随机变量的和的极限分布是正态分布的定理称为中心极限定理.

本章对大数定律和中心极限定理作简略的介绍.

第一节　大 数 定 律

在第一章中,我们曾经指出事件在多次重复独立试验中发生的频率具有稳定性,概率的公理化定义是对概率的统计定义进行科学抽象的结果. 下面首先运用切比雪夫不等式,对事件的频率稳定于事件概率这一客观规律给予数学上的表述和证明. 这就是下面要介绍的贝努利大数定律.

定理一(贝努利大数定律)　设 n 重贝努利试验中事件 A 发生的次数为 n_A,事件 A 在每次试验中发生的概率为 p,则对于任意正数 ε,有

$$\lim_{n\to\infty}P\left\{\left|\frac{n_A}{n}-p\right|<\varepsilon\right\}=1$$

或

$$\lim_{n\to\infty}P\left\{\left|\frac{n_A}{n}-p\right|\geqslant\varepsilon\right\}=0.$$

证　由于 n_A 是 n 重贝努利试验中事件 A 发生的次数,所以 $n_A\sim B(n,\ p)$,于是

$$E(n_A)=np,\qquad D(n_A)=np(1-p).$$

由数学期望与方差的性质，有

$$E\left(\frac{n_A}{n}\right)=\frac{1}{n}E(n_A)=\frac{1}{n}\cdot np=p,$$

$$D\left(\frac{n_A}{n}\right)=\frac{1}{n^2}D(n_A)=\frac{1}{n^2}\cdot np(1-p)=\frac{p(1-p)}{n}.$$

因此由切比雪夫不等式，对任意 $\varepsilon>0$，

$$P\left\{\left|\frac{n_A}{n}-p\right|<\varepsilon\right\}\geqslant 1-\frac{\frac{p(1-p)}{n}}{\varepsilon^2}.$$

在上式中令 $n\to\infty$，并注意到概率不能大于 1，即得

$$\lim_{n\to\infty}P\left\{\left|\frac{n_A}{n}-p\right|<\varepsilon\right\}=1,$$

也即

$$\lim_{n\to\infty}P\left\{\left|\frac{n_A}{n}-p\right|\geqslant\varepsilon\right\}=0.$$

贝努利大数定律以严格的数学形式表达了事件频率的稳定性. 这就是说，当试验次数 n 很大时，事件发生的频率 $\frac{n_A}{n}$ 与概率 p 有较大偏差的可能性很小. 正因为如此，在实际应用中，当试验次数很大时，我们便可以用事件的频率来代替事件的概率. 事件发生的频率接近于事件的概率，这种接近是在概率意义下的接近. 为此我们给出下面的定义.

定义　设 $X_1, X_2, \cdots, X_n, \cdots$ 是一个随机变量序列，a 是一个常数，若对于任意正数 ε，有

$$\lim_{n\to\infty}P\{|X_n-a|<\varepsilon\}=1,$$

则称随机变量序列 $\{X_n\}$ 依概率收敛于 a，记为

$$X_n\xrightarrow{P}a.$$

依概率收敛的序列还有以下的性质：

设 $X_n\xrightarrow{P}a$，$Y_n\xrightarrow{P}b$，又设函数 $g(x, y)$ 在点 (a, b) 连续，则

$$g(X_n, Y_n)\xrightarrow{P}g(a, b).$$

按照依概率收敛的概念,上述定理一可叙述为

设 n 重贝努利试验中事件 A 发生的次数为 n_A,事件 A 在每次试验中发生的概率为 p,则序列 $Y_n=\frac{n_A}{n}(n=1, 2, \cdots)$依概率收敛于 p,即

$$Y_n=\frac{n_A}{n}\xrightarrow{P} p.$$

若记

$$X_k=\begin{cases}1, & \text{第 } k \text{ 次试验中事件 } A \text{ 发生}, \\ 0, & \text{第 } k \text{ 次试验中事件 } A \text{ 不发生},\end{cases}$$

则

$$n_A=X_1+X_2+\cdots+X_n=\sum_{k=1}^{n} X_k,$$

于是

$$\frac{n_A}{n}=\frac{1}{n} \sum_{k=1}^{n} X_k, \qquad p=\frac{1}{n} \sum_{k=1}^{n} P(A)=\frac{1}{n} \sum_{k=1}^{n} E(X_k),$$

这样定理一可以写成

$$\lim_{n \rightarrow \infty} P\left\{\left|\frac{1}{n} \sum_{k=1}^{n} X_k-\frac{1}{n} \sum_{k=1}^{n} E(X_k)\right|<\varepsilon\right\}=1. \tag{5.1.1}$$

一般地,若随机变量序列 $X_1, X_2, \cdots, X_n, \cdots$的数学期望都存在,且满足式(5.1.1),则称随机变量序列$\{X_n\}$服从大数定律. 定理一是随机变量序列 $X_1, X_2, \cdots, X_n, \cdots$都服从相同的(0—1)分布的情形. 下面的定理给出了一般的结论.

定理二(切比雪夫大数定律的特殊情形) 设随机变量序列 $X_1, X_2, \cdots, X_n, \cdots$相互独立,且具有数学期望和方差:$E(X_k)=\mu, D(X_k)=\sigma^2, k=1, 2, \cdots$,作前 n 个随机变量的算术平均

$$\overline{X}=\frac{1}{n} \sum_{k=1}^{n} X_k,$$

则对于任意正数 ε,总成立

$$\lim_{n \rightarrow \infty} P\{|\overline{X}-\mu|<\varepsilon\}=1,$$

即

$$\lim_{n \rightarrow \infty} P\left\{\left|\frac{1}{n} \sum_{k=1}^{n} X_k-\mu\right|<\varepsilon\right\}=1,$$

或

$$\overline{X} \xrightarrow{P} \mu.$$

这个定理的证明与贝努利大数定律的证明完全类似,我们把它留给读者作练习.

如果相互独立的随机变量 $X_1, X_2, \cdots, X_n, \cdots$不仅具有相同的数学期望和相同的方差,而且都和某个随机变量 X 的概率分布相同,则随机变量序列 $X_1, X_2, \cdots, X_n, \cdots$可看作是某个独立重复试验序列的结果.定理二表明,当试验次数 n 很大时,试验的平均结果以较大概率接近随机变量的数学期望,即 n 充分大时,试验结果的算术平均几乎变成一个常数.正因为如此,在实际应用中,当试验次数很大时,我们就可以用独立重复试验结果的算术平均数来估计随机变量的数学期望.

定理三(切比雪夫大数定律的一般情形)　设随机变量序列 $X_1, X_2, \cdots, X_n, \cdots$相互独立,且具有数学期望和方差:$E(X_k)=\mu_k$, $D(X_k)=\sigma_k^2$,且 $\sigma_k^2 \leqslant c < +\infty$, $k=1, 2, \cdots$,则对于任意正数 ε,总成立

$$\lim_{n\to\infty} P\left\{\left|\frac{1}{n}\sum_{k=1}^{n} X_k - \frac{1}{n}\sum_{k=1}^{n}\mu_k\right| < \varepsilon\right\} = 1,$$

即

$$\frac{1}{n}\sum_{k=1}^{n} X_k - \frac{1}{n}\sum_{k=1}^{n}\mu_k \xrightarrow{P} 0.$$

定理三是关于大数定律的一个相当普遍的结论,但它要求随机变量序列 $X_1, X_2, \cdots, X_n, \cdots$的方差都存在且有公共的上界.进一步研究后发现,在这些随机变量服从相同分布的场合,并不需要这一要求.下面的辛钦大数定律给出了在这种情形下的结论.

定理四(辛钦大数定律)　设随机变量序列 $X_1, X_2, \cdots, X_n, \cdots$相互独立,服从同一分布,且具有数学期望:$E(X_k)=\mu$, $(k=1, 2, \cdots,)$,则对于任意正数 ε,有

$$\lim_{n\to\infty} P\left\{\left|\frac{1}{n}\sum_{k=1}^{n} X_k - \mu\right| < \varepsilon\right\} = 1,$$

即

$$\frac{1}{n}\sum_{k=1}^{n} X_k \xrightarrow{P} \mu.$$

推论　设随机变量序列 $X_1, X_2, \cdots, X_n, \cdots$相互独立,服从同一分布,且具有 k 阶矩:$E(X_i^k)=\mu_k$, $(i=1, 2, \cdots, k=1, 2, \cdots,)$,则对于任意正数 ε,有

$$\lim_{n\to\infty} P\left\{\left|\frac{1}{n}\sum_{i=1}^{n} X_i^k - \mu_k\right| < \varepsilon\right\} = 1,$$

即

$$\frac{1}{n}\sum_{k=1}^{n}X_i^k \xrightarrow{P} \mu_k.$$

辛钦大数定律有很重要的应用.

第二节　中心极限定理

在实际问题中,许多随机变量是由大量彼此没有关联的随机因素影响而形成,其中各个因素在总的影响中所起的作用都是微小的.下面的中心极限定理指出,这样的随机变量往往近似服从正态分布.

本节介绍三个常用的中心极限定理.

定理一(独立同分布的中心极限定理)　设随机变量序列 $X_1, X_2, \cdots, X_n, \cdots$ 相互独立,服从同一分布,具有数学期望和方差:$E(X_k)=\mu$, $D(X_k)=\sigma^2>0(k=1, 2, \cdots,)$,则随机变量

$$Y_n=\frac{\sum_{k=1}^{n}X_k-E\left(\sum_{k=1}^{n}X_k\right)}{\sqrt{D\left(\sum_{k=1}^{n}X_k\right)}}=\frac{\sum_{k=1}^{n}X_k-n\mu}{\sqrt{n}\sigma}$$

的分布函数 $F_n(x)$对于任意实数 x,总成立

$$\lim_{n\to\infty}F_n(x)=\lim_{n\to\infty}P\left\{\frac{\sum_{k=1}^{n}X_k-n\mu}{\sqrt{n}\sigma}\leqslant x\right\}=\int_{-\infty}^{x}\frac{1}{\sqrt{2\pi}}\mathrm{e}^{-\frac{t^2}{2}}\,\mathrm{d}t=\Phi(x).$$

证明略.

定理一说明,均值为 μ,方差为 $\sigma^2>0$ 的独立同分布的随机变量 $X_1, X_2, \cdots, X_n$ 的和 $\sum_{k=1}^{n}X_k$ 的标准化随机变量,在 n 充分大时,近似服从标准正态分布,即

$$\frac{\sum_{k=1}^{n}X_k-n\mu}{\sqrt{n}\sigma}\overset{\text{近似}}{\sim}N(0, 1), \tag{5.2.1}$$

由此可知,当 n 充分大时

$$\sum_{k=1}^{n}X_k\overset{\text{近似}}{\sim}N(n\mu, n\sigma^2).$$

如果将式(5.2.1)左端改写成 $\dfrac{\frac{1}{n}\sum_{k=1}^{n}X_k-\mu}{\sigma/\sqrt{n}}=\dfrac{\overline{X}-\mu}{\sigma/\sqrt{n}}$，则上述结果可以写成：当 n 充分大时

$$\frac{\overline{X}-\mu}{\sigma/\sqrt{n}}\overset{\text{近似}}{\sim}N(0,\ 1),$$

或

$$\overline{X}\overset{\text{近似}}{\sim}N\left(\mu,\ \frac{\sigma^2}{n}\right).$$

定理一告诉我们，独立同分布的随机变量序列 $X_1,\ X_2,\ \cdots,\ X_n,\ \cdots$，无论它们服从什么分布，它们的部分和 $\sum_{k=1}^{n}X_k$ 及算术平均 $\overline{X}=\frac{1}{n}\sum_{k=1}^{n}X_k$ 在 n 无限增大时，已不再呈现多样性的特征，而是趋于正态分布.

在 n 较大时，有下面的近似计算公式：对任意实数 $a,\ b\ (a<b)$

$$P\left\{a\leqslant\sum_{k=1}^{n}X_k\leqslant b\right\}=P\left\{\frac{a-n\mu}{\sqrt{n}\sigma}\leqslant\frac{\sum_{k=1}^{n}X_k-n\mu}{\sqrt{n}\sigma}\leqslant\frac{b-n\mu}{\sqrt{n}\sigma}\right\}$$
$$\approx\Phi\left(\frac{b-n\mu}{\sqrt{n}\sigma}\right)-\Phi\left(\frac{a-n\mu}{\sqrt{n}\sigma}\right).\qquad(5.2.2)$$

如果将定理一应用到 n 重贝努利试验，设

$$X_k=\begin{cases}1, & \text{第 } k \text{ 次试验中事件 } A \text{ 发生},\\ 0, & \text{第 } k \text{ 次试验中事件 } A \text{ 不发生},\end{cases}$$

$P(A)=p,\ 0<p<1,\ k=1,\ 2,\ \cdots,\ n$，记 $Y_n=\sum_{k=1}^{n}X_k$，则 $Y_n\sim B(n,\ p)$. 于是我们得到下面的定理.

定理二（德莫佛-拉普拉斯（DeMoivre-Laplace）中心极限定理） 设随机变量 $Y_n(n=1,\ 2,\ \cdots)$ 服从参数为 $n,\ p(0<p<1)$ 的二项分布，则对于任意实数 x，总成立

$$\lim_{n\to\infty}P\left\{\frac{Y_n-np}{\sqrt{np(1-p)}}\leqslant x\right\}=\int_{-\infty}^{x}\frac{1}{\sqrt{2\pi}}\mathrm{e}^{-\frac{t^2}{2}}\mathrm{d}t=\Phi(x).$$

定理二说明，服从二项分布的随机变量 Y_n 的标准化随机变量，在 n 充分大时，近似服从标准正态分布，即

$$\frac{Y_n - np}{\sqrt{np(1-p)}} \overset{\text{近似}}{\sim} N(0, 1),$$

或当 n 充分大时

$$Y_n \overset{\text{近似}}{\sim} N(np, np(1-p)).$$

所以当 n 比较大时，二项分布近似于正态分布，正态分布是二项分布的极限分布.

在 n 较大时，我们可以用下面的近似计算公式：设 $Y_n \sim B(n, p)$，对任意 $a < b$，有

$$P\{a \leqslant Y_n \leqslant b\} = P\left\{\frac{a-np}{\sqrt{np(1-p)}} \leqslant \frac{Y_n - np}{\sqrt{np(1-p)}} \leqslant \frac{b-np}{\sqrt{np(1-p)}}\right\}$$
$$\approx \Phi\left(\frac{b-np}{\sqrt{np(1-p)}}\right) - \Phi\left(\frac{a-np}{\sqrt{np(1-p)}}\right). \tag{5.2.3}$$

定理三（李雅普诺夫（Liapunov）中心极限定理） 设随机变量序列 $X_1, X_2, \cdots, X_n, \cdots$ 相互独立，它们具有数学期望和方差：$E(X_k) = \mu_k$，$D(X_k) = \sigma_k^2 > 0(k = 1, 2, \cdots,)$，记 $B_n^2 = \sum\limits_{k=1}^{n} \sigma_k^2$，若存在正数 δ，使得当 $n \to \infty$ 时，

$$\frac{1}{B_n^{2+\delta}} \sum_{k=1}^{n} E\{|X_k - \mu_k|^{2+\delta}\} \to 0,$$

则随机变量

$$Z_n = \frac{\sum\limits_{k=1}^{n} X_k - E\left(\sum\limits_{k=1}^{n} X_k\right)}{\sqrt{D\left(\sum\limits_{k=1}^{n} X_k\right)}} = \frac{\sum\limits_{k=1}^{n} X_k - \sum\limits_{k=1}^{n} \mu_k}{B_n}$$

的分布函数 $F_n(x)$ 对于任意实数 x，总成立

$$\lim_{n\to\infty} F_n(x) = \lim_{n\to\infty} P\left\{\frac{\sum\limits_{k=1}^{n} X_k - \sum\limits_{k=1}^{n} \mu_k}{B_n} \leqslant x\right\} = \int_{-\infty}^{x} \frac{1}{\sqrt{2\pi}} e^{-\frac{t^2}{2}} dt = \Phi(x).$$

证明略.

定理三表明，在一定条件下，相互独立的随机变量 $X_1, X_2, \cdots, X_n$ 的和 $\sum\limits_{k=1}^{n} X_k$ 的标准化随机变量，在 n 充分大时，近似服从标准正态分布，即

$$\frac{\sum_{k=1}^{n} X_k - \sum_{k=1}^{n} \mu_k}{B_n} \overset{\text{近似}}{\sim} N(0,\ 1),$$

或当 n 充分大时，

$$\sum_{k=1}^{n} X_k \overset{\text{近似}}{\sim} N\left(\sum_{k=1}^{n} \mu_k,\ B_n^2\right).$$

这就是说，无论各个随机变量 $X_k(k=1,\ 2,\ \cdots)$ 服从什么分布，只要满足定理的条件，当 n 充分大时，$\sum_{k=1}^{n} X_k$ 就近似地服从正态分布. 正因为如此，正态分布在各种概率分布中占有重要的地位. 在大量的随机现象中，正态分布广泛地存在. 在很多实际问题中，所考虑的随机变量可以表示成多个独立的随机变量之和. 例如我们在进行某种观测时，有许多引起观测误差的随机因素影响着观测结果，每一个因素都可能使观测的结果产生很小的甚至是观测不到的误差，所有这些误差形成一个总误差，根据中心极限定理，可以断定总误差近似地服从正态分布.

下面举几个关于中心极限定理应用的例子.

【例 1】 计算器在进行加法计算时，将每个加数取为最靠近它的整数来计算. 设所有的取整误差是相互独立的，且在区间 $(-0.5,\ 0.5)$ 上服从均匀分布，若将 1 200个数相加，求误差总和的绝对值小于 10 的概率.

解 设随机变量 X_k 表示第 k 个加数的取整误差 $(k=1,\ 2,\ \cdots,\ 1\,200)$，由于 X_k 在 $(-0.5,\ 0.5)$ 上服从均匀分布，故有

$$E(X_k)=0,\quad D(X_k)=\frac{1}{12}.$$

由独立同分布的中心极限定理，

$$\frac{\sum_{k=1}^{1200} X_k - 1\,200\times 0}{\sqrt{1\,200}\times\sqrt{\frac{1}{12}}} = \frac{\sum_{k=1}^{1200} X_k}{10} \overset{\text{近似}}{\sim} N(0,\ 1).$$

按式(5.2.2)，所求概率为

$$P\left\{\left|\sum_{k=1}^{1200} X_k\right| < 10\right\} = P\left\{-10 < \sum_{k=1}^{1200} X_k < 10\right\} = P\left\{-1 < \frac{\sum_{k=1}^{1200} X_k}{10} < 1\right\}$$

$$\approx \Phi(1) - \Phi(-1) = 2\Phi(1) - 1$$

$$= 2\times 0.841\,3 - 1 = 0.682\,6.$$

【例 2】 某工厂有 200 台同类型的机器,由于工艺上的原因,每台机器并不连续开动,实际工作时间只占工作总时间的 60%. 工作时每台机器需要用电 1 千瓦,假设各台机器是否工作是相互独立的,求

(1) 任一时刻有 115 至 130 台机器正在工作的概率;

(2) 若所有机器的用电由一台变压器供应,问变压器的容量至少为多大时可以保证所有机器正常工作的概率不低于 99.5%?

解 如果同时对每台机器作一次观察,察看机器是开动还是停工,则对每台机器的观察可看作一次独立试验,同时对 200 台机器的观察是 n 重贝努利试验. 这里 $n=200$, $p=0.6$,于是 $np=120$, $np(1-p)=48$,记任一时刻正在工作的机器数为 X,则 $X\sim B(200,\ 0.6)$. 由德莫佛-拉普拉斯中心极限定理,

$$\frac{X-120}{\sqrt{48}} \overset{\text{近似}}{\sim} N(0,\ 1).$$

(1) 按式(5.2.3),所求概率为

$$\begin{aligned}P\{115\leqslant X\leqslant 130\} &= P\left\{\frac{115-120}{\sqrt{48}}\leqslant\frac{X-120}{\sqrt{48}}\leqslant\frac{130-120}{\sqrt{48}}\right\}\\ &\approx \Phi\left(\frac{130-120}{\sqrt{48}}\right)-\Phi\left(\frac{115-120}{\sqrt{48}}\right)\\ &= \Phi(1.44)-\Phi(-0.72) = \Phi(1.44)-[1-\Phi(0.72)]\\ &= 0.9251-(1-0.7642) = 0.6893.\end{aligned}$$

(2) 假设任一时刻至多有 m 台机器在工作,依题意有

$$P\{0\leqslant X\leqslant m\}\geqslant 0.995,$$

即

$$P\left\{\frac{-120}{\sqrt{48}}\leqslant\frac{X-120}{\sqrt{48}}\leqslant\frac{m-120}{\sqrt{48}}\right\}\geqslant 0.995,$$

于是,由式(5.2.3),

$$\Phi\left(\frac{m-120}{\sqrt{48}}\right)-\Phi\left(\frac{-120}{\sqrt{48}}\right)\geqslant 0.995.$$

因为

$$\Phi\left(\frac{-120}{\sqrt{48}}\right)=\Phi(-17.3)\approx 0,$$

故只要

$$\Phi\left(\frac{m-120}{\sqrt{48}}\right)\geqslant 0.995.$$

查表得

$$\frac{m-120}{\sqrt{48}} \geqslant 2.58,$$

解得

$$m \geqslant 137.9,$$

取整数解 $m=138$. 所以当变压器的容量至少为 138 千瓦时，才能以 99.5%的概率保证所有机器能正常工作.

习题 5-1，2

1. 证明切比雪夫大数定律的特殊情形：设随机变量序列 X_1，X_2，…，X_n，…相互独立且具有相同的数学期望和方差：$E(X_i)=\mu$，$D(X_i)=\sigma^2$，$i=1$，2，…. 则对于任给 $\varepsilon>0$，总成立

$$\lim_{n\to\infty} P\left\{\left|\frac{1}{n}\sum_{k=1}^{n} X_k-\mu\right|<\varepsilon\right\}=1.$$

2. 统计资料表明，某地区小麦的平均亩产量为 620 公斤，方差为80^2 公斤^2. 现任取 400 亩麦地，试计算这 400 亩麦地的产量在 24～24.5 万公斤之间的概率.

3. 根据以往的经验，某种电器元件的寿命服从均值为 100 小时的指数分布. 现随机取 16 只，设它们的寿命是相互独立的，求这 16 只元件的寿命的总和大于 1 920 小时的概率.

4. 某银行的统计资料表明，每个定期存款储户的存款的平均数为 5 000 元，均方差为 500 元，

(1) 任意抽取 100 个储户，问每户平均存款超过 5 100 元的概率为多少？

(2) 至少要抽取多少储户，才能以 90%以上的概率保证，使每户平均存款数超过 4 950 元.

5. 一加法器同时收到 20 个噪声电压 v_k($k=1$, 2, …20，单位：伏). 设它们是相互独立的随机变量，且都在区间(0, 10)上服从均匀分布，求加法器收到的噪声电压的总和超过 105 伏的概率.

6. 有一批建筑房屋用的木柱，其中 80%的长度不小于 3 米. 现从这批木柱中随机地取出 100 根，问其中至少有 30 根短于 3 米的概率是多少？

7. 设某电视台某项电视节目的收视率为 32%，现任意采访 500 户城乡居民，问其中有 150～170 户收视该项节目的概率为多少？

8. 某电话总机设置 12 条外线，总机共有 200 架电话分机. 设每架电话分机每时刻有 5%的概率要使用外线，并且相互独立，问在任一时刻每架电话分机可使用外线的概率是多少？

9. 某电视机厂每月生产一万台电视机，但它的显像管车间的正品率为 0.8，为了以 0.997 的概率保证出厂的电视机都装上正品的显像管，问该车间每月至少应生产多少只显像管？

10. 设有 1 000 台纺纱机彼此独立地工作，每台纺纱机在任意时刻都可能发生棉纱断头(其概率为 0.02)，因而需要工人去及时接头. 问至少应配备多少工人，才能以 95%的概率保证，当纺纱机发生断头时有工人及时地去接头.

11. 一复杂的系统由 n 个相互独立起作用的部件所组成，每个部件的可靠性(即正常工作的概率)为 0.9，且必须至少有 80%的部件正常工作才能使整个系统工作. 问 n 为多大时，才能使系统的可靠性不低于 95%.

第六章　数理统计的基本概念

前面五章我们讲述了概率论的基本内容，随后的四章将讲述数理统计. 数理统计是以概率论为理论基础的一个数学分支，它是从实际观测的数据出发研究随机现象的规律性. 在科学研究中，数理统计占据一个十分重要的位置，是多种试验数据处理的理论基础，在现代生产、管理、科学研究等各个领域中有着广泛的应用，是一门应用性很强的数学学科.

数理统计的内容很丰富，本书只介绍参数估计、假设检验、方差分析及回归分析、单因素方差分析等内容.

本章中首先讨论总体、随机样本及统计量等基本概念，然后着重介绍几个常用的统计量及抽样分布.

第一节　总体与样本

一、总体与个体

在许多实际问题中，研究的对象是事物的某些数字特征或属性特征. 而这些特征都可以用数据来表示，数理统计的研究对象正是事物的某项数量标志的可取值全体以及取值的分布情况. 下面我们举出几个这方面的例子.

【例 1】　了解某小学一年级学生的身高. 如果把每个学生的身高记为 x，那么研究对象就是数据 $x_1, x_2, \cdots, x_n$ 全体(其中 n 为学生人数).

【例 2】　研究一批液晶电视机的寿命. 如果用 t 表示它的寿命，那么我们研究的对象就是数据 $t_1, t_2, \cdots, t_r$ 全体(其中 r 是这批液晶电视机的台数).

在数理统计中，我们把研究对象(事物的某些数字特征或属性特征)的全体称为**总体**. 经过数量化后，总体由一组数据组成，组成总体的每个基本单位称为**个体**. 当个体的个数为有限时，就称总体为有限总体；当个体的个数为无限多时，就称总体为无限总体. 总体通常用大写字母 X、Y、Z 等表示.

在数理统计中我们所关心的并非是每个个体的所有特征，而仅仅是它的一项或几项数量指标. 在例 1 中，总体是某小学一年级学生，而我们关心的是这些学生的身高;在例 2 中,总体是一批液晶电视机,我们关心的仅仅是这批液晶电视机的寿命.由于各液晶电视机(即使属同一批次,同一型号)的寿命不全相同,不可能也没有必要逐个地测出每个液晶电视机的寿命,而只需了解全体液晶电视机的寿命分布情况.由于任一台液晶电视机的寿命测试前是不能确定的,但每一台液晶电视机都确实对应着一个寿命,所以可以认为液晶电视机的寿命是个随机变量,而人们关心的正是这个随机变量的概率分布.一般说来,代表总体的指标是一个随机变量,总体中每个个体是随机变量的一个取值,从而总体对应于一个具有确定分布的随机变量(或随机向量),对总体的研究就相当于对这个随机变量(或随机向量)的研究.今后我们不区分总体与相应的随机变量(或随机向量),如称正态总体,即表示此总体的随机变量服从正态分布,并把随机变量 X 的分布称为总体的理论分布(简称为总体的分布函数).

二、样本与简单随机样本

1. 抽样和样本

因为总体的概率分布和某些特征一般是未知的,所以想要了解总体的概率分布和某些特征,最简单的莫过于对每个个体一一加以测试,但这不仅工作量大,而且往往实际上是不现实的.如:测试一批元件的使用寿命,当一个个元件寿命结果测试出来后,这批元件就报废了.又如石油勘探中,只能取有限个点进行试钻,对试钻所采得的数据进行分析处理,得出石油钻井的最佳点,而绝不可能将所有可能储油的地域钻得满地窟窿…….因此,我们只能从总体中抽取一部分个体进行测试.这种从总体中按一定方式抽取一部分个体的过程叫做抽样.我们从总体 X 中随机地抽取 n 个个体,逐个观察其数量指标,将 n 次观察结果按观察的次序排列成 X_1, X_2, …, X_n.各次观察结果 $X_i(i=1, 2, \cdots, n)$都是随机变量,称 X_1, X_2, …, X_n 是取自总体 X 的**样本**,其中个体的数目 n 称为**样本容量**.当对这 n 个个体的观察一经完成,就得到一组实数 x_1, x_2, …, x_n,我们把这组实数称为样本 X_1, X_2, …, X_n 的**样本观察值**,简称样本值.(为了叙述方便起见,在不会引起混淆的前提下,我们也用 x_1, x_2, …, x_n 表示样本.故记号 x_1, x_2, …, x_n 具有双重含义:有时指一次具体的抽样结果即样本值;有时指任意一次抽样的各种可能结果,即随机变量,这一点以后请读者注意).

2. 简单随机样本

根据不同抽样的方式可以得到各种类型的样本,那么怎样进行抽样才能使抽样结果能有效地、正确地、客观地反映出总体的情况呢?现在介绍一种最简单的抽样方式,也是数理统计中基本的抽样方式——简单随机抽样.如果在抽样过程中每一次都在相同条件下随机地从总体中抽取一个个体，我们把这种抽样方式称为**简单随机抽样**. 可见简单随机抽样中，随机变量 $X_1, X_2, \cdots, X_n$ 是相互独立的而且和总体具有相同的分布.

定义 1 设总体为 X，总体的分布函数为 $F(x)$，一个容量为 n 的样本 $X_1, X_2, \cdots, X_n$，如果满足：

(1) 代表性：X_i 与总体 X 具有相同的分布函数 $F(x)$，$(i=1, 2, \cdots, n)$

(2) 独立性：$X_1, X_2, \cdots, X_n$ 相互独立

则称 $X_1, X_2, \cdots, X_n$ 为**简单随机样本**，简称**样本**.

本书中所说的样本除特殊说明外，都指简单随机样本.

实际问题中怎样才能得到简单随机样本呢？一般地，对有限总体，采取有放回抽样就能得到简单随机样本，但有放回抽样使用时不太方便，当总体中个体的总数 N 比要得到的样本的容量 n 大得多时（一般当 $\frac{N}{n} \geqslant 10$ 时），在实际中可将不放回抽样近似地当作放回抽样来处理，所得样本可当作简单随机样本处理.

【例 3】 从某厂生产的一批滚珠中，随机抽取 7 个，测得其直径（单位：mm）分别为

$$10.35, 9.87, 10.16, 10.86, 9.92, 9.86, 10.59$$

试写出总体、样本、样本值、样本容量.

解 总体：表示这批滚珠直径的随机变量 X

样本：$X_1, X_2, X_3, X_4, X_5, X_6, X_7$

样本值：10.35，9.87，10.16，10.86，9.92，9.86，10.59

样本容量：$n=7$.

设 $X_1, X_2, \cdots, X_n$ 是取自总体 X 的样本，若总体 X 的分布函数为 $F(x)$，概率密度函数为 $f(x)$，则样本 $X_1, X_2, \cdots, X_n$ 的联合分布函数为

$$F^*(x_1, x_2, \cdots, x_n) = \prod_{i=1}^{n} F(x_i),$$

样本 $X_1, X_2, \cdots, X_n$ 的联合概率密度为

$$f^*(x_1, x_2, \cdots, x_n) = \prod_{i=1}^{n} f(x_i).$$

【例 4】 设总体 X 的概率密度函数是 $f(x) = \begin{cases} e^{-(x-2)}, & x \geqslant 2 \\ 0, & x < 2 \end{cases}$，$X_1, X_2, \cdots, X_n$ 为总体 X 的样本，求 $X_1, X_2, \cdots, X_n$ 的联合概率密度.

解 因为总体 X 的密度函数为

$$f(x)=\begin{cases}e^{-(x-2)}, & x\geqslant 2,\\ 0, & x<2.\end{cases}$$

所以 $X_1, X_2, \cdots, X_n$ 的联合概率密度为

$$f^*(x_1, x_2, \cdots, x_n)=\prod_{i=1}^{n}e^{-(x_i-2)}=e^{2n}e^{-\sum\limits_{i=1}^{n}x_i}.$$

3. 经验分布函数

利用样本来推断总体的分布函数，是数理统计需要解决的一个重要问题. 这里，我们引入样本分布函数概念，并指出它与总体分布之间的关系. 样本的分布函数也称为总体的**经验分布函数**.

设 $X_1, X_2, \cdots, X_n$ 为取自总体 X 的样本，$x_1, x_2, \cdots, x_n$ 为总体 X 的样本值. 对于每个固定的 x，设事件 $\{X\leqslant x\}$ 在 n 次观察中出现的次数为 $\nu_n(x)$，于是事件 $\{X\leqslant x\}$ 发生的频率为

$$F_n(x)=\frac{\nu_n(x)}{n}\qquad(-\infty<x<+\infty)$$

易知，$F_n(x)$ 为非负右连续函数，且满足

$$F_n(-\infty)=0,\quad F_n(+\infty)=1,$$

所以，我们称 $F_n(x)$ 为**样本的分布函数**. n 无限增大时，事件 $\{X\leqslant x\}$ 发生的频率 $\frac{\nu_n(x)}{n}$ 依概率收敛于 $P\{X\leqslant x\}$，所以对于任给 x，总成立 $F_n(x)\to F(x)$. 格列文科 (W. Glivenko) 在 1953 年证明了一个更深入的具有全局性的定理.

定理(格列文科)　当 $n\to\infty$ 时，经验分布函数 $F_n(x)$ 依概率 1 关于 x 一致收敛于理论分布函数 $F(x)$，即

$$P\left\{\lim_{n\to\infty}\sup_{-\infty<x<+\infty}\left|F_n(x)-F(x)\right|=0\right\}=1$$

定理表明：当样本容量 n 充分大时，样本的分布函数 $F_n(x)$ 几乎一定会充分趋近总体的分布函数 $F(x)$，这就是我们用样本来推断总体的理论依据.

【例 3】　从某厂织布车间抽取 8 匹布，检查每一匹布的疵点数，得到样本 0，2，1，3，1，2，0，1，求样本的分布函数 $F_n(x)$.

解　设 X 为抽取的任一匹布的疵点数，则 X 的频数表如下

X	0	1	2	3
频数	$\frac{1}{4}$	$\frac{3}{8}$	$\frac{1}{4}$	$\frac{1}{8}$

则样本的分布函数

$$F_n(x)=\begin{cases}0, & \text{当 } x<0,\\ \frac{1}{4}, & \text{当 } 0\leqslant x<1,\\ \frac{5}{8}, & \text{当 } 1\leqslant x<2,\\ \frac{7}{8}, & \text{当 } 2\leqslant x<3,\\ 1, & \text{当 } x\geqslant 3.\end{cases}$$

习题 6-1

1. 设 $X\sim B(x, p)$，$X_1, X_2, \cdots X_n$ 为取自总体 X 的样本，试求此样本的联合分布律.

2. 设 $X_1, X_2, \cdots, X_5$ 是来自服从参数为 λ 的泊松分布 $\pi(\lambda)$ 的样本，试求此样本的联合分布律.

3. 设 $X_1, X_2, \cdots, X_5$ 是来自服从 $(0, \theta)$ 上均匀分布的样本，$\theta>0$，试求样本的联合分布.

4. 设 $X_1, X_2, \cdots, X_n$ 为总体 X 的样本，试求样本的联合概率密度函数，其中总体 X 的概率密度如下：

(1) $f(x)=\frac{1}{2\sigma}e^{-\frac{|x|}{\sigma}}$，　$(\sigma>0)\ (-\infty<x<+\infty)$，

(2) $f(x)=\begin{cases}\theta x^{\theta-1} & 0<x<1,\\ 0, & \text{其它}.\end{cases}$

(3) $f(x)=\begin{cases}2\theta x\,e^{-\theta x^2} & x>0\\ 0, & \text{其它}.\end{cases}$

第二节　统计量与抽样分布

本节先介绍统计量的概念和几个常用的统计量，然后介绍三个在数理统计中占有重要地位的抽样分布：χ^2 分布、t 分布、F 分布. 最后介绍抽样分布定理，它是各种统计推断和统计分析的理论基础，是其必不可少的前提.

一、统计量

样本 $X_1, X_2, \cdots, X_n$ 是总体的一个代表，它包含了总体的主要信息. 由于在实际问题中需要推断的往往是总体中的未知参数（如数字特征等），因此就有必要从样本中提取出我们所需要的信息，因为总体的信息散布在各个个体中，为了能把这些信息集中反映出来，在数学处理上就是我们要去构造一个样本的函数 $g(X_1,$

$X_2, \cdots, X_n$),它可能更有效地反映出总体的更多的信息. 为此,我们引入如下定义:

定义 1 如果样本 $X_1, X_2, \cdots, X_n$ 的函数 $g(X_1, X_2, \cdots, X_n)$ 中不含有任何未知参数,则称函数 $g(X_1, X_2, \cdots, X_n)$ 为统计量.

从定义 1 可知,统计量也是一个随机变量. 例如:$X_1, X_2, \cdots, X_n$ 为总体 $N(\mu, \sigma^2)$ 的样本,其中 μ 已知而 σ^2 未知,则 $3(X_1+X_2+X_3)$,$\dfrac{X_1^2+X_2^2+X_3^2}{3}$,$X_1+X_2-2\mu$ 都是统计量,而 $\dfrac{X_1^2+X_2^2+X_3^2}{\sigma^2}$ 不是统计量.

设样本 $X_1, X_2, \cdots, X_n$ 的观察值为 $x_1, x_2, \cdots, x_n$,则我们把函数值 $g(x_1, x_2, \cdots, x_n)$ 称为统计量 $g(X_1, X_2, \cdots, X_n)$ 的一个观察值.

下面列出几个常用的统计量:

定义 2 设 $X_1, X_2, \cdots, X_n$ 为总体 X 的样本,$x_1, x_2, \cdots, x_n$ 为相应的样本值,定义:

样本均值 $\quad \overline{X} = \dfrac{1}{n}\sum\limits_{i=1}^{n} X_i$

样本方差 $\quad S^2 = \dfrac{1}{n-1}\sum\limits_{i=1}^{n}(X_i-\overline{X})^2 = \dfrac{1}{n-1}\left(\sum\limits_{i=1}^{n} X_i^2 - n\overline{X}^2\right)$

样本标准差 $\quad S = \sqrt{S^2} = \sqrt{\dfrac{1}{n-1}\sum\limits_{i=1}^{n}(X_i-\overline{X})^2}$

样本 k 阶(原点)矩 $\quad A_k = \dfrac{1}{n}\sum\limits_{i=1}^{n} X_i^k \quad (k=1, 2, \cdots)$

样本 k 阶中心矩 $\quad B_k = \dfrac{1}{n}\sum\limits_{i=1}^{n}(X_i-\overline{X})^k \quad (k=1, 2, \cdots)$

值得指出的是
$$\overline{X} = A_1,\ S^2 = \frac{n}{n-1}B_2$$

它们的观察值分别为

$$\overline{x} = \frac{1}{n}\sum_{i=1}^{n} x_i,\ s^2 = \frac{1}{n-1}\sum_{i=1}^{n}(x_i-\overline{x})^2 = \frac{1}{n-1}\left(\sum_{i=1}^{n} x_i^2 - n\overline{x}^2\right),$$

$$s = \sqrt{\frac{1}{n-1}\sum_{i=1}^{n}(x_i-\overline{x})^2},$$

$$a_k = \frac{1}{n}\sum_{i=1}^{n} x_i^k \quad (k=1, 2, \cdots), \qquad b_k = \frac{1}{n}\sum_{i=1}^{n}(x_i-\overline{x})^2 \quad (k=1, 2, \cdots)$$

以上的观察值仍分别称为样本均值、样本方差、样本标准差、样本 k 阶矩、样本

k 阶中心矩.

二、统计学中三个常用分布和上 α 分位点

统计量是样本的函数,它是一个随机变量,统计量的分布称为抽样分布,在使用统计量进行统计推断时常需知道它们的分布.在数理统计中,经常假定总体所服从的分布是正态分布,其主要的原因自然是正态分布的常见性,另一方面,正态总体的情形比较容易处理,而总体服从其它分布的统计量的精确分布往往是非常复杂的.下面介绍三个来自正态总体的统计量及其概率分布.

1. χ^2 分布

定义 3 设 $X_1, X_2, \cdots, X_n$ 为正态总体 $N(0, 1)$ 的样本,则把统计量

$$\chi^2 = X_1^2 + X_2^2 + \cdots + X_n^2 \tag{6.2.1}$$

服从的分布称为自由度为 n 的 χ^2 分布,记作 $\chi^2 \sim \chi^2(n)$.

此外,自由度是指式(6.2.1)右端包含的独立变量个数.

可以证明,$\chi^2(n)$ 的概率密度函数为

$$f(y) = \begin{cases} \dfrac{1}{2^{\frac{n}{2}}\Gamma\left(\dfrac{n}{2}\right)} y^{\frac{n}{2}-1} e^{-\frac{y}{2}} & y > 0 \\ 0 & \text{其它} \end{cases}$$

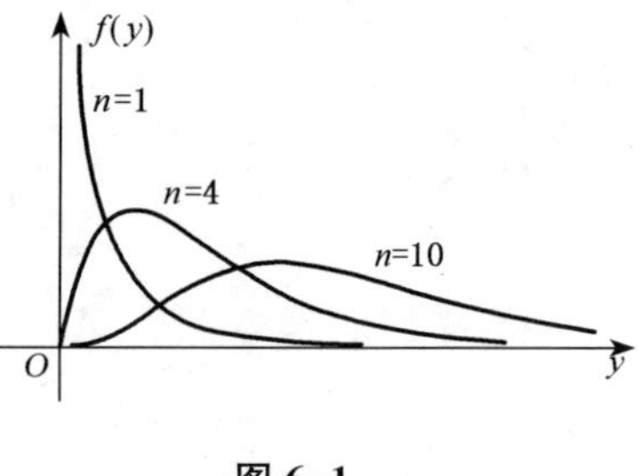

图 6-1

其中 $\Gamma\left(\dfrac{n}{2}\right)$ 是 Γ 函数 $\Gamma(s) = \int_0^{+\infty} e^{-x} x^{s-1} dx \ (s > 0)$ 在 $s = \dfrac{n}{2}$ 处的值, $f(y)$ 的图形如图 6-1 所示.

$\chi^2(n)$ 分布有以下性质:

性质 1 设 $\chi^2 \sim \chi^2(n)$,则 $E(\chi^2) = n,\ D(\chi^2) = 2n$.

证 因 $X_i \sim N(0, 1)$,即 $E(X_i) = 0,\ D(X_i) = 1\ (i = 1, 2, \cdots, n)$.

所以

$$E(X_i^2) = D(X_i) + (E(X_i))^2 = 1,$$

故

$$E(\chi^2) = E\left(\sum_{i=1}^{n} X_i^2\right) = \sum_{i=1}^{n} E(X_i^2) = n.$$

又因

$$E(X_i^4) = \frac{1}{\sqrt{2\pi}}\int_{-\infty}^{+\infty} x^4 e^{-\frac{x^2}{2}} dx = 3,$$

所以

$$D(X_i^2)=E(X_i^4)-(E(X_i^2))^2=3-1=2.$$

由于 $X_1, X_2, \cdots, X_n$ 相互独立，所以 $X_1^2, X_2^2, \cdots, X_n^2$ 也相互独立，于是

$$D(\chi^2)=D\left(\sum_{i=1}^{n}X_i^2\right)=\sum_{i=1}^{n}D(X_i^2)=2n.$$

性质 2　设 $\chi_1^2\sim\chi^2(n_1)$，$\chi_2^2\sim\chi^2(n_2)$，且 χ_1^2 与 χ_2^2 相互独立，则 $\chi_1^2+\chi_2^2\sim\chi^2(n_1+n_2)$. 这个性质称为 χ^2 分布的可加性.

2. *t* 分布

定义 4　设 $X\sim N(0, 1)$，$Y\sim\chi^2(n)$，且 X, Y 相互独立，则把统计量

$$t=\frac{X}{\sqrt{\frac{Y}{n}}}$$

服从的分布称为自由度为 n 的 t 分布，记作 $t\sim t(n)$. 它亦称为学生(Student)分布，这种分布首先被科萨德(Gosset)所发现，他在 1908 年发表关于此分布的论文时用学生作为笔名.

可以证明，$t(n)$ 的概率密度为

$$h(t)=\frac{\Gamma\left(\frac{n+1}{2}\right)}{\sqrt{\pi n}\,\Gamma\left(\frac{n}{2}\right)}\left(1+\frac{t^2}{n}\right)^{-\frac{n+1}{2}}.$$

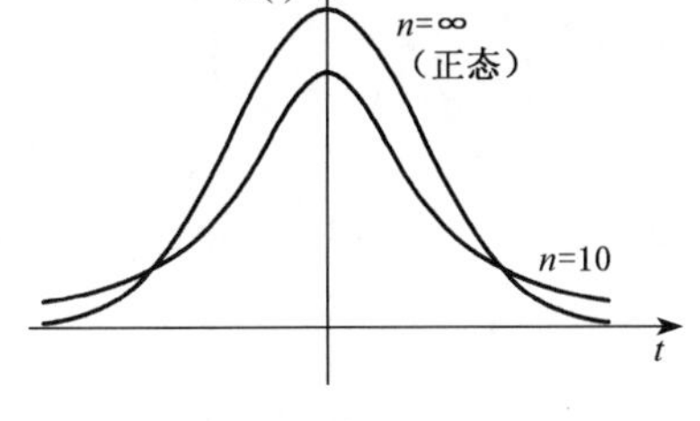

图 6-2

$h(t)$ 的图形如图 6-2 所示.

$h(t)$ 的图形关于 $t=0$ 对称，可以证明，当自由度 $n\to\infty$ 时，t 分布的极限就是标准正态分布. 实际上，当 $n\geqslant 30$ 时，t 分布与标准正态分布就非常接近了，但对较小的 n，两者之间是有差别的.

3. *F* 分布

定义 5　设 $X\sim\chi^2(n_1)$，$Y\sim\chi^2(n_2)$，且 X, Y 相互独立，则把随机变量

$$F=\frac{\frac{X}{n_1}}{\frac{Y}{n_2}}$$

服从的分布称为自由度为 (n_1, n_2) 的 F 分布，其中 n_1 称为第一自由度，n_2 称为第

二自由度,记作 $F \sim F(n_1, n_2)$.

可以证明,F 分布的概率密度函数为

$$\phi(y)=\begin{cases}\dfrac{\Gamma\left(\dfrac{n_1+n_2}{2}\right)\left(\dfrac{n_1}{n_2}\right)^{\frac{n_1}{2}}y^{\frac{n_1}{2}-1}}{\Gamma\left(\dfrac{n_1}{2}\right)\Gamma\left(\dfrac{n_2}{2}\right)\left(1+\dfrac{n_1}{n_2}y\right)^{\frac{n_1+n_2}{2}}}, & y>0\\ 0, & \text{其它}\end{cases}$$

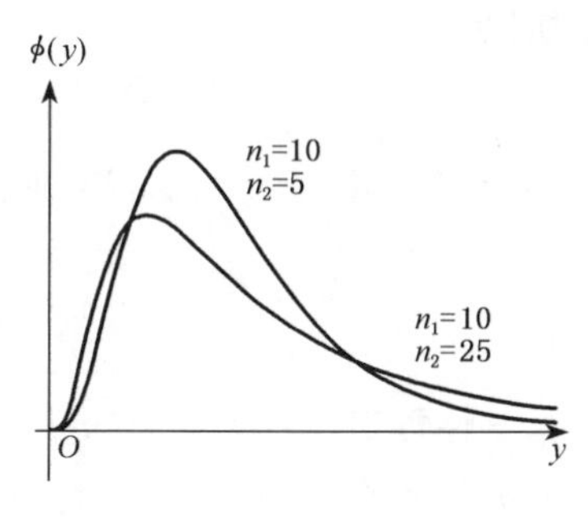

图 6-3

$\phi(y)$的图形如图 6-3 所示.

容易证明 F 分布具有性质:若 $F \sim F(n_1, n_2)$,则$\dfrac{1}{F} \sim F(n_2, n_1)$.

4. 上 α 分位点

在统计推断中经常用到各种分位点,一般都可查表得到,下面介绍上 α 分位点.

定义 6 设随机变量 X 概率密度为 $f(x)$,对于任意给定的 $\alpha(0<\alpha<1)$,若存在实数 x_α,使得

$$P\{X \geqslant x_\alpha\}=\int_{x_\alpha}^{+\infty} f(x)\mathrm{d}x=\alpha,$$

则称点 x_α 为该概率分布的**上 α 分位点**(如图 6-4).

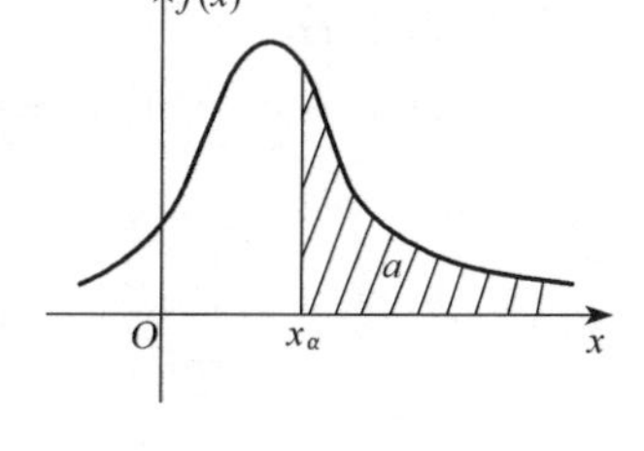

图 6-4

例如 $\chi^2(n)$分布的上 α 分位点$\chi_\alpha^2(n)$应满足条件:

$$P\{\chi^2(n) \geqslant \chi_\alpha^2(n)\}=\alpha.$$

当 $\alpha=0.01$, $n=10$ 时,查附表 4 可得$\chi_{0.01}^2=23.209$,但该表只到 $n=45$ 为止,费歇尔(R・A・Fisher)曾证明:当 n 充分大时,近似地有

$$\chi_\alpha^2(n) \approx \frac{1}{2}\left(z_\alpha+\sqrt{2n-1}\right)^2,$$

其中 z_α 是标准正态分布的上 α 分位点,故当 $n>45$ 时,可利用上式近似计算. 如

$$\chi_{0.05}^2(50) \approx \frac{1}{2}\left(z_{0.05}+\sqrt{2\times 50-1}\right)^2=\frac{1}{2}\left(1.645+\sqrt{99}\right)^2=67.221.$$

同样,t 分布的上 α 分位点 $t_\alpha(n)$应满足条件:

$$P\{t(n) \geqslant t_\alpha(n)\}=\alpha.$$

其值可查附表 3，由于 $t(n)$ 的对称性，有 $t_{1-\alpha}(n)=-t_\alpha(n)$，当 $n>45$ 时，有近似公式

$$t_\alpha \approx z_\alpha \quad (n>45)$$

$F(n_1, n_2)$分布的上 α 分位点 $F_\alpha(n_1, n_2)$应满足条件：

$$P\{F(n_1, n_2) \geqslant F_\alpha(n_1, n_2)\}=\alpha.$$

其值可查附表 5，上 α 分位点 $F_\alpha(n_1, n_2)$具有以下性质：

$$F_{1-\alpha}(n_1, n_2)=\frac{1}{F_\alpha(n_2, n_1)}. \tag{6.2.2}$$

事实上，若 $F \sim F(n_1, n_2)$，则

$$\begin{aligned}1-\alpha &= P\{F \geqslant F_{1-\alpha}(n_1, n_2)\}=P\left\{\frac{1}{F} \leqslant \frac{1}{F_{1-\alpha}(n_1, n_2)}\right\} \\ &= 1-P\left\{\frac{1}{F} > \frac{1}{F_{1-\alpha}(n_1, n_2)}\right\},\end{aligned}$$

于是

$$P\left\{\frac{1}{F} \geqslant \frac{1}{F_{1-\alpha}(n_1, n_2)}\right\}=\alpha.$$

根据 F 分布的性质：$\frac{1}{F} \sim F(n_2, n_1)$，所以

$$P\left\{\frac{1}{F} \geqslant F_\alpha(n_2, n_1)\right\}=\alpha.$$

将上面两式比较后得

$$\frac{1}{F_{1-\alpha}(n_1, n_2)}=F_\alpha(n_2, n_1),$$

即

$$F_{1-\alpha}(n_1, n_2)=\frac{1}{F_\alpha(n_2, n_1)}.$$

式(6.2.2)常用来求 $F(n_1, n_2)$分布中未列出的一些上 α 分位点，如：

$$F_{0.95}(15, 12)=\frac{1}{F_{0.05}(12, 15)}=\frac{1}{2.48}=0.403.$$

类似地，可定义下 α 分位点和双侧 α 分位点，在这不去细述了.

三、抽样分布定理

简单随机样本是统计推断的基础，但为了达到对总体的不同研究目的，需要构造不同的统计量，并对这些统计量的概率分布有所了解. 因为正态分布在实际应用

中经常用到,故在统计推断中占有极其重要的地位.下面介绍的四个定理,在统计推断中起着重要的作用.

定理1 设总体 $X\sim N(\mu,\sigma^2)$,样本为 $X_1, X_2, \cdots, X_n$,则

(1) 样本均值 $\overline{X}\sim N\left(\mu,\dfrac{\sigma^2}{n}\right)$

(2) $\overline{X}$ 与样本方差 S^2 相互独立

(3) 随机变量 $\dfrac{(n-1)S^2}{\sigma^2}=\dfrac{\sum\limits_{i=1}^{n}(X_i-\overline{X})^2}{\sigma^2}\sim\chi^2(n-1)$

注意:当 σ^2 为未知时,$\dfrac{(n-1)S^2}{\sigma^2}$ 不是统计量,只有当 σ^2 为已知时,才是统计量.

定理2 设总体 $X\sim N(\mu,\sigma^2)$,样本为 $X_1, X_2, \cdots, X_n$, $\overline{X}$ 和 S^2 分别是样本均值和样本方差,则 $\dfrac{\overline{X}-\mu}{S/\sqrt{n}}\sim t(n-1)$.

定理3 设总体 $X\sim N(\mu_1,\sigma_1^2)$,总体 $Y\sim N(\mu_2,\sigma_2^2)$,$X$, Y 相互独立,且两个方差相等,即 $\sigma_1^2=\sigma_2^2$,则随机变量

$$\frac{\overline{X}-\overline{Y}-(\mu_1-\mu_2)}{S_w\cdot\sqrt{\dfrac{1}{n_1}+\dfrac{1}{n_2}}}\sim t(n_1+n_2-2) \tag{6.2.3}$$

其中 $S_w^2=\dfrac{(n_1-1)S_1^2+(n_2-1)S_2^2}{n_1+n_2-2}$,$n_1$, n_2 分别是总体 X, Y 的样本容量,S_1^2, S_2^2 分别是 X, Y 的样本方差.

定理4 设总体 $X\sim N(\mu_1,\sigma_1^2)$,样本容量 n_1,样本方差 S_1^2,总体 $Y\sim N(\mu_2,\sigma_2^2)$,样本容量 n_2,样本方差 S_2^2,且 S_1^2 与 S_2^2 相互独立,则随机变量

$$F=\frac{S_1^2/\sigma_1^2}{S_2^2/\sigma_2^2}=\frac{S_1^2\sigma_2^2}{S_2^2\sigma_1^2}\sim F(n_1-1,n_2-1).$$

注意:定理3中要求 $\sigma_1^2=\sigma_2^2$,定理4中无此要求.

证 因为 $\dfrac{(n_1-1)S_1^2}{\sigma_1^2}\sim\chi^2(n_1-1)$, $\dfrac{(n_2-1)S_2^2}{\sigma_2^2}\sim\chi^2(n_2-1)$,

由 F 分布的定义知:

$$\frac{\dfrac{(n_1-1)S_1^2}{\sigma_1^2}\Big/(n_1-1)}{\dfrac{(n_2-1)S_2^2}{\sigma_2^2}\Big/(n_2-1)}=\frac{S_1^2/\sigma_1^2}{S_2^2/\sigma_2^2}=\frac{S_1^2\sigma_2^2}{S_2^2\sigma_1^2}\sim F(n_1-1,n_2-1).$$

【例 1】 设总体 X 服从正态分布 $N\left(0, \frac{1}{4}\right)$,$X_1, X_2, \cdots, X_7$ 为来自该总体的一个样本,求常数 a,使得 $a\sum_{i=1}^{7} X_i^2 \sim \chi^2(7)$.

解 因为 $X_i \sim N\left(0, \frac{1}{4}\right)$,所以$\frac{X_i}{1/2} \sim N(0, 1)$.

由χ^2 分布定义知 $$\sum_{i=1}^{7}\left(\frac{X_i}{1/2}\right)^2 \sim \chi^2(7),$$

即 $4\sum_{i=1}^{7} X_i^2 \sim \chi^2(7)$,从而 $a = 4$.

【例 2】 设 X_1, X_2, X_3, X_4 是来自正态总体 $X \sim N(0, 2^2)$ 的简单随机样本. 当a, b取何值时,统计量$Y = a(X_1 - 2X_2)^2 + b(3X_3 - 4X_4)^2$ 服从χ^2 分布,并且其自由度为多少.

解 由χ^2 分布定义知

$$\sqrt{a}(X_1 - 2X_2) \sim N(0, 1), \quad \sqrt{b}(3X_3 - 4X_4) \sim N(0, 1),$$

于是

$$D[\sqrt{a}(X_1 - 2X_2)] = (a + 4a)D(X) = 5a \times 2^2 = 1, \qquad 即 a = \frac{1}{20},$$

$$D[\sqrt{b}(3X_3 - 4X_4)] = (9b + 16b)D(X) = 25b \times 2^2 = 1, \quad 即 b = \frac{1}{100}.$$

又因 Y 是两个相互独立的标准正态分布的平方和,所以自由度为 2.

【例 3】 设总体 $X \sim N(\mu, \sigma^2)$,$\frac{y}{\sigma^2} \sim \chi^2(n)$,且 X, Y 相互独立,证明:$T = \frac{X-\mu}{\sqrt{Y/n}} \sim t(n)$.

证 因为 $\frac{X-\mu}{\sigma} \sim N(0, 1)$,由 t 分布定义知

$$\frac{\frac{X-\mu}{\sigma}}{\sqrt{\frac{y}{\sigma^2}\Big/ n}} \sim t(n),$$

即 $$\frac{X-\mu}{\sqrt{Y/n}} \sim t(n).$$

习题 6-2

1. 对总体 X 测得以下 8 个观察值：3.6，3.8，4.0，3.4，3.5，3.3，3.4，3.2，试分别计算样本均值 $\overline{x}$ 及样本方差 s^2.

2. 在正态总体 $N(80, 20^2)$ 中随机抽取容量为 100 的样本，试计算 $P\{|\overline{X}-80|>3\}$ 的值.

3. 设 $X_1, X_2, \cdots, X_{10}$ 为 $N(0, 0.3^2)$ 的一个样本，求 $P\left\{\sum_{i=1}^{10} X_i^2 > 1.44\right\}$.

4. 求总体 $X \sim N(20, 3)$ 的容量分别为 10，15 的两个相互独立的样本均值差的绝对值大于 0.3 的概率.

5. 从正态总体 $N(3.4, 36)$ 中抽取容量为 n 的样本，如果要求其样本均值位于区间 $(1.4, 5.4)$ 内的概率不小于 0.95，问样本容量 n 至少应取多少？

6. 设 $t \sim t(10)$，求常数 c，使得 $P\{t > c\} = 0.95$.

7. 查表求值：

(1) $t_{0.01}(5)$，$t_{0.95}(6)$

(2) $F_{0.1}(10, 9)$，$F_{0.05}(10, 9)$，$F_{0.9}(28, 2)$，$F_{0.999}(10, 10)$

(3) $\chi^2_{0.99}(12)$，$\chi^2_{0.01}(12)$

8. 设 $t \sim t(n)$，求证：$t^2 \sim F(1, n)$.

9. 设 $X_1, X_2, \cdots, X_n$ 为来自泊松分布 $\pi(\lambda)$ 的一个样本，$\overline{X}$，S^2 分别为样本均值和样本方差，求 $E(\overline{X})$，$D(\overline{X})$，$E(S^2)$.

10. 设总体 $X \sim N(\mu, \sigma^2)$，$X_1, X_2, \cdots, X_n$ 为其样本，$\overline{X}$ 和 S^2 为样本的均值和样本方差，又设 $X_{n+1} \sim N(\mu, \sigma^2)$，且与 $X_1, X_2, \cdots, X_n$ 相互独立，试求统计量 $\dfrac{X_{n+1}-\overline{X}}{S}\sqrt{\dfrac{n}{n+1}}$ 的抽样分布.

11. 设总体 $X \sim N(0, \sigma^2)$，X_1，X_2 为其样本

(1) 证明 $(X_1+X_2)^2$ 与 $(X_1-X_2)^2$ 相互独立；

(2) 求随机变量 $Y=\dfrac{(X_1+X_2)^2}{(X_1-X_2)^2}$ 的抽样分布.

12. 设 $\chi^2 \sim \chi^2(n)$，费歇尔曾证明：当 $n>45$ 时，随机变量 $\sqrt{2\chi^2}$ 近似服从 $N(\sqrt{2n-1}, 1)$，试根据这个近似，证明近似公式 $\chi^2_\alpha \approx \dfrac{1}{2}(z_\alpha + \sqrt{2n-1})^2 \ (n>45)$ 其中 z_α 是标准正态分布的上 α 分位点，χ^2_α 是自由度为 n 的 χ^2 分布的上 α 分位点.

附录　直方图

直方图是根据样本观察值 $x_1, x_2, \cdots, x_n$ 近似地求出总体 X 的分布函数的一种图解法.

具体步骤：

(1) 把样本值 $x_1, x_2, \cdots, x_n$ 进行分组，找出 $X_1^* = \min\{x_1, x_2, \cdots, x_n\}$，$X_n^* = \max\{x_1, x_2, \cdots, x_n\}$，计算极差 $R = X_n^* - X_1^*$，确定分组数 m 和组距 d.（确

定分组数 m 没有固定的原则，通常当 $n \geqslant 50$ 时，分成 10 组以上，但不宜过多；当 $n < 50$ 时，一般分成 5 组左右）. 假设我们确定把样本值分成 m 组，则利用极差 R 可确定组距 d，通常取 d 为介于 $\frac{R}{m-1}$ 和 $\frac{R}{m}$ 之间的一个比较整齐的数，即 d 应满足条件：

$$\frac{R}{m} < d \leqslant \frac{R}{m-1}$$

（2）确定分点 $a_0, a_1, a_2, \cdots, a_m$，先取 a_0 为满足 $X_1^* < a_0 < X_1^* + d$ 之间的数，然后按公式 $a_i = a_{i-1} + d\ (i = 1, 2, \cdots, m)$ 确定 $a_1, a_2, \cdots, a_m$，这样得到的 a_m，满足 $a_m > X_n^*$，这是因为

$$\begin{aligned} a_m &= a_0 + md > a_0 + m\frac{R}{m} = a_0 + R \\ &= a_0 + X_n^* - X_1^* = X_n^* + (a_0 - X_1^*) > X_n^* \end{aligned}$$

由此，区间 (a_0, a_m) 包含了所有样本值 $(x_1, x_2, \cdots, x_m)$.

（3）计算出 $x_1, x_2, \cdots, x_n$ 落在 $(a_{i-1}, a_i]$ 的频数 n_i 和小矩形的高 $h = \frac{n_i}{d \cdot n}$ $(i = 1, 2, \cdots, m)$，列出频数和矩形高的分布表.

（4）画出频率直方图.

作平面直角坐标系 xOy，横坐标表示样本值，纵坐标表示矩形的高. 在坐标系中作出 m 个底边为区间 $(a_{i-1}, a_i]$，高为 h_i 的矩形，这就是直方图（如图 6-5）.

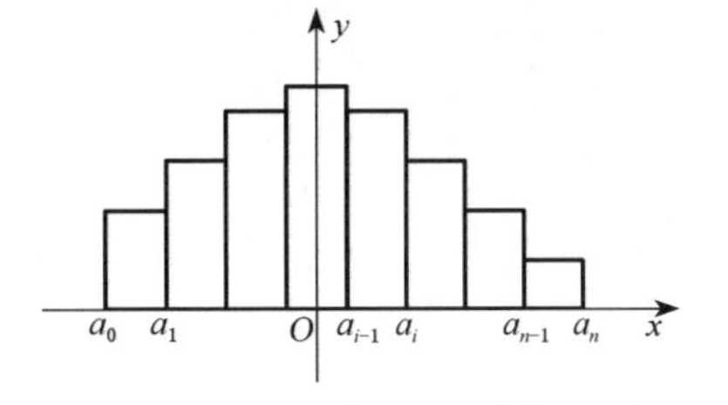

图 6-5

例　某食品厂为加强质量管理，对某天生产的罐头抽查了 100 个数据（如下表），试画出直方图，并推断是否近似服从正态分布.

342	340	348	346	343	342	346	341	344	348
346	346	340	344	342	344	345	340	344	344
343	344	342	343	345	339	350	337	345	349
336	348	344	345	332	342	342	340	350	343
347	340	344	353	340	340	356	346	345	346
340	339	342	352	342	350	348	344	350	335
340	338	345	345	349	336	342	338	343	343
341	347	341	347	344	339	347	348	343	347
346	344	345	350	341	338	343	339	343	346
342	339	343	356	341	346	341	345	344	342

解 (1) 计算数差 $\max x_i = 356 \quad \min x_i = 332$

所以 $R = 356 - 332 = 24$

取 $m = 13$,则 d 应满足 $\dfrac{24}{13} < d \leqslant \dfrac{24}{12} = 2$

为了 d 数字整齐,可取 $d=2$

(2) 确定分点取 $a_0 = 331.5$,则 $a_1 = 331.5 + 2 = 333.5$,

类似可得 $a_2 = 335.5$, $a_3 = 337.5$, $a_4 = 339.5$, $a_5 = 341.5$

$a_6 = 343.5$, $a_7 = 345.5$, $a_8 = 347.5$, $a_9 = 349.5$, $a_{10} = 351.5$, $a_{11} = 353.3$

$a_{12} = 355.5$, $a_{13} = 357.5$

(3) 列出频数 n_i 及矩形高 h_i 的分布表

分组	频数 n_i	$h_i = \dfrac{n_i}{d \times n} = \dfrac{n_i}{200}$
(331.5, 333.5]	1	0.005
(333.5, 335.5]	1	0.005
(335.5, 337.5]	3	0.015
(337.5, 339.5]	8	0.040
(339.5, 341.5]	15	0.075
(341.5, 343.5]	21	0.105
(343.5, 345.5]	21	0.105
(345.5, 347.5]	14	0.070
(347.5, 349.5]	7	0.035
(349.5, 351.5]	6	0.030
(351.5, 353.5]	2	0.010
(353.5, 355.5]	0	0
(355.5, 357.5]	1	0.005

(4) 作直方图(图 6-6)

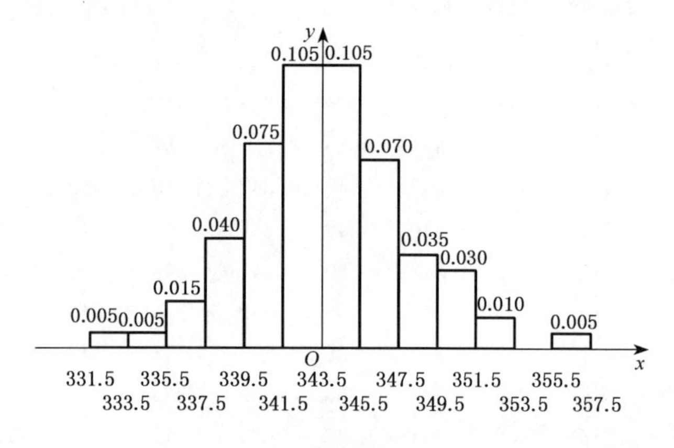

图 6-6

第七章　参数估计

统计推断是一个从样本值推断未知总体的过程.依据推断形式不同,统计推断可分为两大类:参数估计问题和假设检验问题.本章内容包括参数估计的意义和种类,点估计的求法,评价估计量优良性的标准和参数的区间估计.

第一节　参数估计的意义和种类

一、参数估计问题

【例1】 设有一批电子元件,每个电子元件的使用寿命 X 是随机变量,为了了解元件的平均使用寿命和 X 的波动情况,我们把 X 的期望和方差分别记为 μ 和 σ^2,设样本为 $X_1, X_2, \cdots, X_n$,现在的问题是如何依据样本来估计期望 μ 和方差 σ^2.

【例2】 为了对某地区的水稻产量进行估产,选择了 n 块稻田进行实地调查,测量出各块稻田的亩产量为 $X_1, X_2, \cdots, X_n$,现在的问题是如何依据这些亩产量的资料来推测该地区的水稻产量.

【例3】 在一定时间间隔内某电话交换台接到的呼叫次数 X 是一个随机变量,根据有关理论和经验证明,X 服从泊松分布,要了解该交换台在一定时间间隔内接到 k 次呼叫的概率就要估计参数 λ 的值.设样本为 $X_1, X_2, \cdots, X_n$,现在的问题是如何依据样本来估计参数 λ.

上述问题中,如何依据样本来估计分布中的未知参数或未知参数的函数,这在统计学中称为参数估计问题.

二、未知参数的估计量和估计值

设总体 X 的分布函数 $F(x;\theta)$ 的形式为已知,θ 是待估参数.$X_1, X_2, \cdots, X_n$ 为 X 的一个样本,$x_1, x_2, \cdots, x_n$ 是相应的一个样本值.如果根据直观上或理论上看来是合理的优良性准则(将在第三节中专门进行叙述),去构造出统计量 $g(X_1, X_2, \cdots, X_n)$,然后用统计量的观察值 $g(x_1, x_2, \cdots, x_n)$ 来估计参数 θ,我

们把统计量 $g(X_1, X_2, \cdots, X_n)$ 称为未知参数 θ 的**估计量**，记为 $\hat{\theta}$，即

$$\hat{\theta} = g(X_1, X_2, \cdots, X_n) \tag{7.1.1}$$

同时，我们把统计量的观察值 $g(x_1, x_2, \cdots, x_n)$ 称为未知参数 θ 的估计值.

估计量和估计值统称为估计. 这里应当注意，估计量是随机变量，估计值才是一个具体的数值.

三、参数估计的种类

参数估计问题，按推断结论的表达方式不同分成两种.

1. 点估计

设 θ 是总体分布函数中的未知参数，它的估计量为 $\hat{\theta} = g(X_1, X_2, \cdots, X_n)$. 样本值为 $x_1, x_2, \cdots, x_n$. 如果分别用估计值 $g(x_1, x_2, \cdots, x_n)$ 和 $\phi[g(x_1, x_2, \cdots, x_n)]$ 来估计参数 θ 和参数 θ 的函数 $\varphi(\theta)$，这种参数估计的方法称为点估计.

2. 区间估计

针对未知参数 θ，构造两个统计量 $\underline{\theta}(X_1, X_2, \cdots, X_n)$ 和 $\overline{\theta}(X_1, X_2, \cdots, X_n)$，使不等式 $\underline{\theta} < \theta < \overline{\theta}$ 以一定的概率成立，也就是使得随机区间 $(\underline{\theta}, \overline{\theta})$ 以给定的概率包含参数 θ，当把样本值 $x_1, x_2, \cdots, x_n$ 分别代入 $\underline{\theta}, \overline{\theta}$ 后，即得到了确定的区间，用这个区间去估计参数的取值范围. 这种估计参数 θ 的方法称为区间估计.

第二节　点估计的求法

这里介绍两种常用的方法，矩估计和极大似然估计法.

一、矩估计法

这是 K・皮尔逊(K・Pearson)在 1894 年提出来的估计方法.

设总体的分布函数 $F(x, \theta_1, \theta_2, \cdots, \theta_k)$ 的形式为已知，$\theta_1, \theta_2, \cdots, \theta_k$ 为未知参数，我们把样本的 r 阶矩 A_r 作为总体 r 阶矩 α_r 的估计量，把样本矩的函数 $\phi(A_1, A_2, \cdots, A_r)$ 作为总体矩的同一函数 $\varphi(\alpha_1, \alpha_2, \cdots, \alpha_r)$ 的估计量，即

$$\hat{\alpha}_r = A_r$$
$$\hat{\varphi}(\alpha_1, \alpha_2, \cdots, \alpha_r) = \varphi(A_1, A_2, \cdots, A_r),$$

这种构造估计量的方法称为**矩估计法**.

具体地说，设总体 X 的分布形式已知，但含有 k 个未知数，那么根据概率论知识，总体的 r 阶矩 α_r 是这 k 个未知参数 θ_1、θ_2、…、θ_k 的函数：

$$\begin{cases}\alpha_1 = h_1(\theta_1, \theta_2, \cdots, \theta_k),\\ \alpha_2 = h_2(\theta_1, \theta_2, \cdots, \theta_k),\\ \qquad\vdots\\ \alpha_k = h_k(\theta_1, \theta_2, \cdots, \theta_k).\end{cases} \tag{7.2.1}$$

从关系式(7.2.1)中，如果能解出：

$$\begin{cases}\theta_1 = f_1(\alpha_1, \alpha_2, \cdots, \alpha_k),\\ \theta_2 = f_2(\alpha_1, \alpha_2, \cdots, \alpha_k),\\ \qquad\vdots\\ \theta_k = f_k(\alpha_1, \alpha_2, \cdots, \alpha_k).\end{cases}$$

那么根据矩估计法，$\theta_1, \theta_2, \cdots, \theta_k$ 的矩估计量为

$$\hat{\theta}_i = f_i(A_1, A_2, \cdots, A_k) = g_i(X_1, X_2, \cdots, X_n) \quad (i = 1,2,\cdots,k).$$

【例 1】 设总体 X 的概率密度

$$f(x;\theta) = \begin{cases}\dfrac{1}{\theta}, & 0 \leqslant x \leqslant \theta,\\ 0, & \text{其它}.\end{cases} \quad (\theta > 0)$$

试求未知参数 θ 的矩估计量.

解　$\alpha_1 = E(X) = \int_0^\theta x\dfrac{1}{\theta}\mathrm{d}x = \dfrac{\theta}{2}$，即 $\theta = 2\alpha_1$，故 θ 的矩估计量为 $\hat{\theta} = 2\hat{\alpha}_1 = 2A_1 = 2\overline{X}$.

【例 2】 求总体均值 μ 和总体方差 σ^2 的矩估计量.

解　因为 $\alpha_1 = E(X) = \mu$，所以 μ 的估计量 $\hat{\mu} = \hat{\alpha}_1 = A_1 = \overline{X}$.

又因为 $\sigma^2 = E(X^2) - [E(X)]^2 = \alpha_2 - \alpha_1^2$，所以 σ^2 的矩估计量 $\hat{\sigma}^2 = A_2 - \overline{X}^2$.

因为 $A_2 - \overline{X}^2 = \dfrac{1}{n}\sum_{i=1}^n X_i^2 - \overline{X}^2 = \dfrac{1}{n}\left[\sum_{i=1}^n X_i^2 - n\overline{X}^2\right] = \dfrac{1}{n}\sum_{i=1}^n (X_i - \overline{X})^2 = B_2$（$B_2$ 是样本的二阶中心矩），所以 $\hat{\sigma}^2$ 又可表示为 $\hat{\sigma}^2 = B_2$.

从本题的结论可以看到，总体均值与方差的矩估计量的表达式与总体的分布无关，总体的二阶中心矩的矩估计量就是样本的二阶中心矩，并且可以证明：总体的 r 阶中心矩 β_r 的矩估计量就是样本的 r 阶中心矩 B_r，即

$$\hat{\beta}_r = B_r = \frac{1}{n}\sum_{i=1}^n (X_i - \overline{X})^r.$$

【例 3】 设总体 $X \sim B(n,\ p)$,求 p 的矩估计量.

解 因为 $\alpha_1 = E(X) = np$,所以 $\hat{p} = \dfrac{\hat{\alpha}_1}{n} = \dfrac{A_1}{n} = \dfrac{\overline{X}}{n}$.

【例 4】 设总体 X 在区间$[a,\ b]$上服从均匀分布,已知样本均值 $\bar{x}=1.15$,样本方差 $s^2=0.04$,样本容量 $n=10$,求 a 和 b 的矩估计值.

解 由概率论知,均匀分布总体均值 α_1 和方差 σ^2 为 $\alpha_1 = \dfrac{a+b}{2}$, $\sigma^2 = \dfrac{1}{12}(b-a)^2$,从中解出

$$a = \alpha_1 - \sqrt{3\sigma^2},\ b = \alpha_1 + \sqrt{3\sigma^2},$$

所以
$$\hat{a} = \hat{\alpha}_1 - \sqrt{3\hat{\sigma}^2} = \overline{X} - \sqrt{3B_2} = \overline{X} - \sqrt{\frac{3(n-1)}{n}S^2},$$

$$\hat{b} = \hat{\alpha}_1 + \sqrt{\frac{3(n-1)}{n}S^2}.$$

故
$$\hat{a} = \bar{x} - \sqrt{\frac{3(n-1)}{n}s^2} = 1.15 - \sqrt{\frac{3\times 9}{10}\times 0.04} \approx 0.82,$$

$$\hat{b} = \bar{x} + \sqrt{\frac{3(n-1)}{n}s^2} = 1.15 + \sqrt{\frac{3\times 9}{10}\times 0.04} \approx 1.48.$$

矩估计量的优点在于,当样本容量 n 充分大时,用矩估计量在估计参数时,能以很大的概率保证可达到任意精确的程度,且在求总体的 r 阶矩的矩估计量时,可以不必知道总体的分布.因此,矩估计量适用面广,便于使用.缺点是矩估计量没有充分体现总体的分布特征,从而难以保证它所具有其它的良好性质;此外,在用矩估计法估计总体三阶和三阶以上矩时,一般说来偏差较大,实际中较少使用.

二、极大的似然估计法

极大似然估计法是英国统计学家费歇(R·A·Fisher)在 1922 年提出的.它是一种重要且普遍采用的点估计方法.其基本思想是:在已经得到实验结果的情况下,应该寻找使得这个结果出现的可能性最大的那个 θ 值作为参数 θ 的估计 $\hat{\theta}$.

现举一个通俗的例子:某位游客与一位猎人一起外出打猎,一只野兔从前方窜过.只听一声枪响,野兔应声倒下,如果要你推测,是谁打中的呢?你就会想,只发一枪便打中,猎人命中的概率一般大于这位游客命中的概率,看来这一枪是猎人打中的.这个例子所作的推断已经体现了极大似然估计法的思想,接下来引入极大似然估计法.

若总体 X 属离散型,其分布律 $P\{X=x\} = p(x;\ \theta)$, $\theta \in \Theta$ 的形式为已知,θ

为待估参数，Θ 是 θ 可能取值的范围. 设 $X_1, X_2, \cdots, X_n$ 是来自总体 X 的样本，则 $X_1, X_2, \cdots, X_n$ 的联合分布律为

$$\prod_{i=1}^{n} p(x_i;\ \theta).$$

又设 $x_1, x_2, \cdots, x_n$ 是相应于样本 $X_1, X_2, \cdots, X_n$ 的一个样本值，易知样本 $X_1, X_2, \cdots, X_n$ 取到观察值 $x_1, x_2, \cdots, x_n$ 的概率，亦即事件 $\{X_1=x_1, X_2=x_2, \cdots, X_n=x_n\}$ 发生的概率为

$$L(\theta)=L(x_1, x_2, \cdots, x_n;\ \theta)=\prod_{i=1}^{n} p(x_i;\ \theta),\ \theta \in \Theta. \tag{7.2.2}$$

这一概率随 θ 的取值而变化，它是 θ 的函数，式(7.2.2)中的 $L(\theta)$ 称为样本的**似然函数**(注意，这里 $x_1, x_2, \cdots, x_n$ 是已知的样本值，它们都是常数).

若总体 X 属连续型，其概率密度 $f(x;\ \theta)$，$\theta \in \Theta$ 的形式为已知，θ 为待估参数，Θ 是 θ 可能取值的范围. 设 $X_1, X_2, \cdots, X_n$ 是来自总体 X 的样本，则 $X_1, X_2, \cdots, X_n$ 的联合概率密度为

$$\prod_{i=1}^{n} f(x_i;\ \theta).$$

设 $x_1, x_2, \cdots, x_n$ 是相应于样本 $X_1, X_2, \cdots, X_n$ 的一个样本值，则随机点$(X_1, X_2, \cdots, X_n)$落在点$(x_1, x_2, \cdots, x_n)$的邻域(边长分别为 $\mathrm{d}x_1, \mathrm{d}x_2, \cdots, \mathrm{d}x_n$ 的 n 维立方体)内的概率近似地为

$$\prod_{i=1}^{n} f(x_i;\ \theta)\mathrm{d}x_i. \tag{7.2.3}$$

其值随 θ 的取值而变化，与离散型的情况一样，我们取 θ 的估计值 $\hat{\theta}$ 使概率式(7.2.3)取到最大值，但因子 $\prod_{i=1}^{n} \mathrm{d}x_i$ 不随 θ 而变，故只需考虑函数

$$L(\theta)=L(x_1, x_2, \cdots, x_n;\ \theta)=\prod_{i=1}^{n} f(x_i;\ \theta) \tag{7.2.4}$$

的最大值. 式(7.2.4)中的 $L(\theta)$ 称为样本的似然函数(注意，这里 $x_1, x_2, \cdots, x_n$ 是已知的样本值，它们都是常数).

关于极大似然估计法，我们有以下的直观想法：现在已经取到样本值 $x_1, x_2, \cdots, x_n$ 了，这表明取到这一样本值的概率 $L(\theta)$ 比较大，我们当然不会考虑那些不能使样本 $x_1, x_2, \cdots, x_n$ 出现的 $\theta \in \Theta$ 作为 θ 的估计，再者，如果已知当 $\theta=\theta_0 \in \Theta$ 时使 $L(\theta)$ 取很大值，而 Θ 中的其它 θ 的值使 $L(\theta)$ 取很小值. 我们自然认为取 θ_0 作

为未知参数 θ 的估计值较为合理.

定义 设似然函数为 $L(x_1, x_2, \cdots, x_n; \theta)$,它在 $\theta=\hat{\theta}(x_1, x_2, \cdots, x_n)$ 达到最大值,即

$$L(x_1, x_2, \cdots, x_n; \hat{\theta}) = \max_{\theta\in\Theta} L(x_1, x_2, \cdots, x_n; \theta),$$

则称 $\theta = \hat{\theta}(x_1, x_2, \cdots, x_n)$ 为参数 θ 的**极大似然估计值**,而相应的统计量 $\theta = \hat{\theta}(X_1, X_2, \cdots, X_n)$ 为 θ 的**极大似然估计量**.

那么怎样来求似然函数 L 的最大值点呢?注意到 L 和 $\ln L$ 同时达到最大值,而在计算上求 $\ln L$ 的最大值点比较方便,大多数情形下,$p(x; \theta)$ 和 $f(x; \theta)$ 关于 θ 可微.根据微积分知识,在最大值点处 $\ln L$ 的导数等于 0,即极大似然估计值 $\hat{\theta}$ 就是方程

$$\frac{\mathrm{d}\ln L}{\mathrm{d}\theta} = 0 \tag{7.2.5}$$

的解.我们称方程(7.2.5)为**对数似然方程**.

【例 1】 设总体 X 服从泊松分布 $\pi(\lambda)$,试求 λ 的极大似然估计量.

解 设 $X_1, X_2, \cdots, X_n$ 为 X 的一个样本,$x_1, x_2, \cdots, x_n$ 为样本值,则

$$P\{X_i = x_i\} = \frac{\lambda^{x_i}}{x_i!}\mathrm{e}^{-\lambda} \quad (i = 1, 2, \cdots, n),$$

似然函数为

$$L(\lambda) = \prod_{i=1}^{n} \frac{\lambda^{x_i}}{x_i!}\mathrm{e}^{-\lambda} = \frac{\lambda^{\sum_{i=1}^{n} x_i}}{x_1!x_2!\cdots x_n!}\mathrm{e}^{-n\lambda} \quad (\lambda > 0),$$

则
$$\ln L(\lambda) = \left(\sum_{i=1}^{n} x_i\right)\ln\lambda - \ln(x_1!x_2!\cdots x_n!) - n\lambda.$$

似然方程为
$$\frac{\mathrm{d}\ln L(\lambda)}{\mathrm{d}\lambda} = \left(\sum_{i=1}^{n} x_i\right)\cdot\frac{1}{\lambda} - n = 0,$$

解得 $\hat{\lambda} = \bar{x} = \frac{1}{n}\sum_{i=1}^{n} x_i$,此即为 λ 的极大似然估计值. $\hat{\lambda} = \overline{X} = \frac{1}{n}\sum_{i=1}^{n} X_i$ 为 λ 的极大似然估计量.

极大似然估计法也适用于分布中含多个未知参数 $\theta_1, \theta_2 \cdots, \theta_k$ 的情况.这时,似然函数 L 是这些未知参数的函数,分别令

$$\frac{\partial \ln L}{\partial \theta_i} = 0, \ i = 1, 2, \cdots, k,$$

上述由 k 个方程组成的方程组称为**对数似然方程组**.

【例 2】 设总体 $X \sim N(\mu, \sigma^2)$，$X_1, X_2, \cdots, X_n$ 为其一个样本，求未知参数 μ 和 σ^2 的极大似然估计.

解 X 的概率密度为 $f(x; \mu, \sigma^2) = \frac{1}{\sqrt{2\pi}\sigma}\exp\left[-\frac{1}{2\sigma^2}(x-\mu)^2\right]$，

似然函数为
$$L(\mu, \sigma^2) = \prod_{i=1}^{n}\frac{1}{\sqrt{2\pi}\sigma}\exp\left[-\frac{1}{2\sigma^2}(x_i-\mu)^2\right]$$
$$= \left(\frac{1}{2\pi\sigma^2}\right)^{\frac{n}{2}}\exp\left[-\frac{1}{2\sigma^2}\sum_{i=1}^{n}(x_i-\mu)^2\right]$$

而 $\ln L = -\frac{n}{2}\ln(2\pi) - \frac{n}{2}\ln\sigma^2 - \frac{1}{2\sigma^2}\sum_{i=1}^{n}(x_i-\mu)^2$. 于是，似然方程是

$$\begin{cases}\dfrac{\partial \ln L}{\partial \mu} = \dfrac{1}{\sigma^2}\sum\limits_{i=1}^{n}(x_i-\mu) = 0 \\ \dfrac{\partial \ln L}{\partial \sigma^2} = \dfrac{1}{2\sigma^4}\sum\limits_{i=1}^{n}(x_i-\mu)^2 - \dfrac{n}{2\sigma^2} = 0\end{cases},$$

由前一式解得 $\hat{\mu} = \frac{1}{n}\sum_{i=1}^{n}x_i = \bar{x}$，代入后一式得 $\hat{\sigma}^2 = \frac{1}{n}\sum_{i=1}^{n}(x_i-\bar{x})^2$. 因此得 μ, σ^2 的极大似然估计量为

$$\hat{\mu} = \frac{1}{n}\sum_{i=1}^{n}X_i = \overline{X}, \quad \hat{\sigma}^2 = \frac{1}{n}\sum_{i=1}^{n}(X_i-\overline{X})^2.$$

不难证明，极大似然估计具有性质：如果 $\hat{\theta}$ 是 θ 的极大似然估计量，当 θ 的函数 $h=h(\theta)$ 具有单值的反函数时，$h(\hat{\theta})$ 也是 $h(\theta)$ 的极大似然估计量，即 $\hat{h}=h(\hat{\theta})$，这种性质叫做极大似然估计的不变性. 上例中，在 μ, σ^2 都为未知时的正态总体中，σ^2 的极大似然估计量为 $\hat{\sigma}^2 = \frac{1}{n}\sum_{i=1}^{n}(X_i-\overline{X})^2$，$\sigma = \sqrt{\sigma^2}$ 有单值反函数. 根据极大似然估计的性质，标准差 σ 的极大似然估计量为 $\hat{\sigma} = \sqrt{\frac{1}{n}\sum_{i=1}^{n}(X_i-\overline{X})^2}$.

【例 3】 设总体 X 服从指数分布

$$f(x; \lambda) = \begin{cases}\lambda e^{-\lambda x}, & x > 0, \\ 0, & x \leqslant 0\end{cases}$$

求参数 λ 的极大似然估计量.

解 因为 $L(\lambda) = \prod_{i=1}^{n}f(x_i; \lambda) = \prod_{i=1}^{n}\lambda e^{-\lambda x_i} = \lambda^n e^{-\lambda\sum_{i=1}^{n}x_i} \quad (\lambda > 0)$，

所以 $\ln L(\lambda) = n\ln\lambda - \lambda\sum_{i=1}^{n}x_i$. 令 $\frac{d\ln L(\lambda)}{d\lambda} = \frac{n}{\lambda} - \sum_{i=1}^{n}x_i = 0$，得参数 λ 的

极大似然估计量为 $\hat{\lambda}=\dfrac{n}{\sum\limits_{i=1}^{n}X_i}=\dfrac{1}{\overline{X}}$.

【例 4】 设总体 X 服从 $[0,\theta]$ 上的均匀分布,其密度函数 $f(x;\theta)=\begin{cases}\dfrac{1}{\theta}, & 0\leqslant x\leqslant\theta\\ 0, & \text{其它}\end{cases}$,求参数 θ 的极大似然估计量.

解 设 $X_1, X_2, \cdots, X_n$ 是取自总体 X 的一个样本,则其似然函数为

$$L(x_1, x_2, \cdots, x_n; \theta)=\begin{cases}\dfrac{1}{\theta^n}, & 0\leqslant x_i\leqslant\theta,\ i=1, 2, \cdots, n,\\ 0, & \text{其它},\end{cases}$$

这题我们没有办法通过求偏导数来求得极大似然估计量. 但是,因为每一个 x_i 都必须小于或等于 θ,故知 θ 的取值范围是从 $\max\limits_{1\leqslant i\leqslant n}\{x_i\}$ 到正无穷大;另外,由于 $\dfrac{1}{\theta^n}$ 随着 θ 的增大而单调减少. 因此,当 θ 取它的左端点 $\max\limits_{1\leqslant i\leqslant n}\{x_i\}$ 时,似然函数达到最大. 所以参数 θ 的极大似然估计量为

$$\hat{\theta}=\max\{X_1, X_2, \cdots, X_n\}$$

相对矩估计法而言,极大似然估计法的估计效果比较好,但极大似然估计需要知道总体的分布且计算也比较复杂.

习题 7-2

1. 设总体 X 服从参数为 λ 的指数分布,其中 λ 未知, X_1, X_2, X_3, X_4, X_5 为来自总体 X 的一个样本,该样本的观察值为 1.8, 2.3, 2.1, 1.6, 2.2,求 λ 的矩估计值.

2. 设总体 X 服从二点分布, $X_1, X_2, \cdots, X_n$ 为其样本,试求成功的概率 p 的矩估计量.

3. 对容量为 n 的样本,求密度函数

$$f(x;\theta)=\begin{cases}e^{-(x-\theta)}, & x\geqslant\theta,\\ 0, & \text{其它}\end{cases}$$

中参数 θ 的矩估计量.

4. 在密度函数 $f(x)=\begin{cases}(\alpha+1)x^{\alpha}, & 0<x<1\\ 0, & \text{其它}\end{cases}$ 中,参数 α 的极大似然估计量是什么? 矩估计量是什么?

5. 设总体 X 的概率密度函数为 $f(x,\sigma)=\dfrac{1}{2\sigma}e^{-\frac{|x|}{\sigma}}$, $-\infty<x<+\infty$, 试求 σ 的极大似然估计.

6. 设 $X_1, X_2, \cdots, X_n$ 是来自正态总体 $N(\mu, \sigma^2)$ 的样本,其中 μ, σ^2 均未知,求概率 $P\{X\leqslant$

$t\}$的极大似然估计是量.

第三节 评价估计量优良性的标准

上一节中,我们介绍了总体参数的两个常见的点估计法:矩估计和极大似然估计.对于同一参数,用不同方法来估计可能得到不同的估计量,究竟采用哪一个更好呢?这就涉及到用什么标准来评价估计量的问题.评价一个估计量的好坏,不能仅仅依据一次使用的结果,而必须综合多次重复使用的结果来衡量.这是因为估计量是随机变量.对不同的样本值,就会得出不同的估计值.因此一个好的估计量,应在多次重复使用中体现出优良性.

下面我们介绍三个常用的评价估计量优良性的标准.

一、无偏性

用一台包装机包装标准重量为每包 500 克的奶粉,对于某一包奶粉而言,实际重量可能比 500 克重,也可能比 500 克轻.但如果这台包装机是准确的,不存在系统误差,每包奶粉与标准重量 500 克的偏差纯粹由随机误差引起的.那么所有由这台包装机包装的奶粉的平均重量将正好为 500 克.

这个简单的例子包含了无偏性的基本原理.设想我们用估计量 $\hat{\theta}$ 来估计 θ,对于一次使用来讲,得到的估计值有可能比 θ 大,也可能比 θ 小,但如果我们反复的抽样,从而得到 θ 的一系列估计值 $\hat{\theta}_1$, $\hat{\theta}_2$, ….从直观上讲,我们希望这些估计值的平均值 $\frac{1}{m}\sum_{i=1}^{m}\hat{\theta}_i$ 在 $m\to\infty$ 时能收敛于θ.由大数定律可知,这个平均值在 $m\to\infty$ 时依概率收敛于 $E(\hat{\theta})$.

由此,我们得到无偏性的定义.

定义 1 设 $\hat{\theta}$ 是未知数 θ 的估计量,若成立 $E(\hat{\theta})=\theta$,则称 $\hat{\theta}$ 是 θ 的**无偏估计量**.否则称 $\hat{\theta}$ 为 θ 的有偏估计量.

在科学技术中 $E(\hat{\theta})-\theta$ 称为以 $\hat{\theta}$ 作为 θ 的估计的系统偏差,无偏估计的实际意义就是无系统偏差.

定理 1 样本均值 $\overline{X}$ 和样本方差 S^2 分别是总体均值 μ 和总体方差 σ^2 的无偏估计量.

证 因为
$$E(\overline{X})=E\left(\frac{1}{n}\sum_{i=1}^{n}X_i\right)=\frac{1}{n}\sum_{i=1}^{n}E(X_i)=\frac{1}{n}\cdot n\mu=\mu,$$
所以 $\overline{X}$ 是 μ 的无偏估计量.

又因为 $D(\overline{X})=D\left(\frac{1}{n}\sum_{i=1}^{n}X_i\right)=\frac{1}{n^2}\sum_{i=1}^{n}D(X_i)=\frac{1}{n^2}\cdot n\sigma^2=\frac{1}{n}\sigma^2$，

而 $$E(S^2)=E\left[\frac{1}{n-1}\sum_{i=1}^{n}(X_i-\overline{X})^2\right]=\frac{1}{n-1}E\left[\sum_{i=1}^{n}(X_i^2-n\overline{X}^2)\right]$$
$$=\frac{1}{n-1}\left[\sum_{i=1}^{n}E(X_i^2)-nE(\overline{X}^2)\right]$$
$$=\frac{1}{n-1}\left\{\sum_{i=1}^{n}[D(X_i)+(E(X_i))^2]-n[D(\overline{X})+(E(\overline{X}))^2]\right\}$$
$$=\frac{1}{n-1}\cdot\left[n(\sigma^2+\mu^2)-n\left(\frac{\sigma^2}{n}+\mu^2\right)\right]$$
$$=\frac{1}{n-1}\cdot(n-1)\sigma^2=\sigma^2,$$

所以 S^2 是 σ^2 的无偏估计量.

正因为如此，当样本容量 n 不太大时($n<20$)，常用样本方差 S^2 来估计总体方差 σ^2，因为样本的二阶中心矩不是 σ^2 的无偏估计量，所以当容量 n 不太大时，不用样本的二阶中心矩 B_2 来估计总体方差 σ^2.

【例 1】 设正态总体 $X\sim N(\mu,\sigma^2)$，验证

(1) 当 μ 为已知时，极大似然估计 $\hat{\sigma}^2=\frac{1}{n}\sum_{i=1}^{n}(X_i-\mu)^2$ 是 σ^2 的无偏估计量；

(2) aS^2+b 是 $a\sigma^2+b$ 的无偏估计量(a, b 为常数)；

(3) 样本标准差 S 不是总体标准差 σ 的无偏估计量.

证 (1) $$E(\hat{\sigma}^2)=E\left[\frac{1}{n}\sum_{i=1}^{n}(X_i-\mu)^2\right]=\frac{1}{n}E\left[\sum_{i=1}^{n}(X_i^2-2\mu X_i+\mu^2)\right]$$
$$=\frac{1}{n}\sum_{i=1}^{n}[E(X_i^2)-2\mu E(X_i)+\mu^2]=\frac{1}{n}\sum_{i=1}^{n}[E(X^2)-\mu^2]$$
$$=\frac{1}{n}\sum_{i=1}^{n}\sigma^2=\sigma^2,$$

所以 $\hat{\sigma}^2=\frac{1}{n}\sum_{i=1}^{n}(X_i-\mu)^2$ 是 σ^2 的无偏估计量.

(2) 根据定理 1, $E(S^2)=\sigma^2$，所以 $E(aS^2+b)=aE(S^2)+b=a\sigma^2+b$，即 aS^2+b 是 $a\sigma^2+b$ 的无偏估计量.

(3) 由第六章第二节定理 1(3)，知：

$$\frac{(n-1)S^2}{\sigma^2}\sim\chi^2(n-1),$$

于是 $E\left(\sqrt{\frac{(n-1)S^2}{\sigma^2}}\right)=\int_0^{+\infty}\sqrt{x}\,\frac{1}{2^{\frac{n-1}{2}}\Gamma\left(\frac{n-1}{2}\right)}x^{\frac{n-3}{2}}\mathrm{e}^{-\frac{x}{2}}\mathrm{d}x$

$$=\frac{1}{2^{\frac{n-1}{2}}\Gamma\left(\frac{n-1}{2}\right)}2^{\frac{n}{2}}\Gamma\left(\frac{n}{2}\right)=\frac{\sqrt{2}\Gamma\left(\frac{n}{2}\right)}{\Gamma\left(\frac{n-1}{2}\right)}.$$

又 $$E\left(\sqrt{\frac{(n-1)S^2}{\sigma^2}}\right)=\frac{\sqrt{n-1}}{\sigma}E(S),$$

故 $$E(S)=\sqrt{\frac{2}{n-1}}\cdot\frac{\Gamma\left(\frac{n}{2}\right)}{\Gamma\left(\frac{n-1}{2}\right)}\sigma\neq\sigma,$$

所以 S 不是 σ 的无偏估计量.

从这个例子可以看出,如果 $\hat{\theta}$ 是 θ 的无偏估计量,除了 $\hat{\theta}$ 的线性函数外,不能保证 $\hat{\theta}$ 的函数 $f(\hat{\theta})$ 也是参数 θ 的函数 $f(\theta)$ 的无偏估计量. 需要说明的是,在某些情形下,θ 的无偏估计量可以不存在.(比如总体服从二项分布 $B(n, p)$,$0<p<1$,可以证明参数 $\frac{1}{p}$ 没有无偏估计量). 另外在一些特殊的情况下,$\hat{\theta}$ 虽然是 θ 的无偏估计量,但明显地不合理.

【例 2】 设总体 X 的均值为 μ,X_1,X_2,…,X_7 为 X 的样本,证明:$X_i(i=1, 2, \cdots, 7)$ 和 $\frac{1}{3}X_3+\frac{1}{4}X_4+\frac{5}{12}X_7$ 都是 μ 的无偏估计量.

证 因为 $E(X_i)=E(X)=\mu\ (i=1, 2, \cdots, 7)$,所以 X_i 是 μ 的无偏估计量.

而 $E\left(\frac{1}{3}X_3+\frac{1}{4}X_4+\frac{5}{12}X_7\right)=\frac{1}{3}\mu+\frac{1}{4}\mu+\frac{5}{12}\mu=\mu$,故 $\frac{1}{3}X_3+\frac{1}{4}X_4+\frac{5}{12}X_7$ 也是 μ 的一个无偏估计量.

二、有效性

一般情况下,未知参数 θ 的无偏估计量 $\hat{\theta}$ 可以有很多,这时需要从中挑选出一个最优者. 注意到当 θ 是 $\hat{\theta}$ 的数学期望时,有

$$E[(\hat{\theta}-\theta)^2]=D(\hat{\theta}).$$

所以自然地把估计量的方差 $D(\hat{\theta})$ 作为挑选的标准. 无偏估计量中方差愈小,估计量的分布愈集中在真值 θ 的两侧,估计量偏离参数的平方的期望愈小,估计量愈优良.

定义 2 设 $\hat{\theta}_1$ 和 $\hat{\theta}_2$ 都是参数 θ 的无偏估计量,若

$$D(\hat{\theta}_1) < D(\hat{\theta}_2)$$

则称 $\hat{\theta}_1$ 较 $\hat{\theta}_2$ 有效.

有效性无论在直观上和理论上都是比较合理的,所以它是在实际问题中用得比较多的一个标准.

印度统计学家劳(C · R · Rao)和瑞典统计学克拉美(H · Cramer)先后在1945年和1946年独立地证明无偏估计量 $\hat{\theta}$ 的方差 $D(\hat{\theta})$满足劳-克拉美不等式

$$D(\hat{\theta}) \geqslant \frac{1}{n \cdot E\left[\left(\frac{\partial}{\partial\theta}\ln f(X, \theta)\right)^2\right]},$$

不等式右端称为参数 θ 的方差下界,记为 D^*,当 $D(\hat{\theta})=D^*$ 时,则称 $\hat{\theta}$ 为 θ 的达方差界的无偏估计量(简称有效估计量). 如果对固定的 n,使 $D(\hat{\theta})$的值达到最小,则亦称 $\hat{\theta}$ 为 θ 的有效估计量.

三、一致性(或相合性)

在这些评价标准中,有一个最基本的标准是所有合理的估计量都必须满足的,这就是一致性. 我们知道,点估计是一个随机变量,在样本容量一定的条件下,我们不可能要求它完全等同于参数的真实取值. 但如果我们有足够的观测值,根据格里文科定理,随着样本容量的不断增大,经验分布函数逼近真实分布函数,因此完全可以要求估计量随着样本容量的不断增大而逼近参数真值,这就是相合性(一致性),严格定义如下.

定义 3 设 $\hat{\theta}$ 是参数 θ 的估计量,若对任意 $\varepsilon>0$,成立

$$\lim_{n\to\infty} P\{|\hat{\theta}-\theta|>\varepsilon\}=0,$$

则称 $\hat{\theta}$ 是 θ 的**一致性估计量**.

从定义中显见,$\hat{\theta}$ 是 θ 的一致估计量的充要条件:$\hat{\theta}$ 依概率收敛于 θ,即 $\hat{\theta} \xrightarrow{P} \theta$. 例如:样本的 K 阶矩 A_k是总体K 阶矩 α_k的一致估计量,所以矩估计量是一致估计量.

【例 3】 设 X_1, X_2为来自正态总体 $N(\mu, 1)$(μ 未知)的一个样本,试判定下列四个统计量的无偏性,并确定参数 μ 的最有效统计量.

$$\hat{\mu}_1=\frac{2}{3}X_1+\frac{1}{3}X_2,\ \hat{\mu}_2=\frac{1}{4}X_1+\frac{3}{4}X_2,\ \hat{\mu}_3=\frac{1}{2}X_1+\frac{1}{2}X_2,\ \hat{\mu}_4=\frac{1}{5}X_1+\frac{2}{5}X_2.$$

解 $E(\hat{\mu}_1)=E\left(\frac{2}{3}X_1+\frac{1}{3}X_2\right)=\frac{2}{3}\mu+\frac{1}{3}\mu=\mu$, 同样验证 $\hat{\mu}_2$ 及 $\hat{\mu}_3$ 为 μ 的无偏估计量(而 $\hat{\mu}_4$为 μ 的有偏估计量).

由于 $D(X_i)=1(i=1,2)$，且 X_1,X_2 相互独立，因此利用方差的性质，有

$$D(\hat{\mu}_1)=D\left(\frac{2}{3}X_1+\frac{1}{3}X_2\right)=\frac{4}{9}D(X_1)+\frac{1}{9}D(X_2)=\frac{4}{9}+\frac{1}{9}=\frac{5}{9},$$

$$D(\hat{\mu}_2)=D(\hat{\mu}_2)=D\left(\frac{1}{4}x_1+\frac{3}{4}x_2\right)\frac{1}{16}D(X_1)+\frac{9}{16}D(X_2)=\frac{5}{8},$$

$$D(\hat{\mu}_3)=D(\hat{\mu}_3)=D\left(\frac{1}{2}x_1+\frac{1}{2}x_2\right)\frac{1}{4}D(X_1)+\frac{1}{4}D(X_2)=\frac{1}{2}.$$

易知，$D(\hat{\mu}_3)<D(\hat{\mu}_1)<D(\hat{\mu}_2)$，故 $\hat{\mu}_3$ 为 μ 的最有效估计.

本例中，我们没去计算 $\hat{\mu}_4$ 的方差 $D(\hat{\mu}_4)$，原因是评价估计量的有效性，必须以其无偏性为前提条件，现已知 $\hat{\mu}_4$ 为 μ 的有偏估计，从而就失去了评选有效性的“资格”.

习题 7-3

1. 设 $X_1, X_2, \cdots, X_n$ 是总体 X 的样本，总体的分布为未知，但分布的期望 μ 和方差 σ^2 都存在. 求证当 μ 为已知时，$\frac{1}{n}\sum_{i=1}^{n}(X_i-\mu)^2$ 是 σ^2 的无偏估计量，当 μ 为未知时，你能说出 σ^2 的无偏估计量是什么吗？

2. 设 $X_1, X_2, \cdots, X_n$ 是来自 $N(\mu, \sigma^2)$ 的样本，求常数 C，使 $\sum_{i=1}^{n-1}C(X_{i+1}-X_i)^2$ 是 σ^2 的一个无偏估计.

3. 设泊松总体 $\pi(\lambda)$，验证样本方差 S^2 是 λ 的无偏估计，并对于任一值 α，$0\leqslant\alpha\leqslant1$，$\alpha\overline{X}+(1-\alpha)S^2$ 也是 λ 的无偏估计.

4. 设总体 X 的密度函数为 $f(x;\theta)=\frac{3x^2}{\theta^3}$，$0<x<\theta$，$\theta>0$，$X_1, X_2$ 是来自 X 的样本，证明 $T_1=\frac{2}{3}(X_1+X_2)$ 和 $T_2=\frac{7}{6}\max(X_1, X_2)$ 都是 θ 的无偏估计量.

5. 设 $\hat{\theta}$ 是参数 θ 的无偏估计，且有 $D(\hat{\theta})>0$，试证：$\hat{\theta}^2$ 不是 θ^2 的无偏估计.

6. 设 (X_1, X_2) 是来自总体 $N(\mu, 1)$ 的样本，试证明下列统计量是 μ 的无偏估计量：

$$g_1=\frac{1}{3}X_1+\frac{2}{3}X_2,\ g_2=\frac{3}{4}X_1+\frac{1}{4}X_2,\ g_3=\frac{1}{2}X_1+\frac{1}{2}X_2.$$

并指出其中哪一个最有效.

7. 在均值为 μ，方差为 σ^2 的总体中，分别抽取容量为 n_1, n_2 的两个独立样本，$\overline{X}_1, \overline{X}_2$ 分别是两样本的均值. 试证，对于满足 $a+b=1$ 的任意常数 a 和 b，$\overline{Y}=a\overline{X}_1+b\overline{X}_2$ 都是 μ 的无偏估计量，并确定常数 a, b，使 $D(\overline{Y})$ 达到最小.

第四节　参数的区间估计

点估计用未知参数 θ 的估计量 $\hat{\theta}$ 来估计 θ，优点是简单、明确，但缺点是没有提

出一个有关精确度的概念. 因为事实上 $\hat{\theta}$ 并不真正等于 θ,当总体是连续型随机变量时, $P\{\hat{\theta}=\theta\}=0$, 直观地说事件 $\{\hat{\theta}=\theta\}$ 几乎是不可能事件. 为此,介绍另一种参数估计的方法——区间估计,它利用样本构造一个随机区间,使其以事先给定的概率包含参数的真值,从而弥补点估计的不足.

一、置信区间和置信度

定义 1 设总体 X 的概率密度为 $f(x;\theta)$, θ 是未知参数, $X_1, X_2, \cdots, X_n$ 为 X 的样本,对于事先给定的 $\alpha(0<\alpha<1)$,若存在统计量 $\underline{\theta}=\underline{\theta}(X_1, X_2, \cdots, X_n)$ 和 $\overline{\theta}=\overline{\theta}(X_1, X_2, \cdots, X_n)$, 使得

$$P\{\underline{\theta}<\theta<\overline{\theta}\}=1-\alpha \tag{7.4.1}$$

则称区间 $(\underline{\theta}, \overline{\theta})$ 是参数 θ 的置信度为 $1-\alpha$ 的**置信区间**, $\underline{\theta}$ 和 $\overline{\theta}$ 分别称为置信度为 $1-\alpha$ 的置信区间的**置信下限**和**置信上限**, $1-\alpha$ 称为**置信度**.

由定义可知,置信区间 $(\underline{\theta}, \overline{\theta})$ 是一个随机区间,它的两个端点都是不含未知参数 θ 的随机变量. (7.4.1)式的含义是指:在多次重复抽样时,每次抽样的观察值可确定一个区间,在这众多的区间中,包含 θ 真值的约占 $100(1-\alpha)\%$,不包含 θ 真值的约占 $100\alpha\%$,例如,取 $\alpha=0.05$,反复抽样 100 次,在所得到的 100 个区间中,大约有 95 个区间包含 θ 真值,仅约 5 个区间不包含 θ 真值. 另一方面,一旦有了样本值 $(x_1, x_2, \cdots, x_n)$,区间 $(\underline{\theta}, \overline{\theta})$ 的端点也随之确定,它是一个普通的区间. 该区间属于那些包含 μ 的区间的可信程度为 95%,或该区间包含 μ 这一陈述的可信度为 95%.

因此,置信区间和置信度提出一个在一定的概率保证下,参数估计满足一个精确度的概念. 从这个角度上来说,区间估计是统计意义下的近似计算和误差分析,所以在处理实际问题时更有用.

下面,我们介绍利用抽样分布(或随机变量函数的分布)来构造置信区间的方法,并求出正态总体中参数的置信区间.

二、单个正态总体均值 μ 和方差 σ^2 的置信区间

1. 方差 σ^2 已知时,均值 μ 的置信区间

我们知道: $\overline{X}$ 是 μ 的无偏估计,且 $\overline{X}\sim N\left(\mu, \dfrac{\sigma^2}{n}\right)$,于是 $\dfrac{\overline{X}-\mu}{\sigma/\sqrt{n}}\sim N(0, 1)$.

设 μ 的置信区间形如 $(\overline{X}-K, \overline{X}+K)$,其中常数 K 待定,置信度为 $1-\alpha$,即

$$P\{\overline{X}-K<\mu<\overline{X}+K\}=1-\alpha \qquad (0<\alpha<1).$$

因为 $P\{\overline{X}-K<\mu<\overline{X}+K\}=P\{|\overline{X}-\mu|<K\}=P\left\{\left|\frac{\overline{X}-\mu}{\sigma/\sqrt{n}}\right|<\frac{K}{\sigma/\sqrt{n}}\right\}$

$$=1-\alpha,$$

故
$$P\left\{\frac{\overline{X}-\mu}{\sigma/\sqrt{n}}>\frac{K}{\sigma/\sqrt{n}}\right\}=\frac{\alpha}{2},$$

所以 $\frac{K}{\sigma/\sqrt{n}}=z_{\frac{\alpha}{2}}$，其中 $z_{\frac{\alpha}{2}}$ 是标准正态分布的上 $\frac{\alpha}{2}$ 分位点.

解出
$$K=z_{\frac{\alpha}{2}}\cdot\frac{\sigma}{\sqrt{n}}.$$

所以，μ 的置信度为 $1-\alpha$ 的置信区间是

$$\left(\overline{X}-z_{\frac{\alpha}{2}}\frac{\sigma}{\sqrt{n}},\ \overline{X}+z_{\frac{\alpha}{2}}\frac{\sigma}{\sqrt{n}}\right).\qquad(7.4.2)$$

当取 $\alpha=0.05$ 时，查表得 $z_{\frac{\alpha}{2}}=z_{0.025}=1.96$，所以 μ 的 95% 置信区间是

$$\left(\overline{X}-1.96\frac{\sigma}{\sqrt{n}},\ \overline{X}+1.96\frac{\sigma}{\sqrt{n}}\right).$$

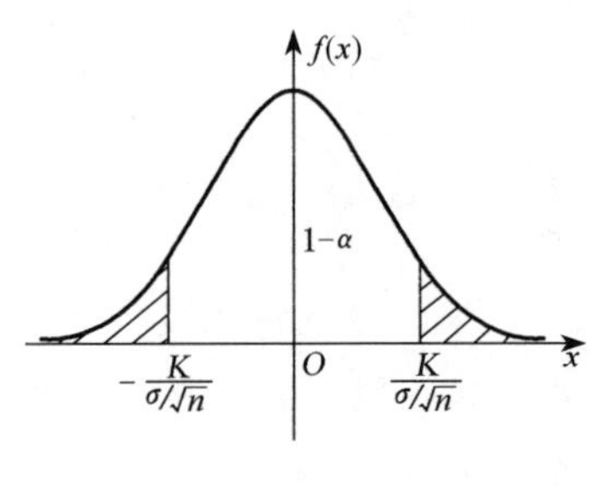

图 7-1

2. 当方差 σ^2 未知时，均值 μ 的置信区间

当 σ^2 未知时，$\frac{\overline{X}-\mu}{\sigma/\sqrt{n}}$ 就不能再用了，因为其中含有未知参数 σ，但我们可用 S^2 将 σ^2 估计出来，所以由第六章第二节定理 2，知

$$\frac{\overline{X}-\mu}{S/\sqrt{n}}\sim t(n-1),$$

与上一段讨论相同，设置信区间形如 $(\overline{X}-K,\ \overline{X}+K)$（$K$ 待定），置信度为 $1-\alpha$，即

$$P\{\overline{X}-K<\mu<\overline{X}+K\}=1-\alpha,$$

故
$$P\{\overline{X}-K<\mu<\overline{X}+K\}=P\left\{\left|\frac{\overline{X}-\mu}{S/\sqrt{n}}\right|<\frac{K}{S/\sqrt{n}}\right\}=1-\alpha,$$

所以
$$P\left\{\frac{\overline{X}-\mu}{S/\sqrt{n}}>\frac{K}{S/\sqrt{n}}\right\}=\frac{\alpha}{2}.$$

于是得到
$$\frac{K}{S/\sqrt{n}}=t_{\frac{\alpha}{2}}(n-1),$$

解出
$$K=t_{\frac{\alpha}{2}}(n-1)\frac{S}{\sqrt{n}}.$$

所以 μ 的置信度为 $1-\alpha$ 的置信区间是

$$\left(\overline{X}-t_{\frac{\alpha}{2}}(n-1)\frac{S}{\sqrt{n}},\ \overline{X}+t_{\frac{\alpha}{2}}(n-1)\frac{S}{\sqrt{n}}\right). \tag{7.4.3}$$

【例 1】 某旅行社为调查当地旅行者的平均消费额,随机调查了 100 名旅行者,得知平均消费额为 800 元. 假设旅行者消费额服从正态分布 $N(\mu, \sigma^2)$,且已知 $\sigma=120$ 元,求当地旅行者平均消费额 μ 的置信度为 0.95 的置信区间.

解 本例是在 σ^2 已知时,求 μ 的置信度为 95%的置信区间.

已知 $n=100$, $\sigma=120$, $\alpha=0.05$,查标准正态分布表得 $z_{0.025}=1.96$, 故有

$$\bar{x}-z_{\frac{\alpha}{2}}\frac{\sigma}{\sqrt{n}}=800-1.96\times\frac{120}{\sqrt{100}}=776.48,$$

$$\bar{x}+z_{\frac{\alpha}{2}}\frac{\sigma}{\sqrt{n}}=800+1.96\times\frac{120}{\sqrt{100}}=823.52.$$

因此,μ 的置信度为 0.95 的置信区间为 (776.48, 823.52). 其含义是该区间属于那些包含 μ 的区间的可信程度为 95%,或该区间包含 μ 这一陈述的可信度为 95%.

【例 2】 有一大批袋装糖果. 现从中随机地取 16 袋,称得重量(以克计)如下:

506 508 499 503 504 510 497 512 514 505 493 496 506 502 509 496.

假设袋装糖果的重量近似服从正态分布,试求总体均值 μ 的置信度为 0.95 的置信区间.

解 本例是在 σ^2 未知时,求 μ 的置信度为 95%的置信区间.

经计算得 $\bar{x}=503.75$, $s=6.2022$,而 $n=16$,由 $\alpha=0.05$,查 t 分布表得 $t_{\frac{\alpha}{2}}(n-1)=t_{0.025}(15)=2.1315$. 于是

$$\bar{x}-t_{\frac{\alpha}{2}}(n-1)\frac{s}{\sqrt{n}}=503.75-\frac{6.2022}{\sqrt{16}}\times 2.1315=500.4,$$

$$\bar{x}+t_{\frac{\alpha}{2}}(n-1)\frac{s}{\sqrt{n}}=503.75+\frac{6.2022}{\sqrt{16}}\times 2.1315=507.1.$$

因此,μ 的置信度为 95%的置信区间为(500.4, 507.1). 这就是说,估计袋装糖果重量的均值在 500.4 克与 507.1 克之间,这个估计的可信程度为 95%.

3. 方差 σ^2 的置信区间

(1) 均值 μ 已知时,方差 σ^2 的置信度为 $1-\alpha$ 的置信区间是

$$\left(\frac{\sum_{i=1}^{n}(X_i-\mu)^2}{\chi^2_{\frac{\alpha}{2}}(n)}, \frac{\sum_{i=1}^{n}(X_i-\mu)^2}{\chi^2_{1-\frac{\alpha}{2}}(n)}\right), \tag{7.4.4}$$

标准差 σ 的置信度为 $1-\alpha$ 的置信区间是

$$\left(\sqrt{\frac{\sum_{i=1}^{n}(X_i-\mu)^2}{\chi^2_{\frac{\alpha}{2}}(n)}}, \sqrt{\frac{\sum_{i=1}^{n}(X_i-\mu)^2}{\chi^2_{1-\frac{\alpha}{2}}(n)}}\right). \tag{7.4.5}$$

式(7.4.4)中 $\chi^2_{\frac{\alpha}{2}}(n)$，$\chi^2_{1-\frac{\alpha}{2}}(n)$ 分别是χ^2 分布的上$\frac{\alpha}{2}$分位点和上$\left(1-\frac{\alpha}{2}\right)$分位点，$n$ 是样本容量.

(2) 均值 μ 未知时，方差 σ^2 的置信度为 $1-\sigma$ 的置信区间是

$$\left(\frac{(n-1)S^2}{\chi^2_{\frac{\alpha}{2}}(n-1)}, \frac{(n-1)S^2}{\chi^2_{1-\frac{\alpha}{2}}(n-1)}\right), \tag{7.4.6}$$

标准差 σ 的置信度为 $1-\alpha$ 的置信区间是

$$\left(\sqrt{\frac{(n-1)S^2}{\chi^2_{\frac{\alpha}{2}}(n-1)}}, \sqrt{\frac{(n-1)S^2}{\chi^2_{1-\frac{\alpha}{2}}(n-1)}}\right). \tag{7.4.7}$$

式(7.4.6)中 $\chi^2_{\frac{\alpha}{2}}(n-1)$，$\chi^2_{1-\frac{\alpha}{2}}(n-1)$ 分别是自由度为 $n-1$ 的χ^2 分布的上$\frac{\alpha}{2}$分位点和上$\left(1-\frac{\alpha}{2}\right)$分位点.

以上这些置信区间的建立过程完全类似，作为一个例子，下面来推导式(7.4.6).

注意到样本方差 S^2 是 σ^2 的无偏估计量，且在正态总体条件下有

$$\frac{(n-1)S^2}{\sigma^2} \sim \chi^2(n-1).$$

设 σ^2 的置信区间形如$\left(\frac{S^2}{K_1}, \frac{S^2}{K_2}\right)$，($K_1$，$K_2$ 待定)，置信度为 $1-\alpha$，

即
$$P\left\{\frac{S^2}{K_1} < \sigma^2 < \frac{S^2}{K_2}\right\} = 1-\alpha,$$

因为
$$P\left\{\frac{S^2}{K_1} < \sigma^2 < \frac{S^2}{K_2}\right\} = P\left\{K_2 < \frac{S^2}{\sigma^2} < K_1\right\}$$
$$= P\left\{(n-1)K_2 < \frac{(n-1)S^2}{\sigma^2} < (n-1)K_1\right\},$$

所以
$$P\left\{(n-1)K_2 < \frac{(n-1)S^2}{\sigma^2} < (n-1)K_1\right\} = 1-\alpha.$$

为了确定 K_1，K_2 的值，我们假设 $\qquad K_1(n-1)=\chi^2_{\frac{\alpha}{2}}(n-1)$，

那么 $$K_2(n-1)=\chi^2_{1-\frac{\alpha}{2}}(n-1).$$

于是 $\quad K_1=\dfrac{\chi^2_{\frac{\alpha}{2}}(n-1)}{n-1},\quad K_2=\dfrac{\chi^2_{1-\frac{\alpha}{2}}(n-1)}{n-1}.$ 如图(7-2)所示，

所以 σ^2 的置信度为 $1-\alpha$ 的置信区间是

$$\left[\frac{(n-1)S^2}{\chi^2_{\frac{\alpha}{2}}(n-1)},\ \frac{(n-1)S^2}{\chi^2_{1-\frac{\alpha}{2}}(n-1)}\right].$$

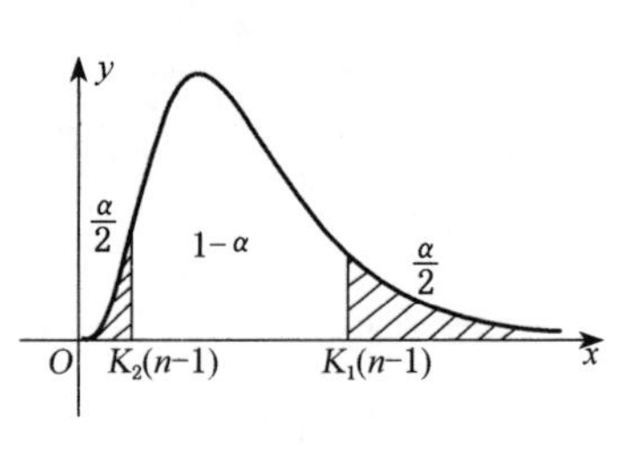

图 7-2

注意，当密度函数不对称时，如χ^2 分布，习惯上仍取分位点 $\chi^2_{1-\frac{\alpha}{2}}(n-1)$ 与$\chi^2_{\frac{\alpha}{2}}(n-1)$ 来确定置信区间.

【例 3】 从水平锻造机生产的产品中随机地取出 20 件，测得其尺寸为

31.44	31.44	31.72	31.03	31.48
32.22	31.17	31.58	31.87	31.88
31.98	31.68	31.87	31.62	31.96
31.88	31.29	32.12	31.73	31.49

假设其中尺寸 $X\sim N(\mu,\sigma^2)$，置信度为 95%. 当 μ 为未知时，求 σ^2 和 σ 的置信区间.

解 查χ^2 分布表得

$$\chi^2_{\frac{\alpha}{2}}(n-1)=\chi^2_{0.025}(19)=32.852,$$
$$\chi^2_{1-\frac{\alpha}{2}}(n-1)=\chi^2_{0.975}(19)=8.907.$$

计算得 $$(n-1)s^2=\sum_{i=1}^{20}(x_i-\bar{x})^2=1.8484.$$

由式(7.4.6)，σ^2 的置信度为 95%的置信区间是$\left(\dfrac{1.8484}{32.852},\ \dfrac{1.8484}{8.907}\right)$，即(0.056，0.208). σ 的置信度为 95%的置信区间是(0.237，0.456).

三、两个正态总体均值差 $\mu_1-\mu_2$ 的置信区间

在实际中常遇见这样的问题. 已知某产品的质量指标 X 服从正态分布，但由于工艺改变、原料不同、设备条件不同或操作人员不同等因素，引起总体均值、方差有改变. 我们需要知道这些改变有多大，这就需要考虑两个正态总体均值差或方差比的估计问题.

设总体 $X\sim N(\mu_1,\sigma_1^2)$，$Y\sim N(\mu_2,\sigma_2^2)$，并且 X 与 Y 相互独立.

1. 设 σ_1^2、σ_2^2 已知时，$\mu_1-\mu_2$ 的置信度为 $1-\alpha$ 的置信区间是

$$\left(\overline{X}-\overline{Y}-z_{\frac{\alpha}{2}}\sqrt{\frac{\sigma_1^2}{n_1}+\frac{\sigma_2^2}{n_2}},\ \overline{X}-\overline{Y}+z_{\frac{\alpha}{2}}\sqrt{\frac{\sigma_1^2}{n_1}+\frac{\sigma_2^2}{n_2}}\right).$$

其中 $z_{\frac{\alpha}{2}}$ 是标准正态分布的上$\frac{\alpha}{2}$分位点；n_1 和 n_2 分别为总体 X 和 Y 的样本容量；$1-\alpha$ 为置信度，这个结论的证明作为练习.

2. 当 σ_1^2、σ_2^2 未知，但 $\sigma_1^2=\sigma_2^2=\sigma^2$ 时，$\mu_1-\mu_2$ 的置信区间

易知 $\mu_1-\mu_2$ 的点估计是 $\overline{X}-\overline{Y}$，设 $\mu_1-\mu_2$ 的置信区间形如

$$(\overline{X}-\overline{Y}-K,\ \overline{X}-\overline{Y}+K).$$

由第六章第二节定理 3 知

$$\frac{\overline{X}-\overline{Y}-(\mu_1-\mu_2)}{S_w\sqrt{\frac{1}{n_1}+\frac{1}{n_2}}}\sim t(n_1+n_2-2),$$

其中统计量

$$S_w^2=\frac{(n_1-1)S_1^2+(n_2-1)S_2^2}{n_1+n_2-2}=\frac{\sum_{i=1}^{n_1}(X_i-\overline{X})^2+\sum_{i=1}^{n_2}(Y_i-\overline{Y})^2}{n_1+n_2-2}.$$

于是容易推得$(\mu_1-\mu_2)$的置信度为 $1-\alpha$ 的置信区间是

$$\left(\overline{X}-\overline{Y}-t_{\frac{\alpha}{2}}(n_1+n_2-2)\cdot S_w\sqrt{\frac{1}{n_1}+\frac{1}{n_2}},\right.$$

$$\left.\overline{X}-\overline{Y}+t_{\frac{\alpha}{2}}(n_1+n_2-2)\cdot S_w\sqrt{\frac{1}{n_1}+\frac{1}{n_2}}\right). \qquad (7.4.8)$$

当 $\mu_1-\mu_2$ 的置信下限大于 0 时，我们认为在置信度 $1-\alpha$ 下，$\mu_1>\mu_2$；当 $\mu_1-\mu_2$的置信上限小于 0 时，我们认为 $\mu_1<\mu_2$.

【例 4】 为了比较 A、B 两种型号灯泡的使用寿命，随机地取 A 型灯泡 5 只，测得平均寿命$\overline{x}=1\,000$ 小时，样本标准差 $s_1=28$ 小时. 随机地抽取B 型灯泡 7 只，测得平均寿命 $\overline{y}=980$ 小时，样本标准差 $s_2=32$ 小时. 设总体都是正态的，并且由生产过程知它们的方差相等. 求两总体 $\overline{X}$ 和 $\overline{Y}$ 的均值差 $\mu_1-\mu_2$ 的置信度为 $1-\alpha$ 的置信区间.（$\alpha=0.01$）

解 由于实际抽样的随机性，可以认为两个总体 X,Y 是相互独立的，并已知两

总体方差相等. 这里 $1-\alpha=0.99$，$\alpha=0.01$，$\frac{\alpha}{2}=0.005$，$n_1+n_2-2=10$，查 t 分布表得 $t_{\frac{\alpha}{2}}(n_1+n_2-2)=t_{0.005}(10)=3.1693$，$S_w^2=\frac{(5-1)\cdot 28^2+(7-1)\cdot 32^2}{10}=928$，$S_w=\sqrt{928}\approx 30.46$. 所以 $\mu_1-\mu_2$ 的置信度为 $1-\alpha$ 置信区间是 $\left(1\,000-980-3.169\,3\times 30.46\times\sqrt{\frac{1}{5}+\frac{1}{7}},\ 1\,000-980+3.169\,3\times 30.46\times\sqrt{\frac{1}{5}+\frac{1}{7}}\right)$，即 $(-36.5, 76.5)$.

四、两个正态总体方差比 $\frac{\sigma_1^2}{\sigma_2^2}$ 的置信区间

设两个正态总体 $X\sim N(\mu_1, \sigma_1^2)$，$Y\sim N(\mu_2, \sigma_2^2)$，它们的参数都未知，且 X，Y 相互独立. 样本容量分别为 n_1 和 n_2，样本方差分别是 S_1^2 和 S_2^2.

根据第六章第二节定理 1 知

$$\frac{(n_1-1)S_1^2}{\sigma_1^2}\sim\chi^2(n_1-1),\ \frac{(n_1-1)S_1^2}{\sigma_1^2}\sim\chi^2(n_1-1).$$

再由第六章第二节定理 4 得

$$\frac{\dfrac{(n_1-1)S_1^2}{\sigma_1^2}\Big/(n_1-1)}{\dfrac{(n_2-1)S_2^2}{\sigma_2^2/(n_2-1)}}=\frac{S_1^2/S_2^2}{\sigma_1^2/\sigma_2^2}\sim F(n_1-1, n_2-1).$$

设 $\frac{\sigma_1^2}{\sigma_2^2}$ 的置信区间形如 $\left(\frac{1}{K_1}\cdot\frac{S_1^2}{S_2^2}, \frac{1}{K_2}\cdot\frac{S_1^2}{S_2^2}\right)$，$K_1$，$K_2$ 待定，设置信度为 $1-\alpha$，即

$$P\left\{\frac{S_1^2/S_2^2}{K_1}<\frac{\sigma_1^2}{\sigma_2^2}<\frac{S_1^2/S_2^2}{K_2}\right\}=1-\alpha,$$

$$P\left\{K_2<\frac{S_1^2/S_2^2}{\sigma_1^2/\sigma_2^2}<K_1\right\}=1-\alpha.$$

为了确定 K_1 和 K_2，假设

$$K_1=F_{\frac{\alpha}{2}}(n_1-1, n_2-1),$$

$$K_2=F_{1-\frac{\alpha}{2}}(n_1-1, n_2-1).$$

而 $\quad F_{1-\frac{\alpha}{2}}(n_1-1, n_2-1)=\dfrac{1}{F_{\frac{\alpha}{2}}(n_2-1, n_1-1)}$

（如图 7-3）.

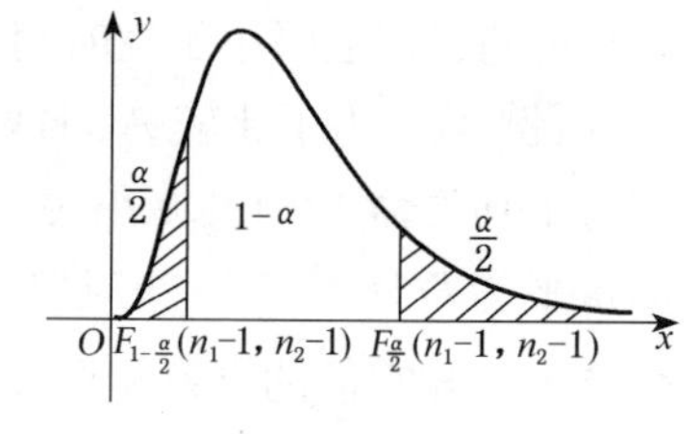

图 7-3

于是
$$K_2=\frac{1}{F_{\frac{\alpha}{2}}(n_2-1,\ n_1-1)}.$$

所以$\frac{\sigma_1^2}{\sigma_2^2}$的置信度为 $1-\alpha$ 的置信区间是

$$\left(\frac{1}{F_{\frac{\alpha}{2}}(n_1-1,\ n_2-1)}\cdot\frac{S_1^2}{S_2^2},\ F_{\frac{\alpha}{2}}(n_2-1,\ n_1-1)\cdot\frac{S_1^2}{S_2^2}\right).\qquad(7.4.9)$$

当$\frac{\sigma_1^2}{\sigma_2^2}$的置信下限大于 1 时，我们认为在置信度 $1-\alpha$ 下，$\sigma_1^2>\sigma_2^2$；当置信上限小于 1 时，我们认为 $\sigma_1^2<\sigma_2^2$.

【例 5】 两正态总体 $N(\mu_1,\ \sigma_1^2)$，$N(\mu_2,\ \sigma_2^2)$的参数均为未知，依次取容量 25，16 的两独立样本，测得样本方差 $s_1^2=63.96$，$s_2^2=49.05$，求两总体方差比 σ_1^2/σ_2^2 的置信度为 $1-\alpha$ 的置信区间($\alpha=0.02$).

解 因为 $n_1=25$，$n_2=16$，所以 $n_1-1=24$，$n_2-1=15$.

又
$$\frac{\alpha}{2}=\frac{0.02}{2}=0.01,\ 1-\frac{\alpha}{2}=0.99,$$

查 F 分布表得 $F_{0.01}(24,\ 15)=3.29$，$F_{0.01}(15,\ 24)=2.89$.

由于 $\frac{\sigma_1^2}{\sigma_2^2}$ 的 $1-\alpha$ 置信区间为 $\left(\frac{1}{F_{\frac{\alpha}{2}}(n_1-1,\ n_2-1)}\cdot\frac{S_1^2}{S_2^2},\ F_{\frac{\alpha}{2}}(n_2-1,\ n_1-1)\cdot\frac{S_1^2}{S_2^2}\right)$.

经计算，σ_1^2/σ_2^2 的置信度为 $1-\alpha$ 的置信区间为 $\left(\frac{63.96}{49.05}\times\frac{1}{3.29},\ \frac{63.96}{49.05}\times 2.89\right)$，即$(0.396,\ 3.768)$.

由于 σ_1^2/σ_2^2 的置信区间包含 1，在实际中我们就认为 σ_1^2，σ_2^2 两者没有显著差别.

表 7-1 正态总体均值差、方差的置信水平为 $1-\alpha$ 的置信区间

	待估参数	其它参数	W 分布	置信区间
一个正态总体	μ	σ^2 已知	$Z=\frac{\overline{X}-\mu}{\sigma/\sqrt{n}}\sim N(0,\ 1)$	$\left(\overline{X}\pm\frac{\sigma}{\sqrt{n}}z_{\frac{\alpha}{2}}\right)$
	μ	σ^2 未知	$T=\frac{\overline{X}-\mu}{S/\sqrt{n}}\sim t(0,1)$	$\left(\overline{X}\pm\frac{S}{\sqrt{n}}t_{\frac{\alpha}{2}}(n-1)\right)$
	σ^2	μ 未知	$\chi^2=\frac{(n-1)S^2}{\sigma^2}\sim\chi^2(n-1)$	$\left(\frac{(n-1)S^2}{\chi^2_{\frac{\alpha}{2}}(n-1)},\ \frac{(n-1)S^2}{\chi^2_{1-\frac{\alpha}{2}}(n-1)}\right)$

（续　表）

	待估参数	其它参数	W 分布	置信区间
两个正态总体	$\mu_1-\mu_2$	σ_1^2,σ_2^2 已知	$Z=\dfrac{\overline{X}-\overline{Y}-(\mu_1-\mu_2)}{\sqrt{\dfrac{\sigma_1^2}{n_1}+\dfrac{\sigma_2^2}{n_2}}}\sim N(0,1)$	$\left(\overline{X}-\overline{Y}\pm z_{\frac{\alpha}{2}}\sqrt{\dfrac{\sigma_1^2}{n_1}+\dfrac{\sigma_2^2}{n_2}}\right)$
	$\mu_1-\mu_2$	σ_1^2,σ_2^2 未知，但 $\sigma_1^2=\sigma_2^2=\sigma^2$	$T=\dfrac{\overline{X}-\overline{Y}-(\mu_1-\mu_2)}{S_\omega\sqrt{\dfrac{1}{n_1}+\dfrac{1}{n_2}}}\sim t(n_1+n_2-2)$ $S_w^2=\dfrac{(n_1-1)S_1^2+(n_2-1)S_2^2}{n_1+n_2-2}$	$\left(\overline{X}-\overline{Y}\pm t_{\frac{\alpha}{2}}(n_1+n_2-2)\cdot S_w\times\sqrt{\dfrac{1}{n_1}+\dfrac{1}{n_2}}\right)$
	$\dfrac{\sigma_1^2}{\sigma_2^2}$	μ_1,μ_2 未知	$F=\dfrac{S_1^2/S_2^2}{\sigma_1^2/\sigma_2^2}\sim F(n_1-1,n_2-1)$	$\left(\dfrac{1}{F_{\frac{\alpha}{2}}(n_1-1,n_2-1)}\cdot\dfrac{S_1^2}{S_2^2},\ F_{\frac{\alpha}{2}}(n_2-1,n_1-1)\cdot\dfrac{S_1^2}{S_2^2}\right)$

五、大样本场合下 p 和 μ 的区间估计

下面，我们讨论非正态总体情况下的区间估计问题. 此时要求样本容量 $n\geqslant 30$，即所谓的大样本场合. 鉴于它的应用较广，因而作单独的讨论.

1. 大样本场合下的概率 p 的置信区间

若事件 A 发生的概率为 p，进行 n 次独立重复试验，其中 A 出现 μ_n 次，求 p 的置信度为 $1-\alpha$ 的置信区间.

设统计量 $U_n=\dfrac{\frac{\mu_n}{n}-p}{\sqrt{\frac{p(1-p)}{n}}}$，由拉普拉斯中心极限定理，对任意 x，成立

$$\lim_{n\to\infty}p\{U_n\leqslant x\}=\Phi(x).$$

于是当 n 充分大时，有 $P\left\{-z_{\frac{\alpha}{2}}<\dfrac{\frac{\mu_n}{n}-p}{\sqrt{\frac{p(1-p)}{n}}}<z_{\frac{\alpha}{2}}\right\}\approx 1-\alpha$，也就是

$$P\left\{\frac{\mu_n}{n}-z_{\frac{\alpha}{2}}\sqrt{\frac{p(1-p)}{n}}<p<\frac{\mu_n}{n}+z_{\frac{\alpha}{2}}\sqrt{\frac{p(1-p)}{n}}\right\}\approx 1-\alpha.$$

$z_{\frac{\alpha}{2}}$是标准正态分布的上$\frac{\alpha}{2}$分位点. 因为在区间两端含有未知参数 p,故在实际应用中,用 p 的估计值 $\hat{p}=\frac{\mu_n}{n}$代之,得出 p 的置信度为$(1-\alpha)$的置信区间为

$$\left(\frac{\mu_n}{n}-z_{\frac{\alpha}{2}}\sqrt{\frac{\hat{p}(1-\hat{p})}{n}},\ \frac{\mu_n}{n}+z_{\frac{\alpha}{2}}\sqrt{\frac{\hat{p}(1-\hat{p})}{n}}\right). \tag{7.4.10}$$

【例 6】 在一大批产品中取 100 件,经检验有 92 件正品,若记这批产品的正品率为 p,求 p 的 0.95 的置信区间.

解　这里 $\mu_n=92$, $n=100$,

所以 $\frac{\mu_n}{n}=\frac{92}{1\,000}=0.92$,又 $z_{\frac{\alpha}{2}}=z_{0.025}=1.96$, 计算得

$\sqrt{\frac{\frac{\mu_n}{n}\left(1-\frac{\mu_n}{n}\right)}{n}}=\sqrt{\frac{0.92\times0.08}{100}}=0.025\,5$, 所以 p 的 95%的置信区间为

$$(0.92-1.96\times0.025\,5,\ 0.92+1.96\times0.025\,5),\text{即}(0.87,\ 0.97).$$

2. 大样本场合下总体均值 μ 的置信区间

设 X_1, X_2, …, X_n 是从总体 X 中抽得的一个样本,由第五章中心极限定理,$\frac{\overline{X}-E(X)}{\sqrt{\frac{D(X)}{n}}}$近似服从标准正态分布,故当 n 较大时,就近似成立 $P\left\{-z_{\frac{\alpha}{2}}<\frac{\overline{X}-\mu}{\sigma/\sqrt{n}}<z_{\frac{\alpha}{2}}\right\}=1-\alpha$,上式中 $\mu=E(X)$, $\sigma^2=D(X)$. 因此总体均值 μ 的置信度为 $1-\alpha$ 的置信区间为

$$\left(\overline{X}-z_{\frac{\alpha}{2}}\frac{\sigma}{\sqrt{n}},\ \overline{X}+z_{\frac{\alpha}{2}}\frac{\sigma}{\sqrt{n}}\right) \tag{7.4.11}$$

若式(7.4.11)的置信区间中 σ 未知,则可用样本标准差 S 代入.

习题 7-4

1. 对方差 α^2 为已知的正态总体 $N(\mu,\ \sigma^2)$来说,问需抽取容量 n 为多大的样本时,才能使 μ 的$(1-\alpha)$置信区间的长度不大于预先给定的值 L.

2. 某车间生产滚珠,经验表明,滚珠直径 X 服从 $N(\mu,\ 0.05)$,现从一批滚珠中随机抽出 6 个,测得直径为(单位:mm)14.6　15.1　14.9　14.8　15.2　15.1,求出对置信度为 0.99 的均值 μ 的置信区间.

3. 为考察某大学成年男性的胆固醇水平,现抽取了样本容量为 25 的一个样本,并测得样

本均值为$\bar{x}=186$,样本标准差为$s=12$.假定胆固醇水平服从正态分布$N(\mu,\sigma^2)$,μ,σ^2均未知,分别求μ和σ的置信度为90%的置信区间.

4. 钢丝的折断强度服从$N(\mu,\sigma^2)$,抽查10根的数据为(单位:kg)578 572 568 570 596 570 584 572,求方差σ^2的置信度为95%的置信区间.

5. 随机地从A批导线中抽查4根,并从B批导线中抽查5根,测得其电阻Ω为

A批导线:0.143 0.142 0.143 0.137

B批导线:0.140 0.142 0.136 0.138 0.140

设测试数据分别服从$N(\mu_1,\sigma^2)$和$N(\mu_2,\sigma^2)$,并且它们相互独立,又μ_1,μ_2及σ^2均未知,试求$\mu_1-\mu_2$的95%的置信区间,并问在$\alpha=0.05$下,可否认为A批和B批导线的电阻有明显的差异?

6. 有两名化验员A、B,他们独立地对某种聚合物的含氯量用相同的方法各作10次测定,其测定的方差s^2依次为:0.541 9和0.605 0.设σ_A^2和σ_B^2分别为A、B所测量数据总体(正态总体)的方差,求方差比$\frac{\sigma_A^2}{\sigma_B^2}$的置信度为95%的置信区间.

7. 为了研究我国所生产的真丝被面的销路,在某市举办的我国纺织品展销会上,对1 000名成人进行调查,得知其中有600人喜欢这种产品,试以0.95为置信度确定该市民成年人中喜欢此产品的概率和置信区间.

第八章　假设检验

本章介绍统计推断的另一部分内容——假设检验. 所谓假设检验，就是利用对总体的一次抽样，对总体某种假设的真伪作出推断，从而为统计决策提供依据和建议. 本章主要介绍关于正态总体参数假设的显著性检验，并通过(0—1)总体参数假设的大样本检验简要地介绍非正态总体参数假设的大样本检验思想，还简单介绍非参数的假设检验. 与前一章参数估计一样，假设检验也是数理统计的重要内容之一.

第一节　假设检验的基本概念

一、假设检验的问题

在解决一些实际问题时，有时通过对事物的了解，能够对所研究事物总体的未知特征作出猜测性论断，这种论断称为统计假设. 例如“某种型号的轮胎平均使用寿命至少是 58 000 公里”“某地区新生儿的平均体重超过 3.2 千克”“电话交换站某段时间内来到的呼唤次数服从泊松分布”“某个班级男生的身高服从正态分布”等等，它们都是统计假设. 对特定总体所做的假设究竟是真还是假，需要作检验. 若对总体分布的未知参数或某个数字特征提出的假设进行检验，称为参数假设检验；若对总体的分布提出假设进行检验，称为非参数假设检验. 假设检验就是根据从总体中抽取的样本，用统计方法检验所提出的假设是否合理，从而作出接受或拒绝这一假设的决定. 下面通过例子说明假设检验方法与思想.

【例 1】　某盐业公司用自动包装机包装食盐，每袋标准重量为 500 克，但实际包装时每袋的重量 $X \sim N(\mu, \sigma^2)$，根据以前的生产经验，标准差 σ 为 5 克不变，每隔一定时间需要检查机器运作情况. 现抽取 9 袋称其净重为

$$495\quad 510\quad 506\quad 498\quad 503\quad 492\quad 512\quad 497\quad 506$$

试问这段时间机器工作是否正常?

分析：已知包装机包装出的食盐重量 $X \sim N(\mu, \sigma^2)$，要检验的就是总体 X 的均值是否为 500 克，若为 500 克就认为正常，否则就认为不正常，为此作两个相互

对立的统计假设：

$$H_0: \mu = \mu_0 = 500,\ H_1: \mu \neq \mu_0.$$

显然要根据抽出的样本作出是接受 H_0，还是拒绝 H_0 接受 H_1 的决策.

由于要检验的是关于总体均值 μ 的假设，自然想到利用样本均值 $\overline{X}$，将 $\overline{X}$ 标准化得

$$U = \frac{\overline{X} - \mu}{\sigma / \sqrt{n}}. \tag{8.1.1}$$

当 H_0 为真时，$\mu = \mu_0$，又已知 $n=9$，$\sigma=5$，因此 U 中不含有未知参数，是一个统计量，且 $U = \dfrac{\overline{X} - \mu_0}{\sigma / \sqrt{n}} \sim N(0,\ 1)$.

又当 H_0 为真时，$\overline{X}$ 是 μ_0 的无偏估计，$\overline{X}$ 的观察值 $\overline{x}$ 应较集中落在 μ_0 附近，相应 U 的观察值应较集中地落在 0 点附近，而落在偏离 0 点较远的两侧机会较小，另一方面，若 H_0 不成立，H_1 为真，即 μ 的真值 $\mu_1 \neq \mu_0$，此时 $\overline{X}$ 的观察值应较集中地落在 μ_1 附近，这时 $|U| = \left|\dfrac{\overline{X} - \mu_0}{\sigma/\sqrt{n}}\right|$ 的观察值有偏离 0 的较大机会. 根据上述分析，当 H_0 为真时，$|U|$ 的观察值较大是一个小概率事件. 现在指定小概率 α，在 H_0 为真时，使得事件 $W = \left\{|U| = \left|\dfrac{\overline{X} - \mu_0}{\sigma/\sqrt{n}}\right| > k\right\}$ 发生的概率为 α，即

$$P_{H_0}(W) = P_{H_0}\left\{|U| = \left|\frac{\overline{X} - \mu_0}{\sigma/\sqrt{n}}\right| > k\right\} = \alpha,$$

（$P_{H_0}\{\cdot\}$ 表示当 H_0 为真时，事件 $\{\cdot\}$ 发生的概率）

由标准正态分布的对称性得到 $k = z_{\frac{\alpha}{2}}$，

这里 $z_{\frac{\alpha}{2}}$ 是标准正态分布的上 $\dfrac{\alpha}{2}$ 分位点，也就是有 $P_{H_0}\left\{|U| = \left|\dfrac{\overline{X} - \mu_0}{\sigma/\sqrt{n}}\right| > z_{\frac{\alpha}{2}}\right\} = \alpha$.

这样当 H_0 为真时，我们找到一个小概率事件 $\left\{|U| = \left|\dfrac{\overline{X} - \mu_0}{\sigma/\sqrt{n}}\right| > z_{\frac{\alpha}{2}}\right\}$. “小概率事件在一次试验中几乎不可能发生”. 根据这一实际推断原理，若 U 的观察值 u 使得

$$|u| = \left|\frac{\overline{x} - \mu_0}{\sigma/\sqrt{n}}\right| > z_{\frac{\alpha}{2}}, \tag{8.1.2}$$

成立，则表明一次试验中小概率事件竟然发生了，我们就有理由怀疑 H_0 的真实

性,从而作出拒绝 H_0 接受 H_1 的决策.如果 U 的观察值 u 未能使得 $|u|>z_{\frac{\alpha}{2}}$,则小概率事件没有发生,这表明我们没有找到拒绝 H_0 的理由,只得作出接受 H_0 的决策.

对于本例,若取 $\alpha=0.05$,查表求得 $z_{\frac{\alpha}{2}}=z_{0.025}=1.96$,由已知样本计算得 $\bar{x}=502.11$,又 $n=9$, $\sigma=5$,此时 U 的观察值 u 使 $|u|=\left|\frac{\bar{x}-\mu_0}{\sigma/\sqrt{n}}\right|=1.267<1.96$,于是接受 H_0,认为包装机包装出的食盐总体均值 $\mu=\mu_0=500$,从而认为机器正常.

解决上述问题的做法:由题意作统计假设 H_0 与 H_0 的对立面 H_1(H_0 的逆事件),选取适当的统计量 $U=\frac{\overline{X}-\mu}{\sigma/\sqrt{n}}$,当 H_0 为真时,由 U 的分布,直观合理地寻找一个小概率事件

$$W=\left\{|U|=\left|\frac{\overline{X}-\mu_0}{\sigma/\sqrt{n}}\right|>z_{\frac{\alpha}{2}}\right\}, \tag{8.1.3}$$

若 U 的观察值 u 使 W 发生,拒绝 H_0,接受 H_1,否则接受 H_0.

为了方便起见,以后我们称 H_0 为原假设,H_1 为备择假设或对立假设,作检验时所使用的统计量称检验统计量.如式(8.1.1),用它来检验原假设 H_0,它是检验统计量.当检验统计量的观察值满足式(8.1.2),即 $u\in W=\left\{|U|=\left|\frac{\bar{x}-\mu_0}{\sigma/\sqrt{n}}\right|>z_{\frac{\alpha}{2}}\right\}$,我们就拒绝 H_0.区域 W 称为拒绝域.

在上述例子中,我们先给定一个小的数 α $(0<\alpha<1)$,再由检验统计量的分布确定拒绝域(8.1.3),这里的 α 被称为检验的显著水平,当 H_0 被拒绝时,我们就说在显著水平 α 下 μ 与 μ_0 有显著差异.用上述检验方法,我们最后得到的结论可靠吗?下面我们讨论假设检验的两类错误.

二、假设检验的两类错误

在上述检验过程中,确定了拒绝域后,由取得的样本得到统计量的观察值,当观察值落入拒绝域内就拒绝 H_0,接受 H_1;否则,就接受 H_0.但由于样本取值的随机性,当 H_0 为真时,统计量的观察值也会落入拒绝域,这将导致我们作出拒绝 H_0 的错误决策,这种错误称为第一类错误.在例 1 中,当 H_0 为真时,U 的观察值 u 落入拒绝域 W 的概率应为 α.一般地,用上述方法作检验,犯第一类错误的概率就是检验的显著水平 α,即

$$P\{犯第一类错误\}=P\{拒绝\ H_0/H_0\ 为真\}=\alpha. \tag{8.1.4}$$

另一方面，当 H_0 为不真时，检验统计量的观察值反而没有落入拒绝域，此时会导致我们作出接受 H_0 的错误决策，这种错误称为第二类错误，犯第二类错误的概率常记为 β，即

$$P\{\text{犯第二类错误}\} = P\{\text{接受 } H_0/H_0 \text{ 为不真}\} = \beta.$$

由上述分析知，在假设检验中，犯两类错误是不可避免的. 我们当然希望出现它们的概率 α 与 β 都很小，但研究得到：当样本容量 n 取定时，若减小 α 则必增大 β，反之亦然. 只有增加样本容量 n，α 与 β 才能同时减小. 显然样本容量 n 不能无休止增大，这样 α 与 β 也不能同时无限减小. 前面我们给出参数检验的方法中，显著水平 α 事先选定，因而我们可以控制犯第一类错误的概率. 这种只考虑控制犯第一类错误的概率，而不考虑犯第二类错误概率的检验法则称为显著性检验. 本书只介绍这种检验，为了查表方便，显著水平 α 通常取 0.1，0.05，0.01，0.005，0.001等.

在显著性假设检验中，事先选定显著水平 α，先假定原假设 H_0 成立，然后利用小概率(即 α)事件在一次试验中几乎不可能发生的原理进行推理. 如果该小概率事件在一次抽样中发生了，推出矛盾，我们就拒绝原假设 H_0，接受 H_1，即认为 H_0 不成立，H_1 成立. 根据式(8.1.4)，这时我们可能犯错误概率就是很小的 α，可以说原假设是显著的不成立. 所以这种检验称为显著性检验，α 也称为显著水平. 若上述小概率事件在一次抽样中没有发生，这时没有找到拒绝 H_0 的理由，我们只得认为 H_0 成立. 但这并不是说 H_0 就一定成立，因为这时还可能犯第二类错误，它的概率是 β，β 有可能很大.

由上述分析，在显著性假设检验中，拒绝 H_0 接受 H_1 是理直气壮，接受 H_0 是无可奈何. 也正因为如此，在作这种检验时，提出什么样的断言是原假设与什么样的断言是备择假设就显得比较重要了. 选择原假设 H_0 与备择假设 H_1 的一般策略：首先选择 H_0、H_1，使得后果严重的错误成为第一类错误；如果在两类错误中，没有一类错误的后果更严重需要避免时，常常把有把握，有经验的结论作为原假设，把有怀疑、想得到证实的结论作为备择假设. 在实际问题中一般把需要检验的命题或者根据问题的性质，直观上认为可能成立的命题作为备择假设 H_1.

三、假设检验的基本步骤

由上述分析，我们得到作显著性假设检验的一般步骤：

(1) 根据已知条件和问题的要求提出原假设 H_0 与备择假设 H_1；

(2) 确定检验统计量，并在 H_0 成立的条件下，给出检验统计量的分布，要求其分布不依赖于任何未知参数；

(3) 确定拒绝域,由检验统计量的分布和事先给定的显著水平,分析备择假设 H_1,直观合理地确定拒绝域;

(4) 作一次具体的抽样,根据样本值计算检验统计量的观察值,判定它是否属于拒绝域,从而作出拒绝或接受 H_0 的决策.

习题 8-1

1. 在一个假设检验问题中,当检验最终结果是接受 H_1 时,可能犯什么错误?
在一个假设检验问题中,当检验最终结果是拒绝 H_1 时,可能犯什么错误?

2. 假设检验问题中,在显著水平 0.01 下,一次抽样检验结果接受原假设,在显著水平 0.05 下,上述抽样结果是否还保证接受原假设?

3. 某厂有一批产品 200 件,须经检验合格才能出厂,按国家标准次品率不得超过 1%,今在其中任抽 5 件,发现其中有一件次品,

(1) 当次品率为 1%时,求在 200 件产品中随机抽 5 件,其中有 1 件次品的概率?

(2) 根据实际推断原理,问这批产品是否可以出厂?

4. 某厂每天生产的产品分三批包装,规定每批产品的次品率都低于 0.01 才能出厂.若产品符合出厂条件,今从三批产品中各任抽一件,抽到的三件有 0, 1, 2, 3 件次品的概率各是多少?若某日用以上方法抽到了次品,问该产品能否出厂?

5. 你能分析一下假设检验与区间估计的联系和差别吗?

第二节 正态总体的假设检验

上一节我们介绍了假设检验的基本概念与检验方法,本节我们利用这套方法对正态总体中的未知参数进行检验.

一、单一正态总体数学期望 μ 的假设检验

1. 已知 $\sigma^2=\sigma_0^2$ 时, μ 的假设检验

设总体 $X\sim N(\mu, \sigma^2)$,已知 $\sigma^2=\sigma_0^2$, μ 未知, X_1, X_2, …, X_n 是来自总体 X 的样本.

(1) μ 的双边检验

在总体上作假设:

$$H_0: \mu=\mu_0(\text{已知}),\ H_1: \mu\neq\mu_0.$$

检验总体的均值 μ,使用 μ 的无偏估计量 $\overline{X}$,将 $\overline{X}$ 标准化,得到检验统计量

$$U=\frac{\overline{X}-\mu}{\sigma_0/\sqrt{n}}. \tag{8.2.1}$$

若 H_0 为真，$U=\dfrac{\overline{X}-\mu_0}{\sigma_0/\sqrt{n}}\sim N(0,1)$.

现由 U 的分布，寻求一个在原假设成立时的小概率事件，即拒绝域. 由标准正态分布特点，U 的取值主要集中在 0 点附近，偏离 0 点较远的两侧是小概率事件，设显著水平为 α，令

$$P\{|U|\geqslant k\}=P\left\{\left|\frac{\overline{X}-\mu_0}{\sigma/\sqrt{n}}\right|\geqslant k\right\}=\alpha,$$

得到
$$k=z_{\frac{\alpha}{2}}.$$

这里 $k=z_{\frac{\alpha}{2}}$ 是标准正态分布的上 $\dfrac{\alpha}{2}$ 分位点，可以查表求得.

所以拒绝域
$$W=\{|U|\geqslant z_{\frac{\alpha}{2}}\}.$$

将样本观察值 $x_1, x_2, \cdots, x_n$ 代入式(8.2.1)，求出 U 的观察值 u，当 $u\in W$ 时，则在显著水平 α 下，拒绝 H_0（接受 H_1），否则接受 H_0（拒绝 H_1）.

在上述假设下，H_0 的拒绝域 $W=\{|U|\geqslant z_{\frac{\alpha}{2}}\}=(-\infty, -z_{\frac{\alpha}{2}}]\cup[z_{\frac{\alpha}{2}}, +\infty)$，它在数轴上处于接受域 $\overline{W}=(-z_{\frac{\alpha}{2}}, z_{\frac{\alpha}{2}})$ 的左右两边，具有这样特点的检验称作双边检验.

(2) μ 的单边检验

这时在正态总体中检验：

$$H_0: \mu\leqslant\mu_0(\text{或 }\mu<\mu_0),\ H_1: \mu>\mu_0(\text{或 }\mu\geqslant\mu_0).$$

考虑统计量

$$U=\frac{\overline{X}-\mu_0}{\sigma_0/\sqrt{n}}.$$

注意：由于 μ 的真值(设为 μ_1)不一定等于 μ_0，即使 H_0 为真，这里 U 也不能肯定服从 $N(0,1)$，这时不好直接利用 U 确定拒绝域.

为了确定拒绝域 W，先设显著水平为 α，

$$P_{H_0}(W)=P\{\text{拒绝 }H_0/H_0\text{ 为真}\}=P\{\text{接受 }H_1/H_0\text{ 为真}\}\leqslant\alpha.$$

若接受 H_1，μ 的真值 $\mu_1>\mu_0$，又 $\overline{X}$ 是 μ 的无偏估计，$\overline{X}$ 的观察值 $\bar{x}$ 落在 μ_1 附近，导致 U 的观察值就有偏大的倾向，因而拒绝域 W 的形式可设为

$$U=\frac{\overline{X}-\mu_0}{\sigma_0/\sqrt{n}}\geqslant k.$$

$$P_{H_0}(W)=P_{H_0}\{U\geqslant k\}=P_{H_0}\left\{\frac{\overline{X}-\mu_0}{\sigma/\sqrt{n}}\geqslant k\right\}\leqslant\alpha.$$

如何确定上式中的 k?

当 H_0 为真时，$\dfrac{\overline{X}-\mu_1}{\sigma_0/\sqrt{n}} \sim N(0, 1)$，考虑

$$P\left\{\frac{\overline{X}-\mu_1}{\sigma_0/\sqrt{n}} \geqslant z_\alpha\right\} = \alpha,\text{（这里 } z_\alpha \text{ 是标准正态分布的上 } \alpha \text{ 分位点）}$$

又
$$\frac{\overline{X}-\mu_1}{\sigma_0/\sqrt{n}} \geqslant \frac{\overline{X}-\mu_0}{\sigma_0/\sqrt{n}},$$

所以
$$\left\{\frac{\overline{X}-\mu_0}{\sigma_0/\sqrt{n}} \geqslant z_\alpha\right\} \subseteq \left\{\frac{\overline{X}-\mu_1}{\sigma_0/\sqrt{n}} \geqslant z_\alpha\right\},$$

$$P\left\{\frac{\overline{X}-\mu_0}{\sigma_0/\sqrt{n}} \geqslant z_\alpha\right\} \leqslant P\left\{\frac{\overline{X}-\mu_1}{\sigma_0/\sqrt{n}} \geqslant z_\alpha\right\} = \alpha.$$

由此确定拒绝域
$$W = \left\{\frac{\overline{X}-\mu_0}{\sigma_0/\sqrt{n}} \geqslant z_\alpha\right\} = \{U \geqslant z_\alpha\}.$$

根据抽样结果算出 U 的观察值 u，当 $u \in W$ 时，则在显著水平 α 下，拒绝 H_0（接受 H_1），否则接受 H_0（拒绝 H_1）.

若检验 $H_0: \mu \geqslant \mu_0$（或 $\mu > \mu_0$），$H_1: \mu < \mu_0$（或 $\mu \leqslant \mu_0$）.

仍考虑统计量
$$U = \frac{\overline{X}-\mu_0}{\sigma_0/\sqrt{n}}.$$

用完全类似的方法得到：在水平 α 下的拒绝域 $W=\{U \leqslant -z_\alpha\}$.

上述两种假设下，检验的拒绝域在数轴上位于接受域 $\overline{W}$ 的右边（左边），具有这样特点的检验称作单边检验. 正态总体中，σ^2 已知，均值 μ 的检验使用的统计量都是 U，这种检验通常也称作 u 检验.

2. 当 σ^2 未知，数学期望 μ 的假设检验

(1) μ 的双边检验

这里 $H_0: \mu = \mu_0$，$H_1: \mu \neq \mu_0$.

检验总体的均值 μ，仍使用 μ 的无偏估计量 $\overline{X}$，由于总体方差 σ^2 未知，用样本标准差 S 代替式(8.2.1)中的 σ_0，得到检验统计量 $T=\dfrac{\overline{X}-\mu_0}{S/\sqrt{n}}$.

若 H_0 为真，$T = \dfrac{\overline{X}-\mu_0}{S/\sqrt{n}} \sim t(n-1)$.

类似于 1 中的推导，可得到在显著水平 α 下，拒绝域 W 为

$$W=\{|T|\geqslant t_{\frac{\alpha}{2}}(n-1)\}.$$

这里 n 为样本容量，$t_{\frac{\alpha}{2}}(n-1)$是自由度为$(n-1)$的 t 分布的上$\frac{\alpha}{2}$分位点.

(2) μ 的单边检测

这里 H_0：$\mu\leqslant\mu_0$(或 $\mu<\mu_0$)，H_1：$\mu>\mu_0$(或 $\mu\geqslant\mu_0$).

同样设检验统计量为 $$T=\frac{\overline{X}-\mu_0}{S/\sqrt{n}}.$$

这时只要将上面 1(2)情形的检验统计量表达式中的 σ_0 替换成 S，检验统计量服从标准正态分布替换成现在的自由度为$(n-1)$的 t 分布，推导出：在显著水平 α 下，拒绝域 W 为

$$W=\{T\geqslant t_\alpha(n-1)\}.$$

这里 $t_\alpha(n-1)$是自由度为$(n-1)$的 t 分布的上 α 分位点. 详细推导过程留作练习.

根据抽样的样本值算出 T 的观察值 t，当 $t\in W$ 时，则在水平 α 下，拒绝 H_0(接受 H_1)，否则接受 H_0.

用类似的方法得到水平 α 下检验 H_0：$\mu\geqslant\mu_0$(或 $\mu>\mu_0$)，H_1：$\mu<\mu_0$(或 $\mu\leqslant\mu_0$)

检验统计量为 $$T=\frac{\overline{X}-\mu_0}{S/\sqrt{n}}.$$

拒绝域 W 为

$$W=\{T<-t_\alpha(n-1)\}.$$

上述讨论知，对于单一正态总体，σ^2 未知，均值 μ 的检验使用的统计量都是 T，服从 t 分布，这种检验通常也称作 t 检验.

归纳以上结果，列出表 8-1：

表 8-1　单一正态总体期望 μ 的假设检验

类别	H_0	H_1	已知 $\sigma^2=\sigma_0^2$ 时		σ^2 未知时	
			检验统计量	拒绝域 W	检验统计量	拒绝域 W
双边检验	$\mu=\mu_0$	$\mu\neq\mu_0$	$U=\frac{\overline{X}-\mu_0}{\sigma_0/\sqrt{n}}$	$\|U\|\geqslant z_{\frac{\alpha}{2}}$	$T=\frac{\overline{X}-\mu_0}{S/\sqrt{n}}$	$\|T\|\geqslant t_{\frac{\alpha}{2}}(n-1)$
单边检验	$\mu\leqslant\mu_0$	$\mu>\mu_0$		$U\geqslant z_\alpha$		$T\geqslant t_\alpha(n-1)$
	$\mu\geqslant\mu_0$	$\mu<\mu_0$		$U\leqslant -z_\alpha$		$T\leqslant -t_\alpha(n-1)$

【例 1】　若矩形的宽与长之为 0.618 将给人一个良好的感觉. 某工艺厂的矩形工艺框架宽与长之比 X 服从 $N(\mu,\sigma^2)$，现随机抽取 20 个测得其比值为

0.699	0.749	0.645	0.670	0.612	0.672	0.615	0.606	0.690	0.628
0.668	0.611	0.606	0.609	0.601	0.553	0.570	0.844	0.576	0.933

试问在 $\alpha=0.05$ 下能否认为其均值为 0.618？

解 由题意作假设

$$H_0: \mu=\mu_0=0.618, H_1: \mu\neq 0.618.$$

由于 σ^2 未知，故用 t 检验法，统计量

$$T=\frac{\overline{X}-\mu_0}{S/\sqrt{n}}.$$

拒绝域 W 为

$$\begin{aligned} W &= \{|T|\geqslant t_{\frac{\alpha}{2}}(n-1)\} \\ &= \{|T|\geqslant t_{0.025}(20-1)\} \\ &= \{|T|\geqslant 2.0930\}. \end{aligned}$$

由样本值算出 $\overline{x}=0.6578$ $s=0.0993$，

所以检验统计量 T 的观察值

$$t=\frac{\overline{x}-\mu_0}{s/\sqrt{n}}=\frac{0.6578-0.618}{0.0933/\sqrt{20}}=1.9077.$$

因为 $$|t|=1.9907<2.0930,$$

即样本观察值未落入拒绝域内，所以在 $\alpha=0.05$ 下，接受 H_0，认为其均值为 0.618.

【例 2】 某食品厂生产一大批食品罐头，根据生产过程和经验认为，每听罐头中维生素 C 的含量服从 $N(\mu, 3.98^2)$，按规定只有当 $\mu\geqslant 21$ 毫克时，产品才可以出厂，现从中随机抽查 17 个罐头，测得其维生素 C 含量(单位:毫克)的均值为 20 毫克，向这批罐头是否可以出厂？($\alpha=0.025$)

解 这里 $n=17$，$\sigma_0^2=3.98^2$，$\overline{x}=20$，

因为 $\overline{x}=20<21$，故而假设备择假设 $H_1: \mu<21$，原假设 $H_0: \mu\geqslant 21$.

由于 σ^2 已知，故用 U 统计量

$$U=\frac{\overline{X}-\mu_0}{\frac{\sigma_0}{\sqrt{n}}}=\frac{\overline{X}-21}{\frac{3.98}{\sqrt{17}}}.$$

拒绝域为

$$W=\{U \mid U<-z_{\alpha}\}=\{U \mid U<-z_{0.025}\}=\{U \mid U<-1.96\}.$$

根据抽样结果,计算 $u = \dfrac{20-21}{3.98/\sqrt{17}} \approx -1.036$,

因为 $u=-1.036>-1.96$,

所以在 $\alpha=0.025$ 下,接受 $H_0: \mu \geqslant 21$,即认为这批罐头可以出厂.

注意:如果我们将上述解法中的 H_0 和 H_1 的位置颠倒,就会出现和上述检验结果完全相反的推断,现把这种解法列于下:

解 设 $H_0: \mu<21$, $H_1: \mu \geqslant 21$.

由于 σ^2 已知,用 U 统计量 $U = \dfrac{\overline{X}-\mu_0}{\dfrac{\sigma_0}{\sqrt{n}}} = \dfrac{\overline{X}-21}{\dfrac{3.98}{\sqrt{17}}}$.

拒绝域 W 为 $W = \{U \mid U \geqslant z_\alpha\} = \{U \mid U \geqslant 1.96\}$.

由于 $u = \dfrac{20-21}{3.98/\sqrt{17}} \approx -1.036 < 1.96$,

所以在 $\alpha=0.025$ 下,接受 $H_0: \mu<21$,即认为这批罐头不可以出厂.

若利用这一次抽样结果,在 $\alpha=0.025$ 水平下,要求给出明确的检验结果,根据 H_0 和 H_1 的不对称性和 H_0 与 H_1 的选择原则,把 H_0 设为 $\mu<21$, H_1 设为 $\mu \geqslant 21$ 是不适当的,所以上面这种解法是不合理的,这一点应引起读者的注意.

【例 3】 (成对数据的检验)

10 个失眠患者,服用甲、乙两种安眠药,延长睡眠时间如下表所示:

药物 \ 患者	1	2	3	4	5	6	7	8	9	10
甲安眠药 X	1.9	0.8	1.1	0.1	−0.1	4.4	5.5	1.6	4.6	3.4
乙安眠药 Y	0.7	−1.6	−0.2	−1.2	−0.1	3.4	3.7	0.8	0	2.0

问:这两种安眠药的疗效有无显著性差异?(取 $\alpha=0.05$)(可以认为服用两种安眠药后增加的睡眠时间之差近似服从正态分布)

解 若甲、乙两种安眠药延长的睡眠时间只受随机误差的影响,则由误差理论可知

$$d_i = X_i - Y_i \sim N(0, \sigma^2),$$

所以问题化为方差 σ^2 未知的双边检验问题

$$H_0: \mu = 0, H_1: \mu \neq 0,$$

这里 d_i 分别为 1.2, 2.4, 1.3, 1.3, 0, 1.0, 1.8, 0.8, 4.6, 1.4.

拒绝域 W 为 $$W=\{|T|\geqslant t_{\frac{\alpha}{2}}(n-1)\}.$$

计算得 $\bar{d}=1.58,\ s=1.167,\ \sqrt{n}=\sqrt{10}=3.162,$

而 $$t_{\frac{\alpha}{2}}(n-1)=t_{0.025}(9)=2.262,$$

因 T 的观察值 $$t=\frac{|\bar{d}-\mu_0|}{s/\sqrt{n}}=\frac{|1.58-0|}{1.167/\sqrt{10}}=4.281>2.262,$$

故拒绝 H_0,即认为这两种安眠药的疗效有显著差异.

二、单一正态总体方差 σ^2 的假设检验

设总体 $X\sim N(\mu,\sigma^2)$, σ^2 未知, X_1, X_2, …, X_n 是来自总体 X 的样本.

1. 已知 $\mu=\mu_0$ 时, σ^2 的假设检验

(1) σ^2 的双边检验

这时, $H_0: \sigma^2=\sigma_0^2$, $H_1: \sigma^2\neq\sigma_0^2$.

若 H_0 为真,随机变量函数

$$\frac{\sum_{i=1}^{n}(X_i-\mu_0)^2}{\sigma_0^2}\sim\chi^2(n),$$

所以设检验统计量

$$\chi^2=\frac{\sum_{i=1}^{n}(X_i-\mu_0)^2}{\sigma_0^2}\sim\chi^2(n).$$

若接受 H_1,由于 $\frac{1}{n}\sum_{i=1}^{n}(X_i-\mu_0)^2$ 是 σ^2 的无偏估计,样本容量 n 一定时, $\chi^2=\frac{\sum_{i=1}^{n}(X_i-\mu_0)^2}{\sigma_0^2}$ 应该体现出偏大或偏小趋势,故拒绝域 W 的形式为

$$\chi^2\leqslant k_1 \text{ 和 } \chi^2\geqslant k_2.$$

设显著性水平为 α,令 $P_{H_0}(W)=P\{\chi^2\leqslant k_1\}+P\{\chi^2\geqslant k_2\}=\alpha$,

确定 k_1 和 k_2:为了犯第二类错误的概率尽可能地小,且计算又方便,常取 k_1, k_2 使

$$P\{\chi^2\leqslant k_1\}=P\{\chi^2\geqslant k_2\}=\frac{\alpha}{2},$$

由χ^2 分布上分位点定义容易得

$$k_2 = \chi^2_{\frac{\alpha}{2}}(n), \quad k_1 = \chi^2_{1-\frac{\alpha}{2}}(n),$$

所以拒绝域是 $W = \{\chi^2 \leqslant \chi^2_{1-\frac{\alpha}{2}}(n)\} \cup \{\chi^2 \geqslant \chi^2_{\frac{\alpha}{2}}(n)\}$.

(2) σ^2 的单边检验

这里 $H_0: \sigma^2 \leqslant \sigma_0^2$(或 $\sigma^2 < \sigma_0^2$), $H_1: \sigma^2 > \sigma_0^2$(或 $\sigma^2 \geqslant \sigma_0^2$).

同样设检验统计量为 $\chi^2 = \dfrac{\sum\limits_{i=1}^{n}(X_i - \mu_0)^2}{\sigma_0^2}$.

类似前述讨论,在显著性水平 α 下得到拒绝域 $W = \{\chi^2 \geqslant \chi^2_{\alpha}(n)\}$.

同样,在显著水平 α 下检验

$$H_0: \sigma^2 \geqslant \sigma_0^2(\text{或 } \sigma^2 > \sigma_0^2),\ H_1: \sigma^2 < \sigma_0^2(\text{或 } \sigma^2 \leqslant \sigma_0^2).$$

仍取检验统计量 $\chi^2 = \dfrac{\sum\limits_{i=1}^{n}(X_i - \mu_0)^2}{\sigma_0^2}$,

得到拒绝域 $W = \{\chi^2 \leqslant \chi^2_{1-\alpha}(n)\}$.

2. $\boldsymbol{\mu}$ 未知时,$\boldsymbol{\sigma^2}$ 的假设检验

(1) σ^2 的双边检验

这时检验 $H_0: \sigma^2 = \sigma_0^2$, $H_1: \sigma^2 \neq \sigma_0^2$.

若 H_0 为真,随机变量函数

$$\frac{\sum\limits_{i=1}^{n}(X_i - \overline{X})^2}{\sigma_0^2} = \frac{(n-1)S^2}{\sigma_0^2} \sim \chi^2(n-1),$$

这里取检验统计量 $\chi^2 = \dfrac{(n-1)S^2}{\sigma_0^2} \sim \chi^2(n-1)$.

样本容量 n 一定时,考察$\dfrac{S^2}{\sigma_0^2}$的大小,由于 S^2 是 σ^2 的无偏估计,在 H_0 成立下,若$\dfrac{S^2}{\sigma_0^2}$过大或过于接近 0,则说明 σ^2 偏离 σ_0^2 较大,有理由拒绝 H_0,拒绝域 W 的形式为

$$\chi^2 \leqslant k_1 \text{ 和} \chi^2 \geqslant k_2.$$

设显著性水平为 α,令 $P_{H_0}(W) = P\{\chi^2 \leqslant k_1\} + P\{\chi^2 \geqslant k_2\} = \alpha$.

为了使检验法最优,且计算又方便,常取 k_1, k_2 使

$$P\{\chi^2 \leqslant k_1\} = P\{\chi^2 \geqslant k_2\} = \frac{\alpha}{2},$$

由χ^2分布上分位点定义容易得

$$k_2 = \chi^2_{\frac{\alpha}{2}}(n-1), \quad k_1 = \chi^2_{1-\frac{\alpha}{2}}(n-1),$$

所以拒绝域是

$$W = \{\chi^2 \leqslant \chi^2_{1-\frac{\alpha}{2}}(n-1)\} \cup \{\chi^2 \geqslant \chi^2_{\frac{\alpha}{2}}(n-1)\},$$

(2) σ^2 的单边检验

检验 H_0：$\sigma^2 \leqslant \sigma_0^2$（或 $\sigma^2 < \sigma_0^2$），H_1：$\sigma^2 > \sigma_0^2$（或 $\sigma^2 \geqslant \sigma_0^2$）.

设检验统计量为 $\chi^2 = \dfrac{(n-1)S^2}{\sigma_0^2}$.

在显著性水平 α 下能够得到拒绝域 $W = \{\chi^2 \geqslant \chi^2_{\alpha}(n-1)\}$.

在显著水平 α 下检验

$$H_0: \sigma^2 \geqslant \sigma_0^2（或 \sigma^2 > \sigma_0^2），H_1: \sigma^2 < \sigma_0^2（或 \sigma^2 \leqslant \sigma_0^2）.$$

仍取检验统计量 $\chi^2 = \dfrac{(n-1)S^2}{\sigma_0^2}$,

得到拒绝域 $W = \{\chi^2 \leqslant \chi^2_{1-\alpha}(n-1)\}$.

上述讨论可知，对于单一正态总体，方差 σ^2 假设检验使用的统计量都服从χ^2分布，这种检验通常也称作χ^2 检验.

表 8-2 列出了在各种情况下，单一正态总体方差 σ^2 假设检验的统计量和拒绝域，n 样本容量，S^2 为样本方差.

表 8-2　单一正态总体方差 σ^2 的假设检验

类别	H_0	H_1	已知 $\mu=\mu_0$		μ 未知	
			检验统计量	拒绝域 W	检验统计量	拒绝域 W
双边检验	$\sigma^2=\sigma_0^2$	$\sigma^2\neq\sigma_0^2$	$\chi^2=\dfrac{\sum_{i=1}^{n}(X_i-\mu_0)^2}{\sigma_0^2}$	$\chi^2\geqslant\chi^2_{\frac{\alpha}{2}}(n)$ $\chi^2\leqslant\chi^2_{1-\frac{\alpha}{2}}(n)$	$\chi^2=\dfrac{(n-1)S^2}{\sigma_0^2}$	$\chi^2\geqslant\chi^2_{\frac{\alpha}{2}}(n-1)$ $\chi^2\leqslant\chi^2_{1-\frac{\alpha}{2}}(n-1)$
单边检验	$\sigma^2\leqslant\sigma_0^2$	$\sigma^2>\sigma_0^2$		$\chi^2\geqslant\chi^2_{\alpha}(n)$		$\chi^2\geqslant\chi^2_{\alpha}(n-1)$
	$\sigma^2\geqslant\sigma_0^2$	$\sigma^2<\sigma_0^2$		$\chi^2\leqslant\chi^2_{1-\alpha}(n)$		$\chi^2\leqslant\chi^2_{1-\alpha}(n-1)$

【例 4】 某车间生产金属丝的折断力服从 $N(\mu,\sigma^2)$，质量一向稳定，方差 $\sigma^2=64$（公斤^2）. 现从一批金属丝中抽查 10 根，测得折断力的样本方差为 75.73（公

斤^2),问是否可以认为这批金属丝折断力的方差也是64(公斤^2),(α=0.05).

解 问题归结为在未知μ时,σ^2的双边检验,这时

$$H_0: \sigma^2 = 64,\ H_1: \sigma^2 \neq 64, n = 10,\ s^2 = 75.73.$$

统计量是$\chi^2 = \dfrac{(n-1)S^2}{\sigma_0^2} = \dfrac{(n-1)S^2}{64}$.

拒绝域是 $W = \{\chi^2 \leqslant \chi^2_{1-\frac{\alpha}{2}}(n-1),\ \chi^2 \geqslant \chi^2_{\frac{\alpha}{2}}(n-1)\}$

$= \{\chi^2 \leqslant \chi^2_{0.975}(9) = 2.700,\ \chi^2 \geqslant \chi^2_{0.025}(9) = 19.023\}$.

因为χ^2的观察值 $\chi^2 = \dfrac{9 \times 75.73}{64} \approx 10.65 \notin W$,

所以在α=0.05下,接受H_0,即认为这批金属丝折断力的方差与64(公斤^2)无显著差异.

三、两个正态总体均值比较的假设检验

设两总体$X \sim N(\mu_1, \sigma_1^2)$,$Y \sim N(\mu_2, \sigma_2^2)$,并且$X$、$Y$相互独立,$S_1^2$,$S_2^2$分别为它们的样本方差,$n_1$,$n_2$分别为样本容量,表8-3列出了在各种情况下,两正态总体数学期望假设检验的统计量和拒绝域.

表8-3 两个正态总体均值比较的假设检验

类别	H_0	H_1	已知σ_1^2,σ_2^2		σ_1^2,σ_2^2未知,但$\sigma_1^2=\sigma_2^2=\sigma^2$	
			检验统计量	拒绝域W	检验统计量	拒绝域W
双边检验	$\mu_1=\mu_2$	$\mu_1\neq\mu_2$	$U=\dfrac{\overline{X}-\overline{Y}}{\sqrt{\dfrac{\sigma_1^2}{n_1}+\dfrac{\sigma_2^2}{n_2}}}$	$\lvert U\rvert \geqslant z_{\frac{\alpha}{2}}$	$T=\dfrac{\overline{X}-\overline{Y}}{S_w\sqrt{\dfrac{1}{n_1}+\dfrac{1}{n_2}}}$	$\lvert T\rvert \geqslant t_{\frac{\alpha}{2}}(n_1+n_2-2)$
单边检验	$\mu_1\leqslant\mu_2$	$\mu_1>\mu_2$		$U\geqslant z_\alpha$		$T\geqslant t_\alpha(n_1+n_2-2)$
	$\mu_1\geqslant\mu_2$	$\mu_1<\mu_2$		$U\leqslant -z_\alpha$		$T\leqslant -t_\alpha(n_1+n_2-2)$

表8-3中各个拒绝域的推导过程都完全类似,作为例子,下面推导当σ_1^2,σ_2^2未知,但$\sigma_1^2=\sigma_2^2=\sigma^2$时,两总体期望单边检验的拒绝域.

检验假设$H_0: \mu_1 \leqslant \mu_2$,$H_1: \mu_1 > \mu_2$.

原假定H_0是比较两正态总体均值的大小,考虑用两正态总体样本均值的差$\overline{X}-\overline{Y}$,已知与之相关随机变量的函数$\dfrac{\overline{X}-\overline{Y}-(\mu_1-\mu_2)}{S_w\sqrt{\dfrac{1}{n_1}+\dfrac{1}{n_2}}} \sim t(n_1+n_2-2)$,但式中$\mu_1$与$\mu_2$未知,不能用作检测统计量,现在设统计量$T = \dfrac{\overline{X}-\overline{Y}}{S_w\sqrt{\dfrac{1}{n_1}+\dfrac{1}{n_2}}}$.

由于 $H_1: \mu_1 > \mu_2$，又 $\overline{X}$，$\overline{Y}$ 分别是 μ_1 和 μ_2 的无偏估计量，故而拒绝域 W 的形式应体现出 $(\overline{X}-\overline{Y})$ 偏大，所以设 W 形式为 $T \geqslant k$.

由于 T 的精确分布算不出来，所以我们再设

$$T' = \frac{\overline{X}-\overline{Y}-(\mu_1-\mu_2)}{S_w\sqrt{\dfrac{1}{n_1}+\dfrac{1}{n_2}}} \sim t(n_1+n_2-2).$$

设显著性水平为 α，令 $\qquad P\{T' \geqslant k\} = \alpha$，

得到 $\qquad k = t_\alpha(n_1+n_2-2)$.

若原假设 $H_0: \mu_1 \leqslant \mu_2$ 成立，$T < T'$，

所以 $\qquad \{T \geqslant k\} \subset \{T' \geqslant k\}$，$P\{T \geqslant k\} \leqslant P\{T' \geqslant k\}$.

此时成立不等式 $\quad P\{T \geqslant t_\alpha(n_1+n_2-2)\} \leqslant P\{T' \geqslant t_\alpha(n_1+n_2-2)\} = \alpha$，

由此确定拒绝域 $\qquad W = \{T \geqslant t_\alpha(n_1+n_2-2)\}$.

四、两正态总体方差的假设检验

设两总体 $X \sim N(\mu_1, \sigma_1^2)$，$Y \sim N(\mu_2, \sigma_2^2)$，并且 X，Y 相互独立，S_1^2，S_2^2 分别为它们的样本方差，n_1，n_2 分别为它们的样本容量，表 8-4 列出了在各种情况下，两个正态总体方差假设检验的统计量和拒绝域.

表 8-4　两个正态总体方差比较的假设检验

类别	H_0	H_1	已知 μ_1，μ_2		μ_1，μ_2 未知	
			检验统计量	拒绝域 W	检验统计量	拒绝域 W
双边检验	$\sigma_1^2 = \sigma_2^2$	$\sigma_1^2 \neq \sigma_2^2$	$F = \dfrac{\frac{1}{n_1}\sum_{i=1}^{n_1}(X_i-\mu_1)^2}{\frac{1}{n_2}\sum_{i=1}^{n_2}(Y_i-\mu_2)^2}$	$F \geqslant F_{\frac{\alpha}{2}}(n_1, n_2)$ $F \leqslant \dfrac{1}{F_{\frac{\alpha}{2}}(n_2, n_1)}$	$F = \dfrac{S_1^2}{S_2^2}$	$F \geqslant F_{\frac{\alpha}{2}}(n_1-1, n_2-1)$ $F \leqslant \dfrac{1}{F_{\frac{\alpha}{2}}(n_2-1, n_1-1)}$
单边检验	$\sigma_1^2 \leqslant \sigma_2^2$	$\sigma_1^2 > \sigma_2^2$		$F \geqslant F_\alpha(n_1, n_2)$		$F \geqslant F_\alpha(n_1-1, n_2-1)$
	$\sigma_1^2 \geqslant \sigma_2^2$	$\sigma_1^2 < \sigma_2^2$		$F \leqslant \dfrac{1}{F_\alpha(n_2, n_1)}$		$F \leqslant \dfrac{1}{F_\alpha(n_2-1, n_1-1)}$

表 8-4 中各个拒绝域的推导过程都完全类似，作为例子下面推导当 μ_1，μ_2 未知时，两个总体方差双边的拒绝域.

这里检验 $H_0: \sigma_1^2 = \sigma_2^2$，$H_1: \sigma_1^2 \neq \sigma_2^2$.

原假设 H_0 断言两正态总体的方差相等，考虑用两正态总体样本方差的商 $\dfrac{S_1^2}{S_2^2}$，与之相关随机变量的函数

$$\frac{S_1^2/S_2^2}{\sigma_1^2/\sigma_2^2} \sim F(n_1-1,\ n_2-1),$$

式中 σ_1^2 与 σ_2^2 未知,但在原假设 H_0 为真时,$\sigma_1^2=\sigma_2^2$,统计量

$$F=\frac{S_1^2}{S_2^2} \sim F(n_1-1,\ n_2-1).$$

由于 S_1^2, S_2^2 分别是 σ_1^2 和 σ_2^2 的无偏估计,当 S_1^2 与 S_2^2 比值 F 过大或过于接近 0 时,有理由否定 H_0,故拒绝域 W 的形式应体现出 F 偏大或偏小,设 W 的形式为

$$F \leqslant k_1 \text{ 和 } F \geqslant k_2.$$

设显著性水平为 α,令　$P\{F \leqslant k_1\}+P\{F \geqslant k_2\}=\alpha$,
要确定 k_1 和 k_2 的值,为了使检验法最优,并方便计算,令

$$k_2=F_{\frac{\alpha}{2}}(n_1-1,\ n_2-1),$$

则
$$k_1=F_{1-\frac{\alpha}{2}}(n_1-1,n_2-1),$$

所以拒绝域:

$$W=\{F \geqslant F_{\frac{\alpha}{2}}(n_1-1,\ n_2-1)\} \cup \left\{F \leqslant \frac{1}{F_{\frac{\alpha}{2}}(n_2-1,\ n_1-1)}\right\}.$$

从表 8-4 可以看出在两正态总体方差的假设检验中,选用的统计量都服从 F 分布,这种检验通常也称作 F 检验.

【例 5】 设甲、乙两车间生产的灯泡的寿命 X 和 Y 分别服从正态分布 $N(\mu_1,\sigma_1^2)$ 和 $N(\mu_2,\sigma_2^2)$,从甲、乙两车间分别抽出 50 只和 60 只灯泡,测得其数据如下:

甲车间:$n_1=50$,$\overline{x}=1\ 282$ 小时,$s_1=80$ 小时

乙车间:$n_2=60$,$\overline{y}=1\ 208$ 小时,$s_2=94$ 小时
问:甲、乙两车间生产的灯泡的质量是否可以认为相同?($\alpha=0.05$)

分析:所谓两车间生产的灯泡的质量相同应该是它们生产的灯泡平均寿命相同,寿命的稳定性一样,即:$M_1=M_2$,$\sigma_1^2=\sigma_2^2$.

解 (1) 先检验两总体的方差,因为 μ_1,μ_2 未知,所以作 F 检验的双边检验.

设　H_0: $\sigma_1^2=\sigma_2^2$,H_1: $\sigma_1^2 \neq \sigma_2^2$,$n_1=50$,$n_2=60$,$s_1=80$,$s_2=94$.

$$\text{拒绝域 } W=\left\{F \geqslant F_{\frac{\alpha}{2}}(n_1-1,\ n_2-1),\ F \leqslant \frac{1}{F_{\frac{\alpha}{2}}(n_2-1,\ n_1-1)}\right\}$$
$$=\left\{F \geqslant F_{0.025}(49,\ 59),\ F \leqslant \frac{1}{F_{0.025}(59,\ 49)}\right\}$$
$$=\{F \geqslant 1.74,\ F \leqslant 0.56\}.$$

F 的观察值　$f=\dfrac{80^2}{94^2} \approx 0.72 \notin W.$

所以在 $\alpha=0.05$ 下,接受 H_0,即认为 $\sigma_1^2=\sigma_2^2$.

(2) 再检验两总体的期望,因为 σ_1^2, σ_2^2 均为未知,但 $\sigma_1^2=\sigma_2^2$,所以作 t 检验的双边检验,设 $H_0: \mu_1=\mu_2$, $H_1: \mu_1\neq\mu_2$.

$$\overline{x}=1\,282, \quad \overline{y}=1\,208,$$

拒绝域 $W=\{|T|\geqslant t_{\frac{\alpha}{2}}(n_1+n_2-2)\}=\{|T|\geqslant t_{0.025}(108)\}$

$=\{|T|\geqslant 1.96\}$.

(因 $t_{0.025}(108)\approx Z_{0.975}$)

计算 $s_w=\sqrt{\dfrac{(n_1-1)s_1^2+(n_2-1)s_2^2}{n_1+n_2-2}}=\sqrt{\dfrac{49\times 80^2+59\times 94^2}{108}}\approx 87.92$,

$$t=\frac{1\,282-1\,208}{87.92\sqrt{\dfrac{1}{50}+\dfrac{1}{60}}}\approx 4.395,$$

因为 $|t|=4.395>1.96$,所以在 $\alpha=0.05$ 下,拒绝 H_0,即认为 $\mu_1\neq\mu_2$.

综合(1)和(2)的结果,在显著水平 $\alpha=0.05$ 下,我们可以认为两个车间生产的灯泡的质量存在显著差异.

思考题:本题能否先检验两总体的期望?

习题 8-2

1. 设正态总体 $N(\mu, \sigma^2)$, μ, σ^2 均为未知,试推导出双边检验 $H_0: \mu=\mu_0$, $H_1: \mu\neq\mu_0$ 的拒绝域 W.

2. 某手表厂生产的女表表壳,正常情况下,其直径(单位:mm)服从正态分布 $N(20, 1)$,在某天的生产过程中抽查 5 只表壳,测得直径分别为 19 19.5 19 20 20.5,问生产是否正常?($\alpha=0.05$)

3. 一种元件,要求其平均使用寿命不得低于 1 000 小时,现从这批元件中随机抽取 25 只,测得其平均寿命为 950 小时,已知该元件寿命服从标准差 $\sigma=100$ 小时的正态分布,试在显著性水平 $\sigma=0.05$ 下确定这批元件是否合格.

4. 正常人的脉搏平均为 72 次/分,现某医生测得 10 例慢乙基上铅中毒患者的脉捕(次/分)如下:

54 67 78 68 70 67 66 70 69 65

已知乙基四铅中毒者的脉搏服从正态分布,试问:乙基四铅中毒者和正常人的脉搏有无显著的差异?($\alpha=0.05$)

5. 原有一台仪器测量电阻时,误差的相应方差是 0.06 Ω,现有一台新的仪器,对一个电阻测量 10 次,测得的值如下(单位:Ω)

1.101 1.103 1.105 1.099 1.098 1.104 1.101 1.100 1.095 1.100

问新的仪器的精确性是否比原有仪器好?($\alpha=0.10$)

6. 测定某种溶液中的水份，它是 10 个测定值给出：$\overline{x}=0.452\%$，$s=0.037\%$，设测定值总体为正态分布，μ 为总体均值，试在 $\alpha=0.05$ 下，检验：

(1) $H_0: \mu \geqslant 0.5\%$，$H_1: \mu < 0.5\%$

(2) $H_0': \sigma \geqslant 0.04\%$，$H_1': \sigma < 0.04\%$

7. 检查一批保险丝，抽取 10 根，在通过强电流后熔化后需时间(秒)为 65　42　78　75　71　69　68　57　55　54，在 $\alpha=0.05$ 下，问(已知熔化时间服从 $N(\mu, \sigma^2)$)．

(1) 能否认为这批保险丝的平均熔化时间少于 65 秒？

(2) 能否认为熔化时间的方差不超过 80？

8. 某种导线，要求其电阻的标准差不得超过 0.005 Ω，今在生产的一批导线中抽取样品 9 根，测得 $S=0.007$ Ω，设总体为正态分布，问在水平 $\alpha=0.05$ 下能认为这批导线电阻的标准差显著地偏大吗？

9. A 厂三车间生产的铜丝的折断力已知服从正态分布，生产一直很稳定，今从产品中随机抽出 9 根检查折断力，测得数据如下(单位：kg)：589　268　285　284　286　285　286　292　298，问是否可以相信该车间的铜丝折断力的方差为 20？($\alpha=0.05$)

10. 设从正态总体 $N(\mu, 9)$ 中抽取容量为 n 的样本 $X_1, X_2, \cdots, X_n$，问 n 不能超过多少才能在 $\overline{X}=21$ 的条件下接受假设 $H_0: \mu=21.5$ ($\alpha=0.05$)？

11. 有甲、乙两位化验员，每次同时去工厂取污水化验，测得水中含氯量(ppm)一次，下面是 8 家工厂的化验记录：

试验号数	1	2	3	4	5	6	7	8
甲	4.3	3.2	3.8	3.5	3.5	4.8	3.3	3.9
乙	4.1	3.3	4.0	3.4	3.6	4.9	3.4	3.8

设各对数据的差 $z_i=x_i-y_i$ 来自正态总体，问这两位化验员化验结果之间是否有显著差异？($\alpha=0.01$)

12. 使用 A(电学法)和 B(混合法)两种方法来研究冰的潜热，样本都是 −0.72℃的冰，下列数据是每克冰从 −0.72℃变为 0℃水的过程中热量变化(卡/克)

A：79.78　80.04　80.02　80.04　80.03　80.04　79.97　80.05　80.03　80.02　80.00　8.02

B：80.02　79.94　79.97　79.98　80.03　79.95　79.97

假定用每种方法测得的数据都服从正态分布，并且它们的方差相等，试在 $\alpha=0.05$ 下检验 H_0：两种方法的总体均值相等．

13. 为比较成年男女红细胞数的差别，检查正常男子 36 名，女子 25 名，测得男性的均值和方差分别为 465.13 和 54.80^2，测得女性的均值和方差分别为 422.16 和 49.30^2，假设血液中红细胞数服从正态分布，问($\alpha=0.05$)

(1) 男女的红细胞数目的不均匀性是否一致？即问两正态总体的方差是否相同？

(2) 性别对红细胞数目有无影响？

14. 两位化验员 A、B 对一处矿砂的含铁量各自独立用同一方法做了 5 次分析，测得样本方差分别为 0.432 2 和 0.500 6，若 A、B 测定值的总体都是正态总体，其方差分别为 σ_A^2 和 σ_B^2，试在水平 $\alpha=0.05$ 下检验方差齐性假设 $H_0: \sigma_A^2=\sigma_B^2$.

第三节 (0—1)分布总体参数 p 的大样本检验

在实际问题中，除正态总体外还会遇到其它总体. 本节讨论(0—1)分布总体中参数 p 的假设检验.

设总体 $X\sim(0, 1)$，X 的分布律为

$$f(x;\ p)=p^x(1-p)^{1-x},\ x=0,\ 1.$$

$X_1, X_2, \cdots, X_n$ 是取自总体 X 的简单随机样本；$\overline{X}$ 是样本均值，由于这时总体 X 的均值 $\mu=p$，关于参数 p 的检验也就是对总体 X 均值的检验，所以与正态总体均值检验一样，p 检验也有三种类型：

(1) $H_0: p=p_0 \quad H_1: p\neq p_0$

(2) $H_0: p\leqslant p_0 \quad H_1: p>p_0$

(3) $H_0: p\geqslant p_0 \quad H_1: p<p_0$

当类型(1)中的 H_0 成立时，总体方差 $\sigma^2=p_0(1-p_0)$，考虑统计量

$$U=\frac{\overline{X}-\mu_0}{\sigma/\sqrt{n}}=\frac{\overline{X}-p_0}{\sqrt{\dfrac{p_0(1-p_0)}{n}}},$$

样本容量 n 充分大时(容量 $n>30$)，由中心极限定理，这个统计量近似服从标准正态分布. 因此在大样本场合下，可利用它作为检验统计量，对上述参数 p 的假设作近似 u 检验. 同前面分析，可以得到这三种类型假设的相应拒绝域如表 8-5，其中 z_α 是标准正态分布的上 α 分位点.

表 8-5 (0—1)总体参数 p 的大样本检验

类 别	H_0	H_1	检验统计量	拒绝域 W
双边检验	$p=p_0$	$p\neq p_0$	$U=\dfrac{\overline{X}-p_0}{\sqrt{\dfrac{p_0(1-p_0)}{n}}}$	$\lvert U\rvert\geqslant z_{\frac{\alpha}{2}}$
单边检验	$p\leqslant p_0$	$p>p_0$		$U\geqslant z_\alpha$
	$p\geqslant p_0$	$p<p_0$		$U\leqslant -z_\alpha$

【例 1】 有一大批产品，从中随机抽查 100 件，查出其中有 60 件是一级品，问是否可以认为这批产品的一级品率为 65%($\alpha=0.10$).

解 设随机变量 X 为

$$X=\begin{cases}1, & \text{抽查一件发现为一级品}\\0, & \text{抽查一件发现不是一级品}\end{cases}$$

显见 $X\sim(0—1)$分布，这样问题就归结为参数 p 的双边检验

设 $H_0: p=p_0=0.65$，$H_1: p\neq p_0$

$n=100$，$\sum\limits_{i=1}^{100}x_i=60$，$\overline{x}=0.60$，

拒绝域 W 为

$$W=\{|U|\geqslant z_{\frac{\alpha}{2}}\}=\{|U|\geqslant z_{\frac{0.10}{2}}\}=\{|U|\geqslant 1.65\}.$$

而 U 的观察值 $$u=\frac{0.6-0.65}{\sqrt{\frac{0.65(1-0.65)}{100}}}\approx -1.05,$$

因为 $$|u|=1.05<1.65.$$

所以在 $\alpha=0.10$ 下，接受 H_0，即可认为这批产品的一级品率为 65%.

【例 2】 某厂有一批产品须经检验后方可出厂，按规定次品率不得超过 3%，今从中随机抽查 100 件产品，经检验后发现有 4 件次品，问这批产品能否出厂？($\alpha=0.025$)

解 问题可归纳(0—1)总体参数 p 的单边检验

设 $H_0: p\leqslant 0.03$，$H_1: p>0.03$

$$n=100,\ \sum_{i=1}^{100}x_i=4,\quad \overline{x}=0.04,$$

拒绝域为 $$W=\{U\geqslant z_{0.025}\}=\{U\geqslant 1.96\}.$$

现在 U 的观察值 $$u=\frac{0.04-0.03}{\sqrt{\frac{0.03(1-0.03)}{100}}}\approx 0.59,$$

因为 $$u=0.59<1.96,$$

所以在 $\alpha=0.025$ 下，接受 H_0，即可认为这批产品准许出厂.

习题 8-3

1. 有一大批产品，从中随机抽查 50 件，查出其中有 31 件是一级品，问是否可以认为这批产品的一级品率为 65%($\alpha=0.10$)？

2. 某公司验收一批电子元件，按规定次品率不超过 3%时，才允许接受，今从其中随机地抽 75 件样品进行检查，发现其中有 3 件次品，问这批电子元件是否可以接受？($\alpha=0.025$)

3. 在某城市抽样调查了15户家庭，其中有6户拥有小汽车. 问该城市拥有小汽车家庭的比率是否大于30%（$\alpha=0.05$）？

4. 某药品广告上声称该药品对某种疾病的治愈率为90%，一家医院对该种药品临床使用120例，治愈85人，问该药品广告是否真实（$\alpha=0.05$）？

第四节 分布函数的拟合优度检验

以上几节我们讨论了关于总体分布中的未知参数的假设检验，在这些假设检验中总体分布的类型是已知的，然而在许多场合，并不知道总体分布的类型，此时首选需要根据样本提供的信息，对总体分布的种种假设进行检验，本节所介绍的χ^2拟合优度检验法就是其中的一种方法，它由英国著名统计学家卡尔・皮尔逊（K・Pearson）于1900年提出.

χ^2 **检验法**：是在总体的分布为未知，根据样本值$x_1, x_2, \cdots, x_n$来检验关于总体分布的假设：

H_0：总体X的分布函数为$F(x)$　　H_1：总体X的分布函数不是$F(x)$

注意：若总体X为连续型，则假设相当于H_0：总体X的概率密度为$f(x)$.

若总体X为离散型，则假设相当于H_0：总体X的分布律为$P\{X=t_i\}=p_i$ $(i=1, 2, \cdots)$. 必须指出，用χ^2检验法检验假设H_0时，若在假设H_0下$F(x)$的形式已知，但其中含有未知参数，这时需要先用极大似然估计法估计参数，然后再作检验.

χ^2检验法的基本想法：将总体X可能取值的全体Ω分成k个不相交的集合（一般取10个左右）：$A_1, A_2, \cdots, A_k$，计算样本观察值$x_1, x_2, \cdots, x_n$中落入A_i $(i=1, 2, \cdots, k)$的个数f_i（称为实际频数）. 当H_0为真时，我们又能根据H_0中所假设X的分布函数计算出样本值落入A_i内的概率$P_i=P(A_i)$及理论频数nP_i. 我们知道f_i与nP_i这两个数往往有些差异，但在H_0为真且样本容量n充分大时，两数差的平方$(f_i-nP_i)^2$一般应接近于零而不会太大，基于这种想法，皮尔逊构造

$$\chi^2=\sum_{i=1}^{k}\frac{(f_i-nP_i)^2}{nP_i} \tag{8.4.1}$$

作为检验假设的H_0的统计量，并证明了以下定理.

定理（皮尔逊） 若n充分大，则当H_0为真时，不论H_0中的分布属于什么类型，式(8.4.1)所示统计量总是近似服从自由度为$(k-r-1)$的χ^2分布，即

$$\chi^2=\sum_{i=1}^{k}\frac{(f_i-nP_i)^2}{nP_i}\sim\chi^2(k-r-1)$$

近似成立，其中 r 是分布中被估计参数的个数.

于是，对于给定的显著性水平 α，H_0 的拒绝域 W 为

$$W=\{\chi^2\geqslant\chi^2_\alpha(k-r-1)\}.$$

若χ^2 的观察值落在 W 内，则拒绝 H_0；否则，接受 H_0.

χ^2 检验法是在 n 充分大的条件下得到的，所以在使用时必须注意 n 要足够大及 nP_i 不要太小，根据实际经验，要求 $n\geqslant 50$，理论频数 $nP_i\geqslant 4$，否则要适当合并集合 A_i 以满足这个要求.

【例 1】 一颗骰子掷 120 次，得下列结果：

点数 X_i	1	2	3	4	5	6
出现次数	23	26	21	20	15	15

试在 $\alpha=0.05$ 下用χ^2 检验法检验这颗骰子是否均匀、对称.

解 如果这颗骰子是均匀、对称的，每次掷出可能出现的六个点数概率相同.

故可设 H_0：$p\{X=i\}=\dfrac{1}{6}\quad(i=1,2,\cdots,6)$

若 H_0 为真，则 $\chi^2=\sum\limits_{i=1}^{6}\dfrac{(f_i-nP_i)^2}{nP_i}\sim\chi^2(5)$，

查表知 $\chi^2_\alpha(5)=\chi^2_{0.05}(5)=11.071$，

拒绝域 $W=\{\chi^2\geqslant 11.071\}$.

列表计算

点数(A_i)	频数 f_i	nP_i	f_i-nP_i	$\dfrac{(f_i-nP_i)^2}{nP_i}$
1	23	20	3	0.45
2	26	20	6	1.8
3	21	20	1	0.05
4	20	20	0	0
5	15	20	−5	1.25
6	15	20	−5	1.25
$\sum$	120			4.8

χ^2 的观察值 $4.80<11.071$，故接受 H_0，即在 $\alpha=0.05$ 下，认为这颗骰子是均匀、对称的.

【**例 2**】 从一批化纤中抽取 $n=120$ 根进行拉伸试验，用 X 表示拉伸强度（公斤），样本值分组如下，样本均值 $\overline{x}=28.5$，$B_2=57$，试检验假设

$$H_0: X \sim N(\mu, \sigma^2) \quad (\alpha=0.05)$$

序号	分组	f_i	序号	分组	f_i
1	2.5～7.5	1	6	27.5～32.5	35
2	7.5～12.5	2	7	32.5～37.5	24
3	12.5～17.5	5	8	37.5～42.5	7
4	17.5～22.5	14	9	42.5～47.5	3
5	22.5～27.5	28	10	47.5～52.5	1

解 设 $H_0: X \sim N(\mu, \sigma^2)$

$$f(x)=\frac{1}{\sqrt{2\pi}\sigma}e^{-\frac{(x-\mu)^2}{2\sigma^2}} \quad (-\infty, +\infty)$$

用极大似然估计法得 $\hat{\mu}=\overline{x}=28.5$，$\hat{\sigma}^2=B_2=57$

<table>
<tr><th>序号</th><th>分组</th><th>f_i</th><th>P_i</th><th>nP_i</th><th>f_i-nP_i</th><th>$\frac{(f_i-nP_i)^2}{nP_i}$</th></tr>
<tr><td>1</td><td>$-\infty$～7.5</td><td>1</td><td rowspan="3">0.072</td><td rowspan="3">8.64</td><td rowspan="3">−0.64</td><td rowspan="3">0.500 0</td></tr>
<tr><td>2</td><td>7.5～12.5</td><td>2</td></tr>
<tr><td>3</td><td>12.5～17.5</td><td>5</td></tr>
<tr><td>4</td><td>17.5～22.5</td><td>14</td><td>0.141</td><td>16.92</td><td>−2.92</td><td>0.504 0</td></tr>
<tr><td>5</td><td>22.5～27.5</td><td>28</td><td>0.235</td><td>28.20</td><td>−0.20</td><td>0.001 4</td></tr>
<tr><td>6</td><td>27.5～32.5</td><td>35</td><td>0.254</td><td>30.45</td><td>4.52</td><td>0.670 0</td></tr>
<tr><td>7</td><td>32.5～37.5</td><td>24</td><td>0.181</td><td>21.72</td><td>2.28</td><td>0.237 0</td></tr>
<tr><td>8</td><td>37.5～42.5</td><td>7</td><td rowspan="3">0.117</td><td rowspan="3">14.04</td><td rowspan="3">−3.04</td><td rowspan="3">0.908 0</td></tr>
<tr><td>9</td><td>42.5～47.5</td><td>3</td></tr>
<tr><td>10</td><td>47.5～52.5</td><td>1</td></tr>
<tr><td>$\sum$</td><td></td><td>120</td><td></td><td></td><td></td><td>2.820 4</td></tr>
</table>

因 $\chi_{\alpha}^2(k-r-1)=\chi_{0.05}^2(6-2-1)=\chi_{0.05}^2(3)=7.82$

所以 $W=\{\chi^2 \geqslant 7.82\}$，

而χ^2 的观察值 $\chi^2=2.820\,4<7.82$，

所以，在 $\alpha=0.05$ 下，接受 H_0，即认为这批化纤的拉伸强度 $X\sim N(28.5, 57)$.

习题 8-4

1. 为了考察某公路上通过汽车辆数的规律，记录每 15 秒内通过汽车的辆数，统计工作持续了 50 分钟，得频数分布如下表：

辆数 i	0	1	2	3	4	$\geqslant 5$
频数 f_i	92	68	28	11	1	0

问 15 秒钟内通过汽车的辆数是否服从泊松分布？($\alpha=0.05$)

2. 某工厂近 5 年来发生了 50 次事故，按星期几分类如下：

星　期	一	二	三	四	五
次　数	9	10	11	8	12

问：事故的发生是否与星期几有关？($\alpha=0.05$)

3. 某种 220 V-25 W 的白炽灯泡随机抽取 20 只，测得其光能量 X 的观察值如下(单位：J)

216　203　208　197　209　206　203　202　207　203

194　218　202　193　206　208　204　206　208　204

试在 $\alpha=0.05$ 下用 χ^2 检验法检验光能量 X 是否服从正态分布？

4. 对某厂生产的电容器进行耐压试验，记录 43 只电容的最低击穿电压，数据如下：

耐试电压	3.8	3.9	4.0	4.1	4.2	4.3	4.4	4.5	4.6	4.7	4.8
击穿频数	1	1	1	2	7	8	8	4	6	4	1

试检验耐压数据是否服从正态分布？($\alpha=0.10$)

第九章　方差分析和回归分析

前面我们介绍了统计推断的基本内容——参数估计和假设检验.在这一基础上,本章介绍两个用途广泛的实用统计模型:单因素方差分析模型和一元线性回归分析模型.

第一节　单因素方差分析

在科学试验和生产实践中,影响一个事件的因素往往很多.例如,在工业生产中,产品的质量往往受到原材料、设备、技术及员工素质等因素的影响.虽然在众多因素中,每个因素的改变都可能影响到最终的结果,但有些因素影响大,有些因素影响小,所以在实际问题中,就有必要找出对事件最终结果有显著影响的那些因素.方差分析就是根据试验的结果进行分析,通过建立数学模型,鉴别各个因素影响效应的一种有效方法.本节介绍单因素方差分析,只考虑一个因子(其它因子不变)影响指标时的统计分析方法.

一、单因素方差分析实例

【例 1】 某灯泡厂用四种不同的配料方案制成灯丝,生产四批灯泡,在每批灯泡中随机抽取若干个灯泡,测其使用寿命(单位:小时),所得数据如下:

	1	2	3	4	5	6	7	8
A_1	1 600	1 610	1 650	1 680	1 700	1 700	1 780	
A_2	1 500	1 640	1 400	1 700	1 750			
A_3	1 640	1 550	1 600	1 620	1 640	1 600	1 740	1 800
A_4	1 510	1 520	1 530	1 570	1 640	1 680		

试问这四种灯丝生产的灯泡的使用寿命有无显著性差异?

在这个实例中,指标是灯泡的使用寿命,影响指标的因子只有一个,即灯丝的配料,因子有四个不同的水平,记为 A_1, A_2, A_3, A_4.我们把这批灯泡进行试验所有可能测得的使用寿命作为总体 X,把一种配料方案生产的灯泡进行试验所有可能测得的使用寿命作为总体 X 的部分总体,那么总体 X 分成四个部分总体.把这四个部分总体分别记为 A_1, A_2, A_3, A_4. 按题意,我们得到了来自部分总体 A_1, A_2, A_3, A_4 的样本:$(x_{11}, x_{21}, \cdots, x_{71})$, $(x_{12}, x_{22}, \cdots, x_{52})$, $(x_{13}, x_{23}, \cdots, x_{83})$, $(x_{14}, x_{24}, \cdots, x_{64})$. 题中已测得它们的样本值. 这里随机变量 x_{ij} 表示在第 j 个水平下,第 i 次试验可能测得灯泡的使用寿命. 现在我们假设,部分总体都服从正态分布,其数学期望分别为 μ_1, μ_2, μ_3, μ_4,并且假设四个部分总体有相同的方差 σ^2. 那么 $A_j \sim N(\mu_j, \sigma^2)$, $j=1, 2, 3, 4$,于是判断灯丝的配料对灯泡的使用寿命是否有显著影响的问题可以归纳为:

$$H_0: \mu_1 = \mu_2 = \mu_3 = \mu_4, \ H_1: \mu_1, \mu_2, \mu_3, \mu_4 \text{ 不全相等}$$

的假设检验问题. 如果拒绝 H_0,接受 H_1,认为 μ_1, μ_2, μ_3, μ_4 不全相等,就是认为灯丝配料的不同对灯泡的使用寿命的影响是显著的,如果接受 H_0,则认为灯丝配料对灯泡的使用寿命没有影响.

为了考察某个因子对试验指标的影响,往往把影响试验指标的其它因子固定,而把要考察的那个因子严格控制在几个不同状态或等级上进行试验,这样的试验称为单因素试验. 单因素方差分析就是根据单因素试验的数据,利用数理统计的理论和方法,判断该因子的各个水平对试验的指标是否有显著的影响.

二、单因素方差分析的数学模型

我们把单因素试验的所有可能指标称为总体,记为 X,设因子 A 取 s 个不同水平 A_1, A_2, $\cdots$, A_s,第 j 个水平 A_j 下的试验指标值记为 X_j,这样就有 s 个部分总体 X_1, X_2, $\cdots$, X_s,假定

$$X_j \sim N(\mu_j, \sigma^2), \ j = 1, 2, \cdots, s$$

在水平 A_j 下进行 n_j 次独立的试验,相当于从部分总体 X_j 中抽取了容量为 n_j 的样本 X_{1j}, X_{2j}, $\cdots$, $X_{n_j j}$ $(j=1, 2, \cdots, s)$,由正态性假设有

$$X_{ij} \sim N(\mu_j, \sigma^2), \ i = 1, 2, \cdots, n_j, \ j = 1, 2, \cdots, s$$

X_{ij} 是随机变量,在实际问题中, X_{ij} 就是在水平 A_j 的基础上第 i 次重复试验的试验结果数据,常用表 9-1 表示:

表 9-1　单因素试验结果数据表

部分总体	A_1	A_2	$\cdots$	A_s
样本值	X_{11}	X_{12}	$\cdots$	X_{1s}
	X_{21}	X_{22}	$\cdots$	X_{2s}
	$\vdots$	$\vdots$	$\cdots$	$\vdots$
	$X_{n_1 1}$	$X_{n_2 2}$	$\cdots$	$X_{n_s s}$

我们引进随机变量

$$\varepsilon_{ij}=X_{ij}-\mu_j,\ i=1,2,\cdots,n_j,\ j=1,2,\cdots,s$$

称 ε_{ij} 为随机误差. 显见 $\varepsilon_{ij}\sim N(0,\sigma^2)$. 所以单因素方差分析的数学模型可以归纳为

$$\begin{cases}X_{ij}=\mu_j+\varepsilon_{ij},\\ \varepsilon_{ij}\sim N(0,\sigma^2),\text{各 }\varepsilon_{ij}\text{ 相互独立}\end{cases}$$

这里 $\mu_1,\mu_2,\cdots,\mu_s$ 和 σ^2 都是未知参数.

单因素方差分析的主要任务是

(1) 求出未知参数 $\mu_1,\mu_2,\cdots,\mu_s$ 和 σ^2 的估计量.

(2) 根据样本值,检验假设:

$$H_0:\mu_1=\mu_2=\cdots=\mu_s$$

$$H_1:\mu_1,\mu_2,\cdots,\mu_s\text{ 不全相等}$$

(3) 当拒绝 H_0,接受 H_1 时,即认为因子 A 的变化对指标有显著影响时,求出 $(\mu_i-\mu_j)$ 的置信区间 $(i\neq j)$.

三、部分总体均值 $\boldsymbol{\mu_j}$ 和方差 $\boldsymbol{\sigma^2}$ 的估计

为了方便对 μ_j 和 σ^2 进行估计,我们引入以下记号:

$T_{\cdot j}=\sum\limits_{i=1}^{n_j}X_{ij}$ 称为部分样本和;

$\overline{X}_{\cdot j}=\dfrac{1}{n_j}\sum\limits_{i=1}^{n_j}X_{ij}=\dfrac{1}{n_j}T_{\cdot j}$ 称为部分样本均值;

$n=\sum\limits_{j=1}^{s}n_j,\ j=1,2,\cdots,s;$

$S_E=\sum\limits_{j=1}^{s}\sum\limits_{i=1}^{n_j}(X_{ij}-\overline{X}_{\cdot j})^2.$

1. 部分总体均值 $\boldsymbol{\mu_j}$ 的估计

在水平 A_j 下,由于 $X_{ij}\sim N(\mu_j,\sigma^2)$, $i=1,2,\cdots,n_j$, $\overline{X}_{\cdot j}$ 是部分样本均值,则 $E(\overline{X}_{\cdot j})=E\left(\dfrac{1}{n_j}\sum\limits_{i=1}^{n_j}X_{ij}\right)=\dfrac{1}{n_j}\sum\limits_{i=1}^{n_j}E(X_{ij})=u_j.$

令 $\hat{\mu}_j=\overline{X}_{\cdot j}$,则 $\hat{\mu}_j$ 是部分总体均值 μ_j 的无偏估计量, $j=1,2,\cdots,s$.

【例 2】 求例 1 中 μ_1,μ_2,μ_3,μ_4 的估计量 $\hat{\mu}_1,\hat{\mu}_2,\hat{\mu}_3,\hat{\mu}_4$.

解 $n_1=7,\ n_2=5,\ n_3=8,\ n_4=6$，经计算得

$$T_{\cdot 1}=11\,720,\ T_{\cdot 2}=7\,990,\ T_{\cdot 3}=13\,190,\ T_{\cdot 4}=9\,450,$$

所以

$$\hat{\mu}_1=\overline{X}_{\cdot 1}=\frac{T_{\cdot 1}}{n_1}=\frac{11\,720}{7}=1\,674.286,$$

$$\hat{\mu}_2=\overline{X}_{\cdot 2}=\frac{T_{\cdot 2}}{n_2}=\frac{7\,990}{5}=1\,598,$$

$$\hat{\mu}_3=\overline{X}_{\cdot 3}=\frac{T_{\cdot 3}}{n_3}=\frac{13\,190}{8}=1\,648.75,$$

$$\hat{\mu}_4=\overline{X}_{\cdot 4}=\frac{T_{\cdot 4}}{n_4}=\frac{9\,450}{6}=1\,575.$$

2. 方差 $\boldsymbol{\sigma}^2$ 的估计

在水平 A_j 下，由于 $X_{ij}\sim N(\mu_j,\sigma^2)$，$i=1,2,\cdots,n_j$，$\overline{X}_{\cdot j}$ 是部分样本均值，根据抽样分布定理得

$$\frac{\sum_{i=1}^{n_j}(X_{ij}-\overline{X}_{\cdot j})^2}{\sigma^2}\sim\chi^2(n_j-1).$$

根据χ^2 分布的可加性

$$\sum_{j=1}^{s}\frac{\sum_{i=1}^{n_j}(X_{ij}-\overline{X}_{\cdot j})^2}{\sigma^2}\sim\chi^2\Big(\sum_{j=1}^{s}(n_j-1)\Big)=\chi^2(n-s),$$

由于

$$\sum_{j=1}^{s}\frac{\sum_{i=1}^{n_j}(X_{ij}-\overline{X}_{\cdot j})^2}{\sigma^2}=\frac{\sum_{j=1}^{s}\sum_{i=1}^{n_j}(X_{ij}-\overline{X}_{\cdot j})^2}{\sigma^2}=\frac{S_E}{\sigma^2},$$

所以

$$\frac{S_E}{\sigma^2}\sim\chi^2(n-s).$$

根据χ^2 分布的性质

$$E\Big(\frac{S_E}{\sigma^2}\Big)=n-s,\ E\Big(\frac{S_E}{n-s}\Big)=\sigma^2,$$

令 $\hat{\sigma}^2 = \frac{S_E}{n-s}$，则 $\hat{\sigma}^2$ 为 σ^2 的无偏估计量.

四、单因素方差分析的假设检验

1. 平方和分解公式

为了使各 X_{ij} 之间的差异能够定量表示出来，我们继续引入如下记号：

$T_{\cdot\cdot} = \sum_{j=1}^{s}\sum_{i=1}^{n_j} X_{ij} = \sum_{j=1}^{s} T_{\cdot j}$ 表示因素 A 下的所有水平的样本总和；

$\overline{X} = \frac{1}{n}\sum_{j=1}^{s}\sum_{i=1}^{n_j} X_{ij} = \frac{1}{n}T_{\cdot\cdot}$ 表示因素 A 下的所有水平的样本总均值；

$S_T = \sum_{j=1}^{s}\sum_{i=1}^{n_j} (X_{ij} - \overline{X})^2$ 表示全部试验数据之间的差异，称为总偏差平方和；

$S_A = \sum_{j=1}^{s} n_j (\overline{X}_{\cdot j} - \overline{X})^2$ 表示每一水平下的样本均值与样本总均值的差异，它是由因素 A 取不同水平引起的，称为组间平方和(或效应平方和)；

$S_E = \sum_{j=1}^{s}\sum_{i=1}^{n_j} (X_{ij} - \overline{X}_{\cdot j})^2$ 表示在水平 A_j 下样本值与该水平下的样本均值之间的差异，它是由随机误差引起的，称为组内平方和(或误差平方和).

因为
$$\begin{aligned} S_T &= \sum_{j=1}^{s}\sum_{i=1}^{n_j} (X_{ij} - \overline{X})^2 = \sum_{j=1}^{s}\sum_{i=1}^{n_j} \left[(X_{ij} - \overline{X}_{\cdot j}) + (\overline{X}_{\cdot j} - \overline{X})\right]^2 \\ &= \sum_{j=1}^{s}\sum_{i=1}^{n_j} (X_{ij} - \overline{X}_{\cdot j})^2 + 2\sum_{j=1}^{s}\sum_{i=1}^{n_j} (X_{ij} - \overline{X}_{\cdot j})(\overline{X}_{\cdot j} - \overline{X}) + \\ &\quad \sum_{j=1}^{s} n_j (\overline{X}_{\cdot j} - \overline{X})^2, \end{aligned}$$

根据 $\overline{X}_{\cdot j}$ 和 $\overline{X}$ 的定义知 $\sum_{j=1}^{s}\sum_{i=1}^{n_j} (X_{ij} - \overline{X}_{\cdot j})(\overline{X}_{\cdot j} - \overline{X}) = 0$，

所以 $S_T = \sum_{j=1}^{s}\sum_{i=1}^{n_j} (X_{ij} - \overline{X}_{\cdot j})^2 + \sum_{j=1}^{s} n_j (\overline{X}_{\cdot j} - \overline{X})^2 = S_E + S_A$.

等式 $S_T = S_E + S_A$ 称为平方和分解式.

2. 单因素方差分析法

方差分析的主要任务是选择合适的统计量，根据统计量给出接受或拒绝原假设的结果. 若接受原假设，则说明对最终结果的影响在该因素各个不同水平之间无显著差异；若拒绝原假设，则说明该因素各个不同水平对最终结果的影响之间有显著差异. 下面我们利用平方和分解式给出方差分析的检验法，并最终得到单因素方差分析表.

假设 H_0 成立，则所有的 X_{ij} 服从正态分布 $N(\mu, \sigma^2)$，且相互独立，我们可以证明：

(1) $\frac{S_A}{\sigma^2} \sim \chi^2(s-1)$，且 $E\left(\frac{S_A}{s-1}\right)=\sigma^2$；

(2) S_E 与 S_A 相互独立.

因为$\frac{S_E}{\sigma^2} \sim \chi^2(n-s)$，且 $E\left(\frac{S_E}{n-s}\right)=\sigma^2$，

当 H_0 成立时，$\frac{S_A}{\sigma^2} \sim \chi^2(s-1)$，且 $E\left(\frac{S_A}{s-1}\right)=\sigma^2$，我们有 $E\left(\frac{S_A}{s-1}\right)=E\left(\frac{S_E}{n-s}\right)=\sigma^2$，

因此，$\frac{S_A/(s-1)}{S_E/(n-s)}$应接近于1，而当 H_0 不成立时，$\frac{S_A/(s-1)}{S_E/(n-s)}$与1比较应有明显偏大.

下面我们给出单因素方差分析的检验步骤：

(1) 提出统计假设. $H_0: \mu_1=\mu_2=\cdots=\mu_s$，$H_1: \mu_1, \mu_2, \cdots, \mu_s$ 不全相等；

(2) 取检验统计量. $F=\frac{S_A/s-1}{S_E/n-s}$；

当 H_0 为真时，$\frac{S_A}{\sigma^2} \sim \chi^2(s-1)$，$\frac{S_E}{\sigma^2} \sim \chi^2(n-s)$，且 S_E 与 S_A 相互独立，由 F 分布的定义，$F=\frac{S_A/s-1}{S_E/n-s} \sim F(s-1, n-s)$；

(3) 在显著性水平 α 下，拒绝域为 $F \geqslant F_\alpha(s-1, n-s)$；

(4) 编制单因素试验结果数据表，计算 $T_{..}$，$\sum_{j=1}^{s}\sum_{i=1}^{n_j}X_{ij}^2$，$S_T$，$S_A$，$S_E$，并填制单因素方差分析表，如表 9-2 所示：

表 9-2　单因素方差分析表

方差来源	平方和	自由度	均方	F	临界值
因子 A 随机误差	(S_A) (S_E)	$(s-1)$ $(n-s)$	$(\overline{S}_A)$ $(\overline{S}_E)$	$\left(\frac{\overline{S}_A}{\overline{S}_E}\right)$	$F_\alpha(s-1, n-s)$
总和	(S_T)	$(n-1)$			

表中 $\overline{S}_A=\frac{S_A}{s-1}$，$\overline{S}_E=\frac{S_E}{n-s}$分别称为 S_A，S_E 的均方. 表中(S_A)表示根据样本值统计量 S_A 相应的观察值，其它加括号部分也如此；

(5) 检验　当 F 的观察值 $\geqslant F_{\alpha}(s-1,\ n-s)$ 时，拒绝 H_0，接受 H_1，认为因子 A 对指标有显著影响. 否则接受 H_0，认为因子 A 对指标没有显著影响.

为了方便计算并保证正确性，在计算 S_T，S_A 和 S_E 时，通常用下列公式

$$S_T=\sum_{j=1}^{s}\sum_{i=1}^{n_j}(X_{ij}-\overline{X})^2=\sum_{j=1}^{s}\sum_{i=1}^{n_j}X_{ij}^2-\frac{1}{n}T_{\cdot\cdot}^2,$$

$$S_A=\sum_{j=1}^{s}n_j(\overline{X}_{\cdot j}-\overline{X})^2=\sum_{j=1}^{s}\frac{1}{n_j}T_{\cdot j}^2-\frac{1}{n}T_{\cdot\cdot}^2,$$

$$S_E=S_T-S_A=\sum_{j=1}^{s}\sum_{i=1}^{n_j}X_{ij}^2-\sum_{j=1}^{s}\frac{T_j^2}{n_j}.$$

【例 3】 计算例 1 中方差 σ^2 的无偏估计量 $\hat{\sigma}^2$ 的值.

解　编制单因素试验数据表如下：

部分总体	A_1	A_2	A_3	A_4
样本值	1 600 1 610 1 650 1 680 1 700 1 700 1 780	1 500 1 640 1 400 1 700 1 750	1 640 1 550 1 600 1 620 1 640 1 600 1 740 1 800	1 510 1 520 1 530 1 570 1 640 1 680
$T_{\cdot j}$	11 720	7 990	13 190	9 450
$X_{\cdot j}$	1 674. 29	1 598	1 648. 75	1 575

$n_1=7,\ n_2=5,\ n_3=8,\ n_4=6,\ n=26,$

$T_{\cdot\cdot}=11\,720+7\,990+13\,190+9\,450=42\,350,$

$$\sum_{j=1}^{s}\sum_{i=1}^{n_j}X_{ij}^2=1\,600^2+1\,610^2+\cdots+1\,640^2+1\,680^2=69\,199\,500,$$

$$S_T=69\,199\,500-\frac{1}{26}\times 42\,350^2=217\,865.4,$$

$$S_A=\frac{1}{7}\times 11\,720^2+\frac{1}{5}\times 7\,990^2+\frac{1}{8}\times 13\,190^2+\frac{1}{6}\times 9\,450-\frac{1}{26}\times 42\,350^2$$
$$=39\,776.4,$$

$$S_E=217\,865.4-39\,776.4=178\,089,$$

所以 $\hat{\sigma}^2=\dfrac{S_E}{n-s}=\dfrac{178\,089}{22}=8\,095.$

【例 4】 在显著性水平 $\alpha=0.05$ 下，用单因素方差分析法判断例 1 中灯丝配料对灯泡的使用寿命是否有显著影响？

解 (1) 提出统计假设. $H_0:\mu_1=\mu_2=\mu_3=\mu_4$，$H_1:\mu_1, \mu_2, \mu_3, \mu_4$ 不全相等；

(2) 取检验统计量. $F=\dfrac{S_A/s-1}{S_E/n-s}$；

(3) 在显著性水平 $\alpha=0.05$ 下，$F_\alpha(s-1, n-s)=F_{0.05}(3, 22)=2.35$，拒绝域为 $F\geqslant F_\alpha(s-1, n-s)=2.35$；

(4) 利用例 3 中获得的数据资料，填制单因素方差分析表

方差来源	平方和	自由度	均方	F	临界值
灯丝配料 随机误差	39 776.4 178 089	3 22	13 258.8 8 095	1.638	2.35
总和	217 865.4	25			

因为 $F=1.638<2.35$，故接受 H_0，认为四种不同的灯丝配料对灯泡的使用寿命没有显著的影响. 因此，灯泡厂在选择灯丝配料方案时就可以从降低成本等方面来考虑.

五、当拒绝 H_0 时 $\mu_j-\mu_k$ 的置信区间

当拒绝 H_0，接受 H_1 时，认为因子 A 的变化对指标有显著影响，这时常常需要作出两个部分总体 $X_j\sim N(\mu_j, \sigma^2)$，$X_k\sim N(\mu_k, \sigma^2)$，$j\neq k$ 的均值差 $(\mu_j-\mu_k)$ 的区间估计. 由于 $X_{1j}, X_{2j}, \cdots, X_{n_j j}$ 和 $X_{1k}, X_{2k}, \cdots, X_{n_k k}$ 是分别来自部分总体 X_j 和 X_k 样本，且各 X_{ij} 相互独立. 根据抽样分布的定理得到：

$$\overline{X}_{\cdot j}-\overline{X}_{\cdot k}\sim N\left(\mu_j-\mu_k, \left(\frac{1}{n_j}+\frac{1}{n_k}\right)\sigma^2\right)$$

$$\frac{(\overline{X}_{\cdot j}-\overline{X}_{\cdot k})-(\mu_j-\mu_k)}{\sigma\cdot\sqrt{\dfrac{1}{n_j}+\dfrac{1}{n_k}}}\sim N(0, 1)$$

因为 $\dfrac{S_E}{\sigma^2}\sim\chi^2(n-s)$，且 $\overline{X}_{\cdot j}-\overline{X}_{\cdot k}$ 与 S_E 相互独立（证略），

于是 $\dfrac{(\overline{X}_{\cdot j}-\overline{X}_{\cdot k})-(\mu_j-\mu_k)}{\sigma\cdot\sqrt{\dfrac{1}{n_j}+\dfrac{1}{n_k}}}$ 与 $\dfrac{S_E}{\sigma^2}$ 相互独立.

所以

$$T=\frac{\dfrac{(\overline{X}_{\cdot j}-\overline{X}_{\cdot k})-(\mu_j-\mu_k)}{\sigma\cdot\sqrt{\dfrac{1}{n_j}+\dfrac{1}{n_k}}}}{\sqrt{\dfrac{S_E}{\sigma^2(n-s)}}}=\frac{(\overline{X}_{\cdot j}-\overline{X}_{\cdot k})-(\mu_j-\mu_k)}{\sqrt{\overline{S}_E\left(\dfrac{1}{n_j}+\dfrac{1}{n_k}\right)}}\sim t(n-s),$$

据此得均值差$(\mu_j-\mu_k)$的置信度为$(1-\alpha)$的置信区间为

$$\left((\overline{X}_{\cdot j}-\overline{X}_{\cdot k})\pm t_{\frac{\alpha}{2}}(n-s)\sqrt{\overline{S}_E\left(\frac{1}{n_j}+\frac{1}{n_k}\right)}\right).$$

【例 5】 设有三台机器制造一种产品,对每台机器各观测 8 天,其每天的产量如下表所示:

机器号	每天的产量							
机器一	41	48	41	49	43	56	44	48
机器二	65	57	54	72	58	64	55	62
机器三	45	51	56	48	46	48	50	49

(1) 分别求三台机器每天的产量均值 μ_1, μ_2, μ_3 和方差 σ^2 的估计值.

(2) 在显著性水平 $\alpha=0.05$ 下,三台机器的日产量是否有显著差异?

(3) 若三台机器对日产量有显著影响,求 $\mu_1-\mu_2$, $\mu_2-\mu_3$, $\mu_3-\mu_1$ 的置信度为95%的置信区间.

解　$s=3$, $n_1=n_2=n_3=8$, $n=24$,

编制单因素试验数据表如下:

部分总体	A_1	A_2	A_3
样本值	41 48 41 49 43 56 44 48	65 57 54 72 58 64 55 62	45 51 56 48 46 48 50 49
$T_{\cdot j}$ $X_{\cdot j}$	370 46.25	487 60.88	393 49.13

$T_{\cdot\cdot}=370+487+393=1\,250$,

$$\sum_{j=1}^{s}\sum_{i=1}^{n_j}X_{ij}^2 = 41^2+48^2+\cdots+50^2+49^2 = 66\,582,$$

$$S_T = 66\,582-\frac{1}{24}\times 1\,250^2 = 1\,477.83,$$

$$S_A = \frac{1}{8}\times 370^2+\frac{1}{8}\times 487^2+\frac{1}{8}\times 393^2-\frac{1}{24}\times 1\,250^2 = 960.58,$$

$$S_E = 1\,477.83-960.58 = 517.25.$$

(1) $\hat{\mu}_1 = \overline{X}_{\cdot 1} = 46.25$, $\hat{\mu}_2 = \overline{X}_{\cdot 2} = 60.88$, $\hat{\mu}_3 = \overline{X}_{\cdot 3} = 49.13$,

$$\hat{\sigma}^2 = \frac{S_E}{n-s} = \frac{517.25}{21} = 24.63.$$

(2) 提出统计假设 $H_0:\mu_1=\mu_2=\mu_3$，$H_1:\mu_1,\mu_2,\mu_3$ 不全相等，

取检验统计量 $F = \dfrac{S_A/s-1}{S_E/n-s}$，

在显著性水平 $\alpha = 0.05$ 下，$F_\alpha(s-1,\ n-s) = F_{0.05}(2,\ 22) = 3.47$，

拒绝域为 $F \geqslant F_\alpha(s-1,\ n-s) = 3.47$，

填制单因素方差分析表：

方差来源	平方和	自由度	均方	F	临界值
机器	960.58	2	480.29	19.5	3.47
随机误差	517.25	21	24.63		
总和	1 477.83	23			

因为 $F=19.5>3.47$，故拒绝 H_0，认为这三台机器的日产量有显著差异.

(3) $\overline{X}_{\cdot 1} = 46.25$，$\overline{X}_{\cdot 2} = 60.88$，$\overline{X}_{\cdot 3} = 49.13$，

$\overline{X}_{\cdot 1}-\overline{X}_{\cdot 2} = -14.63$，$\overline{X}_{\cdot 2}-\overline{X}_{\cdot 3} = 11.75$，$\overline{X}_{\cdot 3}-\overline{X}_{\cdot 1} = 2.88$，

$\dfrac{1}{n_1}+\dfrac{1}{n_2} = \dfrac{1}{8}+\dfrac{1}{8} = \dfrac{1}{4}$，$\dfrac{1}{n_2}+\dfrac{1}{n_3} = \dfrac{1}{8}+\dfrac{1}{8} = \dfrac{1}{4}$，$\dfrac{1}{n_3}+\dfrac{1}{n_1} = \dfrac{1}{8}+\dfrac{1}{8} = \dfrac{1}{4}$，

$t_{\frac{\alpha}{2}}(n-s) = t_{0.025}(21) = 2.079\,6$，

$$t_{\frac{\alpha}{2}}(n-s)\cdot\sqrt{\overline{S}_E\left(\frac{1}{n_1}+\frac{1}{n_2}\right)} = 2.079\,6\times\sqrt{24.63\times\frac{1}{4}} = 5.16,$$

$$t_{\frac{\alpha}{2}}(n-s)\cdot\sqrt{\overline{S}_E\left(\frac{1}{n_2}+\frac{1}{n_3}\right)} = 2.079\,6\times\sqrt{24.63\times\frac{1}{4}} = 5.16,$$

$$t_{\frac{\alpha}{2}}(n-s)\cdot\sqrt{\overline{S}_E\left(\frac{1}{n_3}+\frac{1}{n_1}\right)} = 2.079\,6\times\sqrt{24.63\times\frac{1}{4}} = 5.16,$$

所以

$\mu_1-\mu_2$ 的置信度为 0.95 的置信区间：$(-14.63\pm5.16)=(-19.79, -9.47)$，

$\mu_2-\mu_3$ 的置信度为 0.95 的置信区间：$(11.75\pm5.16)=(6.59, 16.91)$，

$\mu_3-\mu_1$ 的置信度为 0.95 的置信区间：$(2.88\pm5.16)=(-2.28, 8.04)$.

习题 9-1

1. 用微分法推导单因素方差分析中 μ_j 的最小二乘估计为 $\hat{\mu}_j=\bar{x}_{\cdot j}$，$j=1, 2, \cdots, s$.

2. 一个年级有三个小班，他们进行了一次数学考试. 现从各个班级随机地抽取了一些学生，记录其成绩如下：

Ⅰ	73	66	73	89	60	77	82	45	43	93	80	36		
Ⅱ	88	77	74	78	31	80	48	78	56	91	62	85	51	76	96
Ⅲ	68	41	87	79	59	71	56	68	12	91	53	71	79		

试在显著性水平 $\alpha=0.05$ 下，检验各班级的平均分数有无显著差异？

3. 粮食加工厂用四种不同的方法储藏粮食，储藏一段时间后，分别抽样化验，得到粮食含水率(%)如下：

储藏方法	含水率				
Ⅰ	7.3	8.3	7.6	8.4	8.3
Ⅱ	5.8	7.4	7.1		
Ⅲ	8.1	6.4	7.0		
Ⅳ	7.9	9.0			

试在显著性水平 $\alpha=0.05$ 下，检验这四种不同的储藏方法对粮食的含水率是否有显著影响？

4. 用五种不同的施肥方案分别得到某种农作物的收获量(千克)如下：

施肥方案	收获量			
Ⅰ	67	67	55	42
Ⅱ	98	96	91	66
Ⅲ	60	69	50	35
Ⅳ	79	64	81	70
Ⅴ	90	70	79	88

试在显著性水平 $\alpha=0.01$ 下，检验这五种不同的施肥方案对农作物的收获量是否有显著影响？

5. 在单因素方差分析的模型下，当 $H_0:\mu_1=\mu_2=\cdots=\mu_s$ 为真时，证明：

(1) $\frac{S_T}{\sigma^2} \sim \chi^2(n-1)$,

(2) $\frac{S_T}{n-1}$ 也是 σ^2 的无偏估计量.

6. 在单因素方差分析的模型下,证明:$\sum_{j=1}^{s}\sum_{i=1}^{n_j}(X_{ij}-\overline{X}_{\cdot j})(\overline{X}_{\cdot j}-\overline{X})=0$.

第二节　一元线性回归

在客观世界中普遍存在变量之间的关系.变量之间的关系一般来说可分确定性和非确定性两种.确定性关系是指变量之间的关系可以用函数关系来表达,即当一个变量被完全确定后,按照某种规律另一个变量的数值就被完全确定.例如,电流与电压的关系可以用函数表达式 $I=V/R$ 来表示.另一种是非确定性的关系,这种关系无法用精确的数学式子表示.例如,合金的强度与合金中碳的含量有密切的关系,但是不能由碳的含量精确知道合金的强度,这是因为合金的强度还受到许多其它因素及一些无法控制的随机因素的影响,这种变量之间的非确定性关系称为相关关系.

回归分析就是根据已得的试验结果以及以往的经验建立统计模型,并研究变量间的相关关系,建立起变量之间关系的近似表达式,即回归方程,并由此对相应的变量进行预测和控制等.

回归(regression)一词是英国著名人类学家和气象学家高尔顿于 1885 年引入的.在《身高遗传中的平庸回归》的论文中,高尔顿阐述了他的重大发现:虽然高个子的父代会有高个子的子代,但子代的身高不像其父代,而是趋向于比他们的父代更加平均.就是说如果父亲的身材高大到一定程度,则儿子的身材要比父亲矮小一些;如果父亲的身材矮小到一定程度,则儿子的身材要比父亲高大一些.他用"regression"一词来描述子代身高与父代身高的这种关系.这就是回归一词在遗传学上的含义,回归的现代意义比其原始意义要广泛得多.

如果回归方程是线性方程,那么把这种统计分析方法称为线性回归分析.在线性分析中,当因变量和多个变量有关时,称为多元线性回归;而当因变量和一个自变量有关时,称为一元线性回归.本节主要介绍一元线性回归模型的估计、检验以及相应的预测和控制等问题.

一、一元线性回归的数学模型

我们通过一个具体的例子来说明一元线性回归模型是如何建立的.

【例 1】 为了研究温度对某个化学过程的生产量的影响,测得的数据(规范形

式)如下:

温度 x	-5	-4	-3	-2	-1	0	1	2	3	4	5
产量 y	1	5	4	7	10	8	9	13	14	13	18

为了研究这些数据之间的关系,将温度 x 作为横坐标,产量 y 作为纵坐标,在平面直角坐标系中作出散点图,如图 9-1 所示.

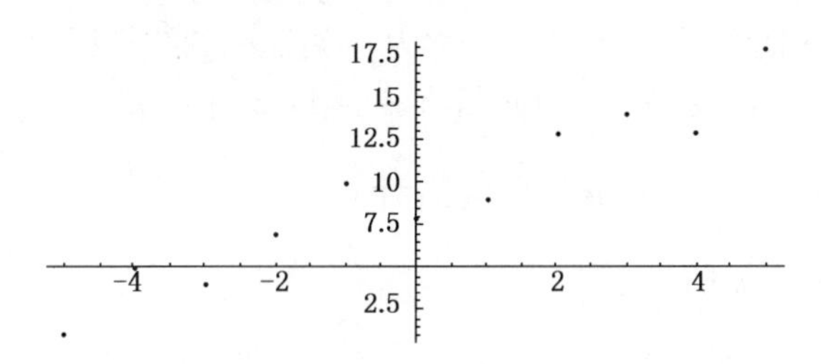

图 9-1 温度与产量关系的散点图

从图 9-1 可以看出,虽然这些点是散乱的,但它们大致在一条直线的附近,即表明虽然产量 y 不能由温度 x 确定,但大致上两者呈一线性关系. 如果我们假设它们的偏离是由于试验中的其它随机因素影响所致,则两者之间的关系可假设有下面的关系式:

$$y_i = a + bx_i + \varepsilon_i (i = 1, 2, \cdots, 11),$$

其中, a, b 是与 x 无关的未知参数, ε_i 是误差,表示其它因素对 x_i 取值的影响.

一般地,我们假定可以在随意指定 x 的 n 个不全相等的值 x_1, x_2, $\cdots$, x_n 时分别作 n 次独立试验,把这 n 次试验中因变量 y 可能取的观察结果依次记 y_1, y_2, $\cdots$, y_n,称 n 对变量组: (x_1, y_1), (x_2, y_2), $\cdots$, (x_n, y_n)为容量为 n 的样本.

假设对每一个 x 值,随机变量 y 有确定的分布,则 y 的数学期望 $E(Y)$ 是关于 x 的函数,记为 $\mu(x)$,即 $E(Y)=\mu(x)$. 通常称 $\mu(x)$ 为回归函数.

为了进行回归分析,我们作如下两个假设:

(1) 线性相关假设 设 $\mu(x) = a + bx$,这里 a, b 是与 x 无关的未知参数.

(2) 正态假设 设随机变量 $y \sim N(\mu(x), \sigma^2)$,这里 σ^2 是与 x 无关的未知参数.

引进随机变量 $\varepsilon = y - \mu(x)$,称随机变量 ε 为随机误差. 由于 $y \sim N(\mu(x), \sigma^2)$,所以 $\varepsilon \sim N(0, \sigma^2)$,于是

$$y = \mu(x) + \varepsilon = a + bx + \varepsilon.$$

综上所述，一元线性回归的数学模型可以归纳为

$$\begin{cases} y = a + bx + \varepsilon, \\ \varepsilon \sim N(0, \sigma^2), \end{cases}$$

这里 a, b, σ^2 是与 x 无关的未知参数，变量 x 是非随机变量.

如果根据样本 $(x_1, y_1), (x_2, y_2), \cdots, (x_n, y_n)$ 得到未知参数 a, b 和 σ^2 的估计量分别为 $\hat{a}, \hat{b}$ 和 $\hat{\sigma}^2$. 那么对于任何 x，方程 $\hat{y} = \hat{a} + \hat{b}x$ 就是回归函数 $\mu(x) = a + bx$ 的估计. 通常把方程 $\hat{y} = \hat{a} + \hat{b}x$ 称为 y 关于 x 的线性回归方程，简称回归方程，其直线称为回归直线. 称 $\hat{y}_i$ 为回归值，$i = 1, 2, \cdots, n$.

二、未知参数 a, b 和 σ^2 的点估计

1. 未知参数 a, b 的最小二乘估计

给定样本的一组观察值 $(x_1, y_1), (x_2, y_2), \cdots, (x_n, y_n)$，对于每个 x_i，由线性回归方程都可以确定回归值 $\hat{y}_i = \hat{a} + \hat{b}x_i$，回归值 $\hat{y}_i$ 与实际值 y_i 之差 $y_i - \hat{y}_i = y_i - \hat{a} - \hat{b}x_i$ 刻画了 y_i 与回归直线 $\hat{y} = \hat{a} + \hat{b}x$ 的偏离度. 人们希望：对所有 x_i，若 y_i 与 $\hat{y}_i$ 的偏离越小，则回归直线与所有试验点拟合得越好.

令 $Q(a, b) = \sum\limits_{i=1}^{n} (y_i - a - bx_i)^2$，表示所有观察值 y_i 与回归直线 $\hat{y}_i$ 的偏离平方和，它刻画了所有观察值与回归直线的偏离度. 最小二乘法就是寻求 a 与 b 的估计 $\hat{a}$ 与 $\hat{b}$，使 $Q(\hat{a}, \hat{b}) = \min Q(a, b)$.

根据多元微分学中求极值的方法，$\hat{a}, \hat{b}$ 应该满足下列方程组

$$\begin{cases} \dfrac{\partial Q}{\partial a} = -2\sum\limits_{i=1}^{n}(y_i - a - bx_i) = 0, \\ \dfrac{\partial Q}{\partial b} = -2\sum\limits_{i=1}^{n}(y_i - a - bx_i)x_i = 0, \end{cases}$$

整理后得

$$\begin{cases} na + (\sum\limits_{i=1}^{n} x_i)b = \sum\limits_{i=1}^{n} y_i, \\ (\sum\limits_{i=1}^{n} x_i)a + (\sum\limits_{i=1}^{n} x_i^2)b = \sum\limits_{i=1}^{n} x_i y_i, \end{cases}$$

方程组称为一元线性回归的正则方程组，于是最小二乘估计 $\hat{a}, \hat{b}$ 就是正则方程组的解.

求出唯一解

$$\hat{b}=\frac{n\sum_{i=1}^{n}x_iy_i-(\sum_{i=1}^{n}x_i)(\sum_{i=1}^{n}y_i)}{n\sum_{i=1}^{n}x_i^2-(\sum_{i=1}^{n}x_i)^2}=\frac{\sum_{i=1}^{n}x_iy_i-\frac{1}{n}(\sum_{i=1}^{n}x_i)(\sum_{i=1}^{n}y_i)}{\sum_{i=1}^{n}x_i^2-\frac{1}{n}(\sum_{i=1}^{n}x_i)^2},$$

$$\hat{a}=\frac{1}{n}\sum_{i=1}^{n}y_i-\frac{\hat{b}}{n}\sum_{i=1}^{n}x_i=\bar{y}-\hat{b}\bar{x},$$

引入记号：

$$\bar{x}=\frac{1}{n}\sum_{i=1}^{n}x_i,\ \bar{y}=\frac{1}{n}\sum_{i=1}^{n}y_i,\ L_{xx}=\sum_{i=1}^{n}(x_i-\bar{x})^2=\sum_{i=1}^{n}x_i^2-n\bar{x}^2,$$

$$L_{yy}=\sum_{i=1}^{n}(y_i-\bar{y})^2=\sum_{i=1}^{n}y_i^2-n\bar{y}^2,$$

$$L_{xy}=\sum_{i=1}^{n}(x_i-\bar{x})(y_i-\bar{y})=\sum_{i=1}^{n}x_iy_i-n\bar{x}\,\bar{y},$$

那么

$$\hat{b}=\frac{L_{xy}}{L_{xx}},\ \hat{a}=\bar{y}-\hat{b}\bar{x}.$$

于是，变量 y 关于 x 的线性回归方程为 $\hat{y}=\hat{a}+\hat{b}x$.

从上面的推导中,可以看出回归直线有两个重要的特征：

(1) y_i 偏离回归值 $\hat{y}_i$ 的总和为零,即

$$\sum_{i=1}^{n}(y_i-\hat{y}_i)=0;$$

(2) 平面上 n 个点 (x_1, y_1), (x_2, y_2), $\cdots$, (x_n, y_n)的几何中心$(\bar{x}, \bar{y})$落在回归直线上. 即

$$\bar{y}=\hat{a}+\hat{b}\bar{x}.$$

【例 2】 求出例 1 中的产量 y 关于温度 x 的线性回归方程.

解　$n=11$,经计算得：

$$\sum_{i=1}^{11}x_i=0,\ \sum_{i=1}^{11}x_i^2=110,\ \bar{x}=\frac{1}{11}\sum_{i=1}^{11}x_i=0,$$

$$\sum_{i=1}^{11}y_i=102,\ \sum_{i=1}^{11}y_i^2=1\,194,\ \bar{y}=\frac{1}{11}\sum_{i=1}^{11}y_i=9.273,\ \sum_{i=1}^{11}x_iy_i=158,$$

$$L_{xx}=\sum_{i=1}^{11}(x_i-\bar{x})^2=\sum_{i=1}^{11}x_i^2-n\bar{x}^2=110-11\times0^2=110,$$

$$L_{yy}=\sum_{i=1}^{11}(y_i-\overline{y})^2=\sum_{i=1}^{11}y_i^2-n\overline{y}^2=1\,194-11\times 9.273^2=248.18,$$

$$L_{xy}=\sum_{i=1}^{11}(x_i-\overline{x})(y_i-\overline{y})=\sum_{i=1}^{11}x_iy_i-n\overline{x}\,\overline{y}=158-11\times 0\times 9.273=158,$$

$$\hat{b}=\frac{L_{xy}}{L_{xx}}=\frac{158}{110}=1.436,\ \hat{a}=\overline{y}-\hat{b}\overline{x}=9.273.$$

所以 y 关于 x 的线性回归方程为 $\hat{y}=9.237+1.436x$.

2. σ^2 的估计

下面介绍一个重要的公式,并推导出 σ^2 的无偏估计量为 $\hat{\sigma}^2=\frac{Q}{n-2}$.

定理 1 (平方和分解公式) 对容量为 n 的样本:(x_1, y_1),(x_2, y_2),…,(x_n, y_n),总成立 $\sum_{i=1}^{n}(y_i-\overline{y})^2=\sum_{i=1}^{n}(y_i-\hat{y}_i)^2+\sum_{i=1}^{n}(\hat{y}_i-\overline{y})^2$.

证明 $\sum_{i=1}^{n}(y_i-\overline{y})^2=\sum_{i=1}^{n}[(y_i-\hat{y}_i)^2+(\hat{y}_i-\overline{y})]^2=\sum_{i=1}^{n}(y_i-\hat{y}_i)^2+\sum_{i=1}^{n}(\hat{y}_i-\overline{y}_i)^2+2\sum_{i=1}^{n}(y_i-\hat{y}_i)(\hat{y}_i-\overline{y}_i)$,

可以证明 $\sum_{i=1}^{n}(y_i-\hat{y}_i)(\hat{y}_i-\overline{y}_i)=0$,

所以 $\sum_{i=1}^{n}(y_i-\overline{y})^2=\sum_{i=1}^{n}(y_i-\hat{y}_i)^2+\sum_{i=1}^{n}(\hat{y}_i-\overline{y})^2$.

记 $Q=\sum_{i=1}^{n}(y_i-\hat{y}_i)^2$,称 Q 为残差平方和或者剩余平方和;记 $U=\sum_{i=1}^{n}(y_i-\overline{y})^2$,称 U 为回归平方和. 平方和分解公式告诉我们:y_1,y_2,…,y_n 和 $\overline{y}$ 的偏差平方和 L_{yy} 由两组部分组成,其中一部分是由 y 和 x 的线性关系引起的回归平方和 U,另一部分是除 x_1,x_2,…,x_n 以外的随机因素引起的残差平方和 Q,所以平方和分解公式可以写成

$$L_{yy}=U+Q,$$

由于 $\hat{y}_i-\overline{y}=\hat{a}+\hat{b}x_i-(\hat{a}+\hat{b}\overline{x})=b(x_i-\overline{x})$,

则 $U=\sum_{i=1}^{n}(\hat{y}_i-\overline{y})^2=\sum_{i=1}^{n}\hat{b}^2(x_i-\overline{x})^2=\hat{b}^2L_{xx}=\hat{b}L_{xy}$,

利用平方和分解公式,$Q=L_{yy}-U=L_{yy}-\hat{b}L_{xy}$,

我们可以证明:$\frac{Q}{\sigma^2}\sim\chi^2(n-2)$.

于是 $E\left(\frac{Q}{\sigma^2}\right)=n-2$.

记 $\hat{\sigma}^2=\frac{Q}{n-2}$,称为估计方差.

因为 $E(\hat{\sigma}^2)=E\left(\frac{Q}{n-2}\right)=\frac{1}{n-2}E(Q)=\sigma^2$,则 $\hat{\sigma}^2=\frac{Q}{n-2}$ 为 σ^2 估计量,且为无偏估计量.

【例 3】 求例 1 中的估计方差 $\hat{\sigma}^2$.

解 $Q=L_{yy}-\hat{b}L_{xy}=248.18-1.436\times158=21.23$,

$$\hat{\sigma}^2=\frac{Q}{n-2}=\frac{1}{9}\times21.23=2.365.$$

三、线性相关假设检验

1. 线性相关假设检验的基本定理

关于线性回归方程 $\hat{y}=\hat{a}+\hat{b}x$ 的讨论是在线性假设 $y=a+bx+\varepsilon$, $\varepsilon\sim N(0,\sigma^2)$下进行的.这个线性回归方程是否有实用价值,首先要根据有关专业知识和实践来判断,其次还要根据实际观察得到的数据运用假设检验的方法来判断.如果线性相关假设不符合实际,那么回归系数 $b=0$.因此检验线性相关假设是否符合实际,可归纳为检验统计假设:$H_0:b=0$,如果拒绝 H_0,则认为线性相关假设符合实际,即变量 y 和 x 之间存在着显著的线性相关关系.反之,当接受 H_0 时,则认为线性相关假设不符合实际,即变量 y 和 x 之间不存在线性相关关系.

下面介绍一个重要的定理,以构造线性相关假设检验的检验统计量.

定理 2 在一元线性回归数学模型下

(1) 最小二乘估计 $\hat{b}\sim N\left(b,\frac{\sigma^2}{L_{xx}}\right)$;

(2) $\frac{(n-2)\hat{\sigma}^2}{\sigma^2}=\frac{Q}{\sigma^2}\sim\chi^2(n-2)$;

(3) $\hat{b}$, $\frac{(n-2)\hat{\sigma}^2}{\sigma^2}$ 相互独立(证略).

2. 线性相关假设检验的 t 检验法

由定理 2, $Z=\frac{\hat{b}-b}{\sqrt{\frac{\sigma^2}{L_{xx}}}}=\frac{(\hat{b}-b)\sqrt{L_{xx}}}{\sigma}\sim N(0,1)$ 和 $T=\frac{\frac{(\hat{b}-b)\sqrt{L_{xx}}}{\sigma}}{\sqrt{\frac{(n-2)\hat{\sigma}^2}{\sigma^2}/n-2}}=$

$$\frac{(\hat{b}-b)\sqrt{L_{xx}}}{\hat{\sigma}} \sim t(n-2).$$

对假设 $H_0:b=0$,我们取统计量 $T=\dfrac{\hat{b}\sqrt{L_{xx}}}{\hat{\sigma}}$ 进行检验,假设检验的步骤可归纳为:

(1) 提出统计假设　$H_0:b=0$, $H_1:b\neq 0$;

(2) 取检验统计量　当 H_0 为真时,$T=\dfrac{\hat{b}\sqrt{L_{xx}}}{\hat{\sigma}}\sim t(n-2)$;

(3) 求出拒绝域　在显著性水平 α 下,拒绝域为 $|T|\geqslant t_{\frac{\alpha}{2}}(n-2)$;

(4) 检验　计算 T 的观察值 t,当 $|t|\geqslant t_{\frac{\alpha}{2}}(n-2)$ 时,拒绝 H_0,认为线性相关假设符合实际,回归效果显著.当 $|t|<t_{\frac{\alpha}{2}}(n-2)$ 时,接受 H_0,认为线性相关假设不符合实际,回归效果不显著.

造成回归效果不显著原因,可能有以下几种:

① 影响 y 的变量除 x 以外,还有其它不可忽视的变量;

② 变量 y 和 x 的相关关系不是线性相关,而是非线性相关;

③ 变量 y 和 x 之间不存在变量关系.

3. 线性相关假设检验的 F 检验法(又称方差分析法)

由定理 2 $\dfrac{(\hat{b}-b)^2 L_{xx}}{\sigma^2}\sim\chi^2(1)$, $\dfrac{(n-2)\hat{\sigma}^2}{\sigma^2}\sim\chi^2(n-2)$,

且它们相互独立,所以 $F=\dfrac{(\hat{b}-b)^2 L_{xx}/\sigma^2}{\dfrac{(n-2)\hat{\sigma}^2}{\sigma^2}\Big/n-2}=\dfrac{(\hat{b}-b)^2 L_{xx}}{\hat{\sigma}^2}\sim F(1,\ n-2)$,

当假设 $H_0:b=0$ 为真时,构造检验统计量 $F=\dfrac{\hat{b}^2 L_{xx}}{\hat{\sigma}^2}\sim F(1,\ n-2)$,

由于 $\hat{b}^2 L_{xx}=U$, $\hat{\sigma}^2=\dfrac{Q}{n-2}$,

于是 $F=\dfrac{U}{Q/n-2}$.

所以统计量 F 实际上是回归平方和 U 与残差平方和 Q 的一种比较,当 F 的值比较大时,则表明 x 对 y 的线性影响较大,因而可以认为线性回归的效果较显著,反之当 F 的值很小时,则认为随机误差的影响不可忽视,就没有理由认为 y 和 x 之间存在线性相关关系.

这种通过把总偏差平方和中的两个平方和进行比较来进行显著假设检验的方法通常称为方差分析法.用方差分析法进行假设检验时,常用表 9-3 的形式进行检验:

表 9-3　一元线性回归方差分析表

方差来源	平方和	自由度	均方	F	临界值
回归因素	(U)	1	(U)	$\left(\frac{U}{Q/n-2}\right)$	$f_\alpha(1, n-2)$
随机因素	(Q)	$(n-2)$	$\left(\frac{Q}{n-2}\right)$		
总和	$(U+Q)$	$(n-1)$			

当 F 的观察值 $f \geqslant f_\alpha(1, n-2)$ 时，拒绝 H_0，认为线性相关假设符合实际，回归效果显著；当 $f < f_\alpha(1, n-2)$ 时，接受 H_0，认为线性相关假设不符合实际，回归效果不显著.

【例 4】　在显著性水平 $\alpha=0.01$ 下，分别用 t 检验法和 F 检验法检验例 2 中的线性回归方程效果是否显著?

解　(1) t 检验法

提出统计假设 $H_0: b=0$, $H_1: b\neq 0$,

当 H_0 为真时，检验统计量 $T=\frac{\hat{b}\sqrt{L_{xx}}}{\hat{\sigma}} \sim t(n-2)=t(9)$,

求出拒绝域：$|T| \geqslant t_{\frac{\alpha}{2}}(n-2)=t_{0.005}(9)=3.2498$,

计算观察值：$|t|=\frac{1.436\times\sqrt{110}}{\sqrt{2.365}}=9.7798$,

因为 $|t|=9.7798>3.2498$,

所以拒绝 H_0，认为变量 y 和 x 之间存在显著的线性相关关系.

(2) F 检验法

$$U=\hat{b}L_{xy}=1.436\times 158=226.95,\ Q=21.23,$$
$$F_\alpha(1, n-2)=F_{0.01}(1, 9)=10.56,$$

一元线性回归方差分析表

方差来源	平方和	自由度	均方	F	临界值
回归因素	226.95	1	226.95	96.20	10.56
随机因素	21.23	9	2.365		
总和	248.18	10			

因为 $f=96.20>10.56$，所以拒绝 H_0，认为 y 和 x 之间存在显著的线性相关关系.

四、预测和控制

1. 预测问题

在回归问题中，若回归方程检验效果显著，这时回归值与实际值就拟合较好，因而可以利用它对因变量 Y 的新观察值 y_0 进行点预测或者区间预测.

对于给定的 x_0，由回归方程可得回归值 $\hat{y}_0=\hat{a}+\hat{b}x_0$，称 $\hat{y}_0$ 为 y 在 x_0 处的预测值，$y_0-\hat{y}_0$ 称为预测误差. 因为无法知道点预测的精确程度，点预测的结果往往不能令人满意. 所以，在实际问题中，预测的真正意义就是在一定的显著性水平 α 下，寻找一个正数 $\delta(x_0)$，使得实际观察值 y_0 以 $1-\alpha$ 的概率落在区间$(\hat{y}_0-\delta(x_0),\hat{y}_0+\delta(x_0))$内，即 $P\{|y_0-\hat{y}_0|<\delta(x_0)\}=1-\alpha$.

在一元线性回归模型下，可以证明随机变量：

$$T=\frac{y_0-\hat{y}_0}{\hat{\sigma}\cdot\sqrt{1+\frac{1}{n}+\frac{(x_0-\overline{x})^2}{L_{xx}}}}\sim t(n-2),$$

对于给定的显著性水平 α，就有

$$P\left\{\left|\frac{y_0-\hat{y}_0}{\hat{\sigma}\cdot\sqrt{1+\frac{1}{n}+\frac{(x_0-\overline{x})^2}{L_{xx}}}}\right|<t_{\frac{\alpha}{2}}(n-2)\right\}=1-\alpha,$$

求得 $\delta(x_0)=t_{\frac{\alpha}{2}}(n-2)\cdot\hat{\sigma}\cdot\sqrt{1+\frac{1}{n}+\frac{(x_0-\overline{x})^2}{L_{xx}}}$.

于是，y_0 的置信度为$(1-\alpha)$的预测区间：

$$(\hat{y}_0-\delta(x_0),\ \hat{y}_0+\delta(x_0)).$$

易见，y_0 的预测区间长度为 $2\delta(x_0)$，对于给定的 α，x_0 越靠近样本均值 $\overline{x}$，$\delta(x_0)$越小，预测区间长度越小，效果越好. 当 n 很大时，并且 x_0 较接近 $\overline{x}$ 时，有

$$\sqrt{1+\frac{1}{n}+\frac{(x_0-\overline{x})^2}{L_{xx}}}\approx 1,$$

$$t_{\frac{\alpha}{2}}(n-2)\approx Z_{\frac{\alpha}{2}},$$

预测区间近似为

$$(\hat{y}_0-Z_{\frac{\alpha}{2}}\cdot\hat{\sigma},\ \hat{y}_0+Z_{\frac{\alpha}{2}}\cdot\hat{\sigma}),$$

预测区间的几何解释如图 9-2，对于

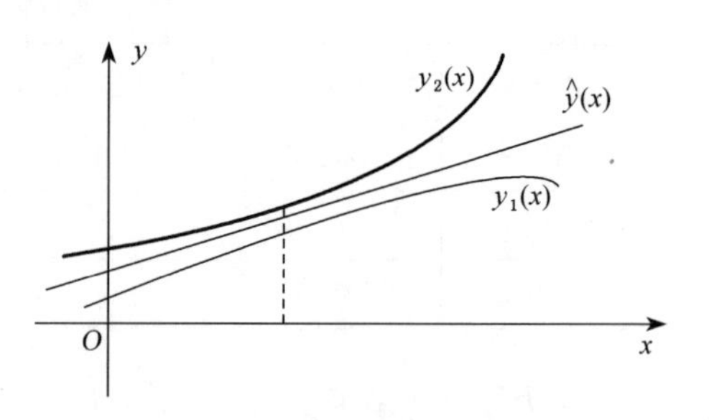

图 9-2　预测下限曲线和上线曲线

给定的样本值,如果把 x_0 看作是任给的值,记为 x,那么预测区间的下限和上限分别是 x 的函数: $y_1(x)=\hat{y}(x)-\delta(x)$, $y_2(x)=\hat{y}(x)+\delta(x)$,它们的图形称为预测下限曲线和预测上限曲线,这两条曲线落在回归直线的两侧,形状呈喇叭型. 当 $x=\bar{x}$ 时,两条曲线间相距最窄,当 x 越远离 $\bar{x}$ 时,两曲线间相距越宽.

【例 5】 在例 2 中当温度 $x_0=3$ 时,求产量的预测值和置信度为 95%的置信区间.

解 由例 2 知,线性回归方程为, $\hat{y}=9.237+1.436x$,

且经过检验, y 和 x 之间存在显著的线性相关关系,

$$\hat{y}\big|_{x=3}=13.581,\ 1-\alpha=0.95,\ \alpha=0.05,$$

查表得 $t_{\frac{\alpha}{2}}(n-2)=t_{0.025}(9)=2.2622$,

$$t_{\frac{\alpha}{2}}(n-2)\cdot\hat{\sigma}\cdot\sqrt{1+\frac{1}{n}+\frac{(x_0-\bar{x})^2}{L_{xx}}}$$

$$=2.2622\times\sqrt{2.365}\times\sqrt{1+\frac{1}{11}+\frac{(3-0)^2}{110}}=3.7727,$$

所以预测区间为 $(13.581\pm3.7723)=(9.8083,\ 17.3537)$.

2. 控制问题

控制问题是预测问题的反问题,所考虑的问题:如果要求将 y 控制在某一范围内,问 x 应该控制在什么范围?

这里我们仅对 n 很大的情形时给出控制方法. 对于一般情形,也可以类似地进行讨论.

对于给定区间 $(y_1,\ y_2)$ 和置信度 $1-\alpha$,并利用近似预测区间,令

$$\begin{cases} y_1=\hat{a}+\hat{b}x-Z_{\frac{\alpha}{2}}\cdot\hat{\sigma}, \\ y_2=\hat{a}+\hat{b}x+Z_{\frac{\alpha}{2}}\cdot\hat{\sigma}, \end{cases}$$

解得

$$\begin{cases} x_1=\dfrac{1}{\hat{b}}(y_1-\hat{a}+Z_{\frac{\alpha}{2}}\cdot\hat{\sigma}), \\ x_2=\dfrac{1}{\hat{b}}(y_2-\hat{a}-Z_{\frac{\alpha}{2}}\cdot\hat{\sigma}). \end{cases}$$

当 $\hat{b}>0$ 时,控制范围为 $(x_1,\ x_2)$;当 $\hat{b}<0$ 时,控制范围为 $(x_2,\ x_1)$. 在实际应用中,必须要求区间 $(y_1,\ y_2)$ 的长度大于 $2Z_{\frac{\alpha}{2}}\cdot\sigma$,否则控制区间不存在.

习题 9-2

1. 在一元线性回归模型中,求未知参数 a, b 的极大似然估计量.

2. 在一元线性回归模型中,证明未知参数 a, b 的最小二乘估计量 $\hat{a}$, $\hat{b}$ 都是随机变量 y_1, y_2, …, y_n 的线性函数: $\hat{b} = \sum_{i=1}^{n} \frac{(x_i - \bar{x})}{L_{xx}} y_i$, $\hat{a} = \sum_{i=1}^{n} \left[\frac{1}{n} - \frac{\bar{x}(x_i - \bar{x})}{L_{xx}} \right] y_i$.

3. 在一元线性回归模型中,证明: $\sum_{i=1}^{n} (y_i - \hat{y}_i)(\hat{y}_i - \bar{y}_i) = 0$.

4. 炼钢基本上是个氧化脱碳的过程,钢液原来含碳量的多少直接影响到冶炼时间的长短. 现查阅了某平炉 34 炉原来钢液含碳率 x(0.01%)和冶炼时间 y(分钟)的生产记录,经计算得: $\bar{x} = 150.09$, $\bar{y} = 158.23$, $L_{xx} = 25\,462.7$, $L_{yy} = 50\,094.0$, $L_{xy} = 32\,325.3$,

(1) 求 y 倚 x 的回归方程,

(2) 计算回归平方和 U,残差平方和 Q 和估计方差 $\hat{\sigma}^2$,

(3) 在显著性水平 $\alpha=0.05$ 下,用 F 检验法检验线性回归关系的显著性.

5. 以家庭为单位,某种商品年需求量与该商品价格之间的一组调查数据如下:

价格 x(元)	5	2	2	2.3	2.5	2.6	2.8	3	3.3	3.5
需求量 y(千克)	1.0	3.5	3.0	2.7	2.4	2.5	2.0	1.5	1.2	1.2

(1) 求 y 倚 x 的回归方程,

(2) 在显著性水平 $\alpha=0.05$ 下,用 F 检验法检验线性回归关系的显著性.

6. 假设儿子的身高 y 与父亲的身高 x 适合一元线性回归模型,测量了 10 对英国父子的身高(cm)如下:

x	60	62	64	65	66	67	68	70	72	74
y	63.6	65.2	66.0	65.5	66.9	67.1	67.4	63.3	70.1	70.0

(1) 求 y 倚 x 的回归方程,

(2) 在显著性水平 $\alpha=0.05$ 下,用 F 检验法检验线性回归关系的显著性,

(3) 给出 $x_0=69$ 时,求 y_0 的置信度为 95%的预测区间.

7. 证明:预测值 $\hat{y}_0 = \hat{a} + \hat{b}x_0$ 是 $y(x_0) = a + bx_0$ 的无偏估计量.

习题答案

习题 1-1

1. (1) $A\overline{B}C$； (2) ABC； (3) $\overline{A}\,\overline{B}\,\overline{C}$； (4) $AB\overline{C} \cup A\overline{B}C \cup \overline{A}BC$； (5) $A \cup B \cup C$；(6) $AB \cup BC \cup AC$； (7) $\overline{A}\,\overline{B} \cup \overline{B}\,\overline{C} \cup \overline{A}\,\overline{C}$； (8) $\overline{A} \cup \overline{B} \cup \overline{C}$ 或 $\overline{ABC}$.

2. (1) ABC；(2) $\overline{A}\,\overline{B}C$；(3) $A\overline{C}$；(4) $AB \cup \overline{A}C$.

3. $S = \{T \mid 0 \leqslant T \leqslant 10\,000\}$.

习题 1-2

1. (1) 0.35；(2) 0.6；(3) 0.7；(4) 0.3.

2. $\frac{5}{8}$.

3. $p+q-r$, $p-r$, $q-r$, $1-r$.

4. (1) $\frac{1}{2}$；(2) $\frac{1}{6}$；(3) $\frac{3}{8}$.

习题 1-3

1. $\frac{1}{6}$, $\frac{1}{2}$.

2. 0.007 6.

3. 0.21.

4. $\frac{13}{21}$.

5. 0.89.

6. (1) 0.29；(2) 0.525；(3) 0.183.

7. (1) 0.556；(2) 0.222.

8. 0.818.

9. 0.5.

10. 0.44.

习题 1-4

1. 0.36.

2. 0.5.

3. (1) $\frac{16}{125}$；(2) 0.2.

4. 0.5.

5. $\frac{109}{125}$.

6. (1) 0.106；(2) 0.189.

7. (1) $\frac{13}{28}$；(2) $\frac{15}{56}$；(3) $\frac{3}{8}$.

8. (1) 0.4；(2) 0.49.

9. (1) 0.01；(2) 0.025；(3) 0.4.

10. 0.8.

习题 1-5

1. D.

2. 相互独立.

3. 0.7.

4. 0.88.

5. 0.336；0.704.

6. (1) 0.25；(2) 0.988.

7. 0.677.

8. 0.077 9.

习题 2-1

1. 答 ① 随机变量是定义在样本空间上的一个实值函数.

② 随机变量的取值是随机的，事先或试验前不知道取哪个值.

③ 随机变量取特定值的概率大小是确定的.

2. (1) 设 X 为将 3 个球随机地放入三个格子中后剩余的空格数，则

$$A=\{X=1\},\quad B=\{X=2\},\quad C=\{X=0\}.$$

(2) 设 Y 为进行 5 次试验，其中成功的次数，则

$$D=\{Y=1\},\quad F=\{Y\geqslant 1\},\quad G=\{Y\leqslant 4\}.$$

习题 2-2

1. $e^{-\frac{1}{3}}$.

2. $P\{X=k\}=\frac{C_3^2C_{10}^{k-3}}{C_{13}^{k-1}}\times\frac{1}{13-k+1}\qquad k=3,4,\cdots,13$

$$P\{X\geqslant 4\}=1-P\{X=3\}=1-\frac{C_3^2}{C_{13}^2}\times\frac{1}{13-2}=0.996\ 5.$$

3.

X	1	2	3	4
p_k	$\frac{5}{8}$	$\frac{9}{32}$	$\frac{21}{256}$	$\frac{3}{256}$

4. 0.590.　5. 0.206.

6. $e^{-4}\left(1+\frac{4}{1!}+\frac{4^2}{2!}\right)\approx 0.2381$.

7. (1) 0.029 766；(2) 0.566 530.　8. 8 名.

习题 2-3

1. (1) 不是分布函数；(2) 是随机变量的分布函数.

2. (1) $A=\frac{1}{2}$, $B=\frac{1}{\pi}$；(2) $\frac{1}{2}$.

3. (1) $a=\frac{1}{4}$；　(2) $F(x)=\begin{cases}0, & x<1,\\ \frac{1}{4}, & 1\leqslant x<2,\\ \frac{11}{16}, & 2\leqslant x<3,\\ 1, & x\geqslant 3.\end{cases}$

4. $F(x)=\begin{cases}0, & x<3,\\ \frac{1}{20}, & 3\leqslant x<4,\\ \frac{7}{20}, & 4\leqslant x<5,\\ \frac{13}{20}, & 5\leqslant x<6,\\ \frac{19}{20}, & 6\leqslant x<7,\\ 1, & x\geqslant 7.\end{cases}$　5. $F(x)=\begin{cases}0, & x<0,\\ \frac{1}{4}x, & 0\leqslant x<4,\\ 1, & x\geqslant 4.\end{cases}$

习题 2-4

1. $a=1$；(2) $\frac{4}{9}$；(3) $F(x)=\begin{cases}0, & x<-1,\\ \frac{(x+1)^2}{2}, & -1\leqslant x<0,\\ 1-\frac{(1-x)^2}{2}, & 0\leqslant x<1,\\ 1, & x\geqslant 1.\end{cases}$

2. (1) $A=1$, $B=-1$；(2) 0.471 2；(3) $f(x)=\begin{cases}xe^{-\frac{x^2}{2}}, & x>0,\\ 0, & x\leqslant 0.\end{cases}$

3. $\frac{1}{4}(x_2-1)$.　4. 0.516 7.　5. $\frac{20}{27}$.

6. 0.301 5；0.308 5；0.066 8；0.341 3.

7. 车门的高度应大于 183.98 cm.　8. 0.045 6.

习题 2-5

1. (1)

Y	-5	-2	1	4
p_k	0.25	0.30	0.25	0.20

; (2)

Z	1	2	5
p_k	0.25	0.50	0.25

.

2. $f_x(y)=\begin{cases}\dfrac{2}{9}(y+1), & -1<y<2,\\ 0, & \text{其它}.\end{cases}$

3. (1) $\begin{cases}\dfrac{1}{\sqrt{2\pi}y}e^{-\frac{(\ln y)^2}{2}}, & y>0,\\ 0, & y\leqslant 0;\end{cases}$ (2) $f_Y(y)=\begin{cases}\dfrac{1}{2\sqrt{\pi(y-1)}}e^{-(y-1)/4}, & y>1,\\ 0, & y\leqslant 1.\end{cases}$

注:函数$\dfrac{1}{2\sqrt{\pi(y-1)}}e^{-(y-1)/4}$在$y=1$时无定义,上面已另外定义了$f_Y(y)$在$y=1$的值为0.

4. $f_Y(y)=\dfrac{1}{\pi(1+y^2)}\quad(-\infty<y<+\infty).$

5. $f_Y(y)=F'_Y(y)=\begin{cases}\dfrac{2}{\pi^2\sqrt{1-y^2}}, & 0<y<1,\\ 0, & \text{其它}.\end{cases}$

习题 3-1

1.

X \ Y	1	3
0	0	$\frac{1}{8}$
1	$C_3^1\cdot\frac{1}{2}\cdot\frac{1}{2}\cdot\frac{1}{2}=\frac{3}{8}$	0
2	$C_3^2\cdot\frac{1}{2}\cdot\frac{1}{2}\cdot\frac{1}{2}=\frac{3}{8}$	0
3	0	$\frac{1}{2}\cdot\frac{1}{2}\cdot\frac{1}{2}=\frac{1}{8}$

2. (1)

X \ Y	1	2	3	4
1	$\frac{1}{4}$	0	0	0
2	$\frac{1}{4}\cdot\frac{1}{2}=\frac{1}{8}$	$\frac{1}{4}\cdot\frac{1}{2}=\frac{1}{8}$	0	0
3	$\frac{1}{4}\cdot\frac{1}{3}=\frac{1}{12}$	$\frac{1}{4}\cdot\frac{1}{3}=\frac{1}{12}$	$\frac{1}{4}\cdot\frac{1}{3}=\frac{1}{12}$	0
4	$\frac{1}{4}\cdot\frac{1}{4}=\frac{1}{16}$	$\frac{1}{4}\cdot\frac{1}{4}=\frac{1}{16}$	$\frac{1}{4}\cdot\frac{1}{4}=\frac{1}{16}$	$\frac{1}{4}\cdot\frac{1}{4}=\frac{1}{16}$

(2) $\frac{25}{48}$.

3. (1) $\frac{1}{8}$；(2) $\frac{3}{8}$；(3) $\frac{27}{32}$；(4) $\frac{2}{3}$.

4. (1) 12.；(2) $F(x, y)=\begin{cases}(1-e^{-3x})(1-e^{-4y}), & y>0, x>0, \\ 0, & \text{其它};\end{cases}$ (3) 0.949 9.

习题 3-2

1.

X	0	1	2	3
$p_{i\cdot}$	$\frac{1}{8}$	$\frac{3}{8}$	$\frac{3}{8}$	$\frac{1}{8}$

；

Y	1	3
$p_{\cdot j}$	$\frac{3}{4}$	$\frac{1}{4}$

.

2. $f_X(x)=\begin{cases}2.4x^2(2-x), & 0\leqslant x\leqslant 1, \\ 0, & \text{其它};\end{cases}$ $f_Y(y)=\begin{cases}2.4y(3-4y+y^2), & 0\leqslant y\leqslant 1, \\ 0, & \text{其它}.\end{cases}$

3. $f_X(x)=\begin{cases}2x^2+2cx, & 0\leqslant x\leqslant 1 \\ 0, & \text{其它},\end{cases}$ $f_Y(y)=\begin{cases}\frac{1}{3}+\frac{cy}{2}, & 0\leqslant y\leqslant 2, \\ 0, & \text{其它}.\end{cases}$

4. $f_X(x)=\begin{cases}2x, & 0\leqslant x\leqslant 1, \\ 0, & \text{其它},\end{cases}$ $f_Y(y)=\begin{cases}1-y, & 0<y\leqslant 1, \\ 1+y, & -1\leqslant y\leqslant 0, \\ 0, & \text{其它}.\end{cases}$

习题 3-3

1. (1)

$X=k$	0	1	2	3
$P\{X=k \mid Y=1\}$	0	$\frac{1}{2}$	$\frac{1}{2}$	0

；(2)

$Y=k$	1	3
$P\{Y=k \mid X=2\}$	1	0

.

2. $f_{Y|X}(y \mid x)=\begin{cases}\frac{1}{2x}, & |y|<x<1, \\ 0, & \text{其它},\end{cases}$ $f_{X|Y}(x \mid y)=\begin{cases}\frac{1}{1-y}, & y<x<1, \\ \frac{1}{1+y}, & -y<x<1, \\ 0, & \text{其它}.\end{cases}$

3. $f_{X|Y}(x \mid y)=\begin{cases}\frac{1}{1-2y}, & 0\leqslant x\leqslant 1-2y, \\ 0, & \text{其它},\end{cases}$

$f_{Y|X}(y \mid x)=\begin{cases}\frac{2}{1-x}, & 0\leqslant y\leqslant \frac{1}{2}(1-x), \\ 0, & \text{其它}.\end{cases}$

4. (1) $f_{X|Y}(x \mid y)=\begin{cases}\frac{3}{2}x^2y^{-\frac{3}{2}}, & -\sqrt{y}<x<\sqrt{y},\ 0\leqslant y\leqslant 1, \\ 0, & \text{其它}.\end{cases}$

$f_{Y|X}(y \mid x)=\begin{cases}\frac{2y}{1-x^4}, & x^2<y<1, -1<x<1, \\ 0, & \text{其它}.\end{cases}$

(2) 1.

习题 3-4

1. (1) 2；(2) 不相互独立. 2. $\alpha=\frac{2}{9}$, $\beta=\frac{1}{9}$.

3. (1) $f(x, y)=\begin{cases}1, & (x, y)\in D,\\ 0, & \text{其它};\end{cases}$

(2) $f_X(x)=\begin{cases}2(1-x), & 0\leqslant x\leqslant 1,\\ 0, & \text{其它},\end{cases}$ $f_Y(y)=\begin{cases}1-\frac{y}{2}, & 0\leqslant y\leqslant 2,\\ 0, & \text{其它};\end{cases}$

(3) 不相互独立。

4. (1) $f(x, y)=\begin{cases}\frac{1}{2}e^{-\frac{y}{2}}, & 0<x<1, y>0,\\ 0, & \text{其它};\end{cases}$ (2) 0.144 5.

习题 3-5

1. $Z_1=X+Y$ 的分布律为

Z_1	-1	0	1	2
p_k	0.12	$0.18+0.08=0.26$	$0.3+0.12=0.42$	0.2

$Z_2=\max(X, Y)$ 的分布律为

Z_3	0	1
p_k	$0.12+0.18=0.3$	$0.3+0.08+0.12+0.2=0.7$

2. 略. 3. $f_Z(z)=\begin{cases}e^{\frac{z}{2}}-e^{\frac{z}{3}}, & z>0,\\ 0, & z\leqslant 0.\end{cases}$ 4. $f_Z(z)=\begin{cases}\frac{z^3}{6}e^{-z}, & z>0,\\ 0, & z\leqslant 0.\end{cases}$

5. $f_{\min}(z)=\begin{cases}\frac{2}{3}-\frac{2z}{9}, & 0\leqslant z<3,\\ 0, & \text{其它}.\end{cases}$ $\frac{1}{9}$. 6. 略.

习题 4-1

1. $E(X)=-0.2$, $E(3X^2+5)=13.4$. 2. $E(X)=\frac{6}{7}$. 3. $E(X)=0$.

4. $E(Y_1)=2$, $E(Y_2)=\frac{1}{3}$. 5. $E(X)=3.2$, $E(Y)=3$, $E(XY^2)=35.2$.

6. $E(X)=\frac{4}{5}$, $E(Y)=\frac{8}{15}$, $E(X+Y)^2=\frac{17}{9}$.

7. $E(X)=\frac{1}{3}$, $E(3X+2Y)=\frac{5}{3}$, $E(XY)=\frac{1}{12}$.

8. 1.5(伏). 9. $E(X)=1$. 10. $\frac{n+1}{2}$.

习题 4-2

1. 习题 4-1 的第 1 题 $D(X)=2.76$,第 2 题 $D(X)=\frac{20}{49}$,第 3 题 $D(X)=\frac{3}{5}$,标准差略.

2. $D(X)=\frac{1}{3}(a^2+ab+b^2)-\left(\frac{a+b}{2}\right)^2$. 3. $E(X)=\frac{1}{\lambda}$, $D(X)=\frac{1}{\lambda^2}$.

4. 略. 5. $E(X+3)^2=1.16$. 6. $E(Y^2)=10$.

7. $E(Y)=\frac{4}{3}$, $D(Y)=\frac{29}{45}$. 8. $E(X)=2$, $D(X)=2$.

9. $D(XY)=27$. 10. $E(X+Y)=\frac{3}{4}$, $D(X+Y)=\frac{5}{16}$, $E(XY)=\frac{1}{8}$.

11. $P\{X>Y\}=0.9798$, $P\{X+Y>1400\}=0.1539$. 12. 0.875.

13. 略.

习题 4-3

1. (1) $\frac{\sqrt{15}}{4}$; (2) 0.

2. (1) X 的边缘分布律如下表:

X	-1	2
p	0.6	0.4

Y 的边缘分布律如下表:

Y	-1	1	2
p	0.3	0.3	0.4

(2) -0.36.

3. $E(X)=0.7$, $D(X)=0.21$, $E(Y)=0.6$, $D(X)=0.24$,
$Cov(X,Y)=-0.02$, $\rho_{XY}=-0.0089$.

4. $E(X)=\frac{7}{6}$, $D(X)=\frac{11}{36}$, $E(Y)=\frac{7}{6}$, $D(Y)=\frac{11}{36}$,

$Cov(X,Y)=-\frac{1}{36}$, $\rho_{XY}=-\frac{1}{11}$.

5. $D(X+Y)=85$, $D(X-Y)=37$.

6. $E(X)=\frac{4}{5}$, $E(Y)=\frac{3}{5}$, $Cov(X,Y)=\frac{1}{50}$, $\rho_{XY}=\frac{\sqrt{6}}{4}$.

7. (1) $E(Z)=\frac{1}{3}$, $D(Z)=3$; (2) $\rho_{XZ}=0$; (3) 相互独立.

习题 5-1，2

1. 略. 2. 0.030 3. 3. 0.211 9.

4. (1) 0.022 8；(2) 165 户. 5. 0.348 3. 6. 0.006 2.

7. 0.663 0. 8. 0.742 2. 9. 126 55. 10. 28 人. 11. 25.

习题 6-1

1. $P\{X_1=x_1,\cdots,X_n=x_n\}=\prod_{i=1}^{n}\binom{x}{x_i}p^{x_i}(1-p)^{x-x_i}$.

2. $P\{X_1=x_1,\cdots,X_5=x_5\}=\dfrac{\lambda^{x_1+x_2+x_3+x_4+x_5}}{x_1!\cdots x_5!}e^{-5\lambda}$.

3. $f(x_1,\cdots,x_5)=f_{X_1}(x_1)\cdots f_{X_5}(x_5)=\begin{cases}\dfrac{1}{\theta^5}, & 0<x_i<1,\\ 0, & \text{其它}.\end{cases}$

4. (1) $f(x_1,\cdots,x_n)=\dfrac{1}{2^n\sigma^n}e^{-\frac{\left(\sum\limits_{i=1}^{n}|x_i|\right)}{\sigma}}\quad(-\infty<x_i<+\infty)$；

(2) $f(x_1,\cdots,x_n)=\begin{cases}\theta^n\prod\limits_{i=1}^{n}x_i^{\theta-1}, & 0<x_i<1,\\ 0, & \text{其它};\end{cases}$

(3) $f(x_1,\cdots,x_n)=\begin{cases}2^n\theta^n(\prod\limits_{i=1}^{n}x_i)e^{-\left(\sum\limits_{i=1}^{n}x_i^2\right)\theta}, & x_i>0\\ 0, & \text{其它}\end{cases}\quad(i=1,2,\cdots,n)$.

习题 6-2

1. $\overline{x}=3.525$，$s^2=0.070\,7$. 2. 0.14. 3. 0.10.

4. 0.670 8. 5. n 至少是 35. 6. $-1.812\,5$.

7. 略. 8. 略. 9. $E(\overline{X})=\lambda$，$D(\overline{X})=\dfrac{\lambda}{n}$，$E(S^2)=\lambda$.

10. $t(n-1)$. 11. (1) 略；(2) $F(1,1)$. 12. 略.

习题 7-2

1. 0.5. 2. $\hat{p}=\overline{X}$. 3. $\hat{\theta}=\overline{X}-1=\dfrac{1}{n}\sum\limits_{i=1}^{n}X_i-1$. 4. $\hat{\alpha}=-(1+\dfrac{n}{\sum\limits_{i=1}^{n}\ln X_i})$，$\hat{\alpha}=\dfrac{2\overline{X}-1}{1-\overline{X}}$.

5. $\hat{\sigma}=\dfrac{1}{n}\sum\limits_{i=1}^{n}|X_i|$. 6. $\Phi\left(\dfrac{t-\overline{X}}{\sqrt{B_2}}\right)$.

习题 7-3

1. 当 μ 未知时，$S^2=\frac{1}{n-1}\sum_{i=1}^{n}(X_i-\overline{X})^2$ 是 σ^2 的无偏估计.

2. $C=\frac{1}{2(n-1)}$. 3. 略. 4. 略. 5. 略. 6. g_3 最有效. 7. $a=\frac{n_1}{n_1+n_2}$，$b=\frac{n_2}{n_1+n_2}$.

习题 7-4

1. $n\geqslant\left(\frac{2\sigma}{L}Z_{\frac{\alpha}{2}}\right)^2$. 2. (14.715 3，15.184 6). 3. (181.89，190.11)，(9.74，15.80).

4. (35.830 3，252.444). 5. (−0.002，0.006)，不认为有显著差异.

6. (0.222，3.601). 7. (0.569 6，0.630 4).

习题 8-1

1. 第一类(弃真)错误;第二类(取伪)错误.

2. 是. 3. (1) 0.049；(2) 不可以.

4. (1) 0.97，0.029，0.000 297，1.0×10^{-6}；(2) 不能出厂. 5. 略.

习题 8-2

1. 略. 2. 接受 H_0，认为生产正常. 3. 拒绝 H_0，这批元件不合格.

4. 拒绝 H_0，有显著的差异. 5. 拒绝 H_0，新的仪器的精确性比原有仪器好.

6. (1) 拒绝 H_0，接受 H_1；(2) 拒绝 H'_0，接受 H'_1.

7. (1) 接受 H_0，不能认为这批保险丝的平均熔化时间少于 65 秒；(2) 接受 H_0，能认为熔化时间的方差不超过 80.

8. 拒绝 H_0，能认为这批导线电阻的标准差显著地偏大.

9. 拒绝 H_0，不相信该车间的铜丝折断力的方差为 20.

10. n 不能超过 138.

11. 没有显著差异. 12. 总体均值相等.

13. (1) 接受 H_0，不均匀性是一致；(2) 性别对红细胞数目有影响.

14. 接受 $H_0(\sigma_1^2=\sigma_2^2)$.

习题 8-3

1. 接受 H_0，可以认为这批产品的一级品率为 65%. 2. 接受 H_0，可以接受.

3. 可以认为该城市拥有小汽车家庭的比率是不大于 30%.

4. 可以认为该药品广告不真实.

习题 8-4

1. 接受 H_0，服从泊松分布. 2. 接受 H_0，与星期几无关.

3. 接受 H_0，服从正态分布. 4. 拒绝 H_0，不服从正态分布.

习题 9-1

1. 略. 2. 认为各班级的平均分数无显著差异.

3. 认为这四种不同的储藏方法对粮食的含水率没有显著影响.

4. 认为这五种不同的施肥方案对农作物的收获量是有特别显著的影响.

5. 略. 6. 略.

习题 9-2

1. $\hat{b}=\frac{L_{xy}}{L_{xx}}$, $\hat{a}=\bar{y}-\hat{b}\bar{x}$. 2. 略. 3. 略.

4. (1) $\hat{y}=-32.38+1.27x$;

(2) $U=41\,053.131$, $Q=9\,040.869$, $\hat{\sigma}^2=282.527$;

(3) 线性回归关系是显著的.

5. (1) $\hat{y}=4.495-0.826x$; (2) 线性回归关系是显著的.

6. (1) $\hat{y}=41.707\,2+0.371\,3x$; (2) 线性回归关系是显著的;

(3) (63.043 2, 71.610 6).

7. 略.

附　　录

表 1　泊松分布表

$$1-F(x-1)=\sum_{r=x}^{r=\infty}\frac{e^{-\lambda}\lambda^{r}}{r!}$$

x	$\lambda=0.2$	$\lambda=0.3$	$\lambda=0.4$	$\lambda=0.5$	$\lambda=0.6$
0	1.000 000 0	1.000 000 0	1.000 000 0	1.000 000	1.000 000
1	0.181 269 2	0.259 181 8	0.329 680 0	0.323 469	0.451 188
2	0.017 523 1	0.036 936 3	0.061 551 9	0.090 204	0.121 901
3	0.001 148 5	0.003 599 5	0.007 926 3	0.014 388	0.023 115
4	0.000 056 8	0.000 265 8	0.000 776 3	0.001 752	0.003 358
5	0.000 002 3	0.000 015 8	0.000 061 2	0.000 172	0.000 394
6	0.000 000 1	0.000 000 8	0.000 004 0	0.000 014	0.000 039
7			0.000 000 02	0.000 001	0.000 003

x	$\lambda=0.7$	$\lambda=0.8$	$\lambda=0.9$	$\lambda=1.0$	$\lambda=1.2$
0	1.000 000	1.000 000	1.000 000	1.000 000	1.000 000
1	0.503 415	0.550 671	0.593 430	0.632 121	0.698 806
2	0.155 805	0.191 208	0.227 518	0.264 241	0.337 373
3	0.034 142	0.047 423	0.062 857	0.080 301	0.120 513
4	0.005 753	0.009 080	0.013 459	0.018 988	0.033 769
5	0.000 786	0.001 411	0.002 344	0.003 660	0.007 746
6	0.000 090	0.000 184	0.000 343	0.000 594	0.001 500
7	0.000 009	0.000 021	0.000 043	0.000 083	0.000 251
8	0.000 001	0.000 002	0.000 005	0.000 010	0.000 037
9				0.000 001	0.000 005
10					0.000 001

（续 表）

x	$\lambda=1.4$	$\lambda=1.6$	$\lambda=1.8$		
0	1.000 000	1.000 000	1.000 000		
1	0.753 403	0.798 103	0.834 701		
2	0.408 167	0.475 069	0.537 163		
3	0.166 502	0.216 642	0.269 379		
4	0.053 725	0.078 813	0.108 708		
5	0.014 253	0.023 682	0.036 407		
6	0.003 201	0.006 040	0.010 378		
7	0.000 622	0.001 336	0.002 569		
8	0.000 107	0.000 260	0.000 562		
9	0.000 016	0.000 045	0.000 110		
10	0.000 002	0.000 007	0.000 019		
11		0.000 001	0.000 003		

	$\lambda=2.5$	$\lambda=3.0$	$\lambda=3.5$	$\lambda=4.0$	$\lambda=4.5$	$\lambda=5.0$
0	1.000 000	1.000 000	1.000 000	1.000 000	1.000 000	1.000 000
1	0.917 915	0.950 213	0.969 803	0.981 684	0.988 891	0.993 262
2	0.712 703	0.800 852	0.864 112	0.908 422	0.938 901	0.959 572
3	0.456 187	0.576 810	0.679 153	0.761 897	0.826 422	0.875 348
4	0.242 424	0.352 768	0.463 367	0.566 530	0.657 704	0.734 974
5	0.108 822	0.184 737	0.274 555	0.371 163	0.467 896	0.559 507
6	0.042 021	0.083 918	0.142 386	0.214 870	0.297 070	0.384 039
7	0.014 187	0.033 509	0.065 288	0.110 674	0.168 949	0.237 817
8	0.004 247	0.011 905	0.026 739	0.051 134	0.086 586	0.133 372
9	0.001 140	0.003 803	0.009 874	0.021 368	0.040 257	0.068 094
10	0.000 277	0.001 102	0.003 315	0.008 132	0.017 093	0.031 828
11	0.000 062	0.000 292	0.001 019	0.002 840	0.006 669	0.013 695
12	0.000 013	0.000 071	0.000 289	0.000 915	0.002 404	0.005 453
13	0.000 002	0.000 016	0.000 076	0.000 274	0.000 805	0.002 019
14		0.000 003	0.000 019	0.000 076	0.000 252	0.000 698
15		0.000 001	0.000 004	0.000 020	0.000 074	0.000 226
16			0.000 001	0.000 005	0.000 020	0.000 069
17				0.000 001	0.000 005	0.000 020
18					0.000 001	0.000 005
19						0.000 001

表 2 标准正态分布表

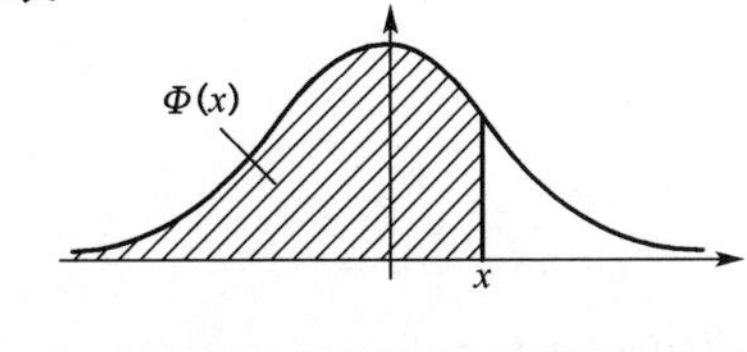

$$\Phi(z)=\int_{-\infty}^{z}\frac{1}{\sqrt{2\pi}}e^{-\frac{u^2}{2}}du$$

x	0	1	2	3	4	5	6	7	8	9
0.0	0.500 0	0.504 0	0.508 0	0.512 0	0.516 0	0.519 9	0.523 9	0.527 9	0.531 9	0.535 9
0.1	0.539 8	0.543 8	0.547 8	0.551 7	0.555 7	0.559 6	0.563 6	0.567 5	0.571 4	0.575 3
0.2	0.579 3	0.583 2	0.587 1	0.591 0	0.594 8	0.598 7	0.602 6	0.606 4	0.610 3	0.614 1
0.3	0.617 9	0.621 7	0.625 5	0.629 3	0.633 1	0.636 8	0.640 6	0.644 3	0.648 0	0.651 7
0.4	0.655 4	0.659 1	0.662 8	0.666 4	0.670 0	0.673 6	0.677 2	0.680 8	0.684 4	0.687 9
0.5	0.691 5	0.695 0	0.698 5	0.701 9	0.705 4	0.708 8	0.712 3	0.715 7	0.719 0	0.722 4
0.6	0.725 7	0.729 1	0.732 4	0.735 7	0.738 9	0.742 2	0.745 4	0.748 6	0.751 7	0.754 9
0.7	0.758 0	0.761 1	0.764 2	0.767 3	0.770 3	0.773 4	0.776 4	0.779 4	0.782 3	0.785 2
0.8	0.788 1	0.791 0	0.793 9	0.796 7	0.799 5	0.802 3	0.805 1	0.807 8	0.810 6	0.813 3
0.9	0.815 9	0.818 6	0.821 2	0.823 8	0.826 4	0.828 9	0.831 5	0.834 0	0.836 5	0.838 9
1.0	0.841 3	0.843 8	0.846 1	0.848 5	0.850 8	0.853 1	0.855 4	0.857 7	0.859 9	0.862 1
1.1	0.864 3	0.866 5	0.868 6	0.870 8	0.872 9	0.874 9	0.877 0	0.879 0	0.881 0	0.883 0
1.2	0.884 9	0.886 9	0.888 8	0.890 7	0.892 5	0.894 4	0.896 2	0.898 0	0.899 7	0.901 5
1.3	0.903 2	0.904 9	0.906 6	0.908 2	0.909 9	0.911 5	0.913 1	0.914 7	0.916 2	0.917 7
1.4	0.919 2	0.920 7	0.922 2	0.923 6	0.925 1	0.926 5	0.927 8	0.929 2	0.930 6	0.931 9
1.5	0.933 2	0.934 5	0.935 7	0.937 0	0.938 2	0.939 4	0.940 6	0.941 8	0.943 0	0.944 1
1.6	0.945 2	0.946 3	0.947 4	0.948 4	0.949 5	0.950 5	0.951 5	0.952 5	0.953 5	0.954 5
1.7	0.955 4	0.956 4	0.957 3	0.958 2	0.959 1	0.959 9	0.960 8	0.961 6	0.962 5	0.963 3
1.8	0.964 1	0.964 8	0.965 6	0.966 4	0.967 1	0.967 8	0.968 6	0.969 3	0.970 0	0.970 6
1.9	0.971 3	0.971 9	0.972 6	0.973 2	0.973 8	0.974 4	0.975 0	0.975 6	0.976 2	0.976 7
2.0	0.977 2	0.977 8	0.978 3	0.978 8	0.979 3	0.979 8	0.980 3	0.980 8	0.981 2	0.981 7
2.1	0.982 1	0.982 6	0.983 0	0.983 4	0.983 8	0.984 2	0.984 6	0.985 0	0.985 4	0.985 7
2.2	0.986 1	0.986 4	0.986 8	0.987 1	0.987 4	0.987 8	0.988 1	0.988 4	0.988 7	0.989 0
2.3	0.989 3	0.989 6	0.989 8	0.990 1	0.990 4	0.990 6	0.990 9	0.991 1	0.991 3	0.991 6
2.4	0.991 8	0.992 0	0.992 2	0.992 5	0.992 7	0.992 9	0.993 1	0.993 2	0.993 4	0.993 6
2.5	0.993 8	0.994 0	0.994 1	0.994 3	0.994 5	0.994 6	0.994 8	0.994 9	0.995 1	0.995 2
2.6	0.995 3	0.995 5	0.995 6	0.995 7	0.995 9	0.996 0	0.996 1	0.996 2	0.996 3	0.996 4
2.7	0.996 5	0.996 6	0.996 7	0.996 8	0.996 9	0.997 0	0.997 1	0.997 2	0.997 3	0.997 4
2.8	0.997 4	0.997 5	0.997 6	0.997 7	0.997 7	0.997 8	0.997 9	0.997 9	0.998 0	0.998 1
2.9	0.998 1	0.998 2	0.998 2	0.998 3	0.998 4	0.998 4	0.998 5	0.998 5	0.998 6	0.998 6
3.0	0.998 7	0.999 0	0.999 3	0.999 5	0.999 7	0.999 8	0.999 8	0.999 9	0.999 9	1.000 0

注：表中末行为函数值 $\Phi(3.0)$，$\Phi(3.1)$，…，$\Phi(3.9)$.

表 3 t 分布表

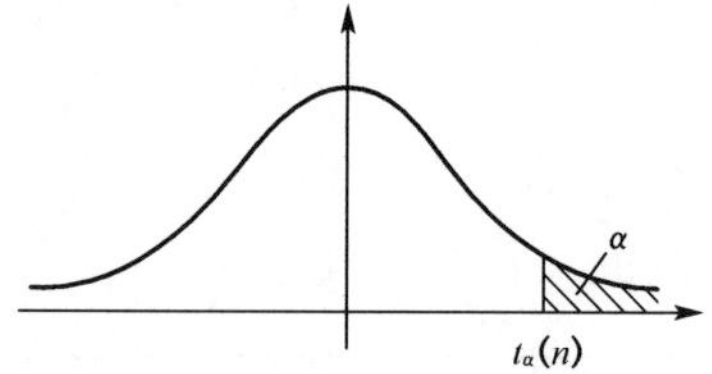

$P\{t(n) > t_\alpha(n)\} = \alpha$

n	α=0.25	0.10	0.05	0.025	0.01	0.005
1	1.000 0	3.077 7	6.313 8	12.706 2	31.820 7	63.657 4
2	0.816 5	1.885 6	2.920 0	4.302 7	6.964 6	9.924 8
3	0.764 9	1.637 7	2.353 4	3.182 4	4.540 7	5.840 9
4	0.740 7	1.533 2	2.131 8	2.776 4	3.746 9	4.604 1
5	0.726 7	1.475 9	2.015 0	2.570 6	3.364 9	4.032 2
6	0.717 6	1.439 8	1.943 2	2.446 9	3.142 7	3.707 4
7	0.711 1	1.414 9	1.894 6	2.364 6	2.998 0	3.499 5
8	0.706 4	1.396 8	1.859 5	2.306 0	2.896 5	3.355 4
9	0.702 7	1.383 0	1.833 1	2.262 2	2.821 4	3.249 8
10	0.699 8	1.372 2	1.812 5	2.228 1	2.763 8	3.169 3
11	0.697 4	1.363 4	1.795 9	2.201 0	2.718 1	3.105 8
12	0.695 5	1.356 2	1.782 3	2.178 8	2.681 0	3.054 5
13	0.693 8	1.350 2	1.770 9	2.160 4	2.650 3	3.012 3
14	0.692 4	1.345 0	1.761 3	2.144 8	2.624 5	2.976 8
15	0.691 2	1.340 6	1.753 1	2.131 5	2.602 5	2.946 7
16	0.690 1	1.336 8	1.745 9	2.119 9	2.583 5	2.920 8
17	0.689 2	1.333 4	1.739 6	2.109 8	2.566 9	2.898 2
18	0.688 4	1.330 4	1.734 1	2.100 9	2.552 4	2.878 4
19	0.687 6	1.327 7	1.729 1	2.093 0	2.539 5	2.860 9
20	0.687 0	1.325 3	1.724 7	2.086 0	2.528 0	2.845 3
21	0.686 4	1.323 2	1.720 7	2.079 6	2.517 7	2.831 4
22	0.685 8	1.321 2	1.717 1	2.073 9	2.508 3	2.818 8
23	0.685 3	1.319 5	1.713 9	2.068 7	2.499 9	2.807 3
24	0.684 8	1.317 8	1.710 9	2.063 9	2.492 2	2.796 9
25	0.684 4	1.316 3	1.708 1	2.059 5	2.485 1	2.787 4
26	0.684 0	1.315 0	1.705 8	2.055 5	2.478 6	2.778 7
27	0.683 7	1.313 7	1.703 3	2.051 8	2.472 7	2.770 7
28	0.683 4	1.312 5	1.701 1	2.048 4	2.467 1	2.763 3
29	0.683 0	1.311 4	1.699 1	2.045 2	2.462 0	2.756 4
30	0.682 8	1.310 4	1.697 3	2.042 3	2.457 3	2.750 0
31	0.682 5	1.309 5	1.695 5	2.039 5	2.452 8	2.744 0
32	0.682 2	1.308 6	1.693 9	2.036 9	2.448 7	2.738 5
33	0.682 0	1.307 7	1.692 4	2.034 5	2.444 8	2.733 3
34	0.681 8	1.307 0	1.690 9	2.032 2	2.441 1	2.728 4
35	0.681 6	1.306 2	1.689 6	2.030 1	2.437 7	2.723 8
36	0.681 4	1.305 5	1.688 3	2.028 1	2.434 5	2.719 5
37	0.681 2	1.304 9	1.687 1	2.026 2	2.431 4	2.715 4
38	0.681 0	1.304 2	1.686 0	2.024 4	2.428 6	2.711 6
39	0.680 8	1.303 6	1.684 9	2.022 7	2.425 8	2.707 9
40	0.680 7	1.303 1	1.683 9	2.021 1	2.423 3	2.704 5
41	0.680 5	1.302 5	1.682 9	2.019 5	2.420 8	2.701 2
42	0.680 4	1.302 0	1.682 0	2.018 1	2.418 5	2.698 1
43	0.680 2	1.301 6	1.681 1	2.016 7	2.416 3	2.695 1
44	0.680 1	1.301 1	1.680 2	2.015 4	2.414 1	2.692 3
45	0.680 0	1.300 6	1.679 4	2.014 1	2.412 1	2.680 6

表 4 χ^2 分布表

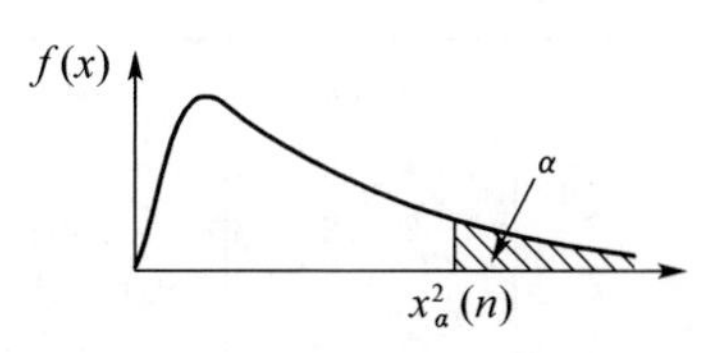

$P\{\chi^2(n) > \chi^2_\alpha(n)\} = \alpha$

n	α=0.995	0.99	0.975	0.95	0.90	0.75
1	—	—	0.001	0.004	0.016	0.102
2	0.010	0.020	0.051	0.103	0.211	0.575
3	0.072	0.115	0.216	0.352	0.584	1.213
4	0.207	0.297	0.484	0.711	1.064	1.923
5	0.412	0.554	0.831	1.145	1.610	2.675
6	0.676	0.872	1.237	1.635	2.204	3.455
7	0.989	1.239	1.690	2.167	2.833	4.255
8	1.344	1.646	2.180	2.733	3.490	5.071
9	1.735	2.088	2.700	3.325	4.168	5.899
10	2.156	2.558	3.247	3.940	4.865	6.737
11	2.603	3.053	3.816	4.575	5.578	7.584
12	3.074	3.571	4.404	5.226	6.304	8.438
13	3.565	4.107	5.009	5.892	7.042	9.299
14	4.075	4.660	5.629	6.571	7.790	10.165
15	4.601	5.229	6.262	7.261	8.547	11.037
16	5.142	5.812	6.908	7.962	9.312	11.912
17	5.697	6.408	7.564	8.672	10.085	12.792
18	6.265	7.015	8.231	9.390	10.865	13.675
19	6.844	7.633	8.907	10.117	11.651	14.562
20	7.434	8.260	9.591	10.851	12.443	15.452
21	8.034	8.897	10.283	11.591	13.240	16.344
22	8.643	9.542	10.982	12.338	14.042	17.240
23	9.260	10.196	11.689	13.091	14.848	18.137
24	9.886	10.856	12.401	13.848	15.659	19.037
25	10.520	11.524	13.120	14.611	16.473	19.939
26	11.160	12.198	13.844	15.379	17.292	20.843
27	11.808	12.879	14.573	16.151	18.114	21.749
28	12.461	13.565	15.308	16.928	18.939	22.657
29	13.121	14.257	16.047	17.708	19.768	23.567
30	13.787	14.954	16.791	18.493	20.599	24.478
31	14.458	15.655	17.539	19.281	21.434	25.390
32	15.134	16.362	18.291	20.072	22.271	26.304
33	15.815	17.074	19.047	20.807	23.110	27.219
34	16.501	17.789	19.806	21.664	23.952	28.136
35	17.192	18.509	20.569	22.465	24.797	29.054
36	17.887	19.233	21.336	23.269	25.613	29.973
37	18.586	19.960	22.106	24.075	26.492	30.893
38	19.289	20.691	22.878	24.884	27.343	31.815
39	19.996	21.426	23.654	25.695	28.196	32.737
40	20.707	22.164	24.433	26.509	29.051	33.660
41	21.421	22.906	25.215	27.326	29.907	34.585
42	22.138	23.650	25.999	28.144	30.765	35.510
43	22.859	24.398	26.785	28.965	31.625	36.430
44	23.584	25.143	27.575	29.787	32.487	37.363
45	24.311	25.901	28.366	30.612	33.350	38.291

（续 表）

n	α=0.25	0.10	0.05	0.025	0.01	0.005
1	1.323	2.706	3.841	5.024	6.635	7.879
2	2.773	4.605	5.991	7.378	9.210	10.597
3	4.108	6.251	7.815	9.348	11.345	12.838
4	5.385	7.779	9.488	11.143	13.277	14.860
5	6.626	9.236	11.071	12.833	15.086	16.750
6	7.841	10.645	12.592	14.449	16.812	18.548
7	9.037	12.017	14.067	16.013	18.475	20.278
8	10.219	13.362	15.507	17.535	20.090	21.955
9	11.389	14.684	16.919	19.023	21.666	23.589
10	12.549	15.987	18.307	20.483	23.209	25.188
11	13.701	17.275	19.675	21.920	24.725	26.757
12	14.845	18.549	21.026	23.337	26.217	28.299
13	15.984	19.812	22.362	24.736	27.688	29.819
14	17.117	21.064	23.685	26.119	29.141	31.319
15	18.245	22.307	24.996	27.488	30.578	32.801
16	19.369	23.542	26.296	28.845	32.000	34.267
17	20.489	24.769	27.587	30.191	33.409	35.718
18	21.605	25.989	28.869	31.526	34.805	37.156
19	22.718	27.204	30.144	32.852	36.191	38.582
20	23.828	28.412	31.410	34.170	37.566	39.997
21	24.935	29.615	32.671	35.479	38.932	41.401
22	26.039	30.813	33.924	36.781	40.289	42.796
23	27.141	32.007	35.172	38.076	41.638	44.181
24	28.241	33.196	36.415	39.364	42.980	45.559
25	29.339	34.382	37.652	40.646	44.314	46.928
26	30.435	35.563	38.885	41.923	45.642	48.290
27	31.528	36.741	40.113	43.194	46.963	49.645
28	32.620	37.916	41.337	44.461	48.278	50.993
29	33.711	39.087	42.557	45.722	49.588	52.336
30	34.800	40.256	43.773	46.979	50.892	53.672
31	35.887	41.422	44.985	48.232	52.191	55.003
32	36.973	42.585	46.194	49.480	53.486	56.328
33	38.053	43.745	47.400	50.725	54.776	57.648
34	39.141	44.903	48.602	51.966	56.061	58.964
35	40.223	46.059	49.802	53.203	57.342	60.275
36	41.304	47.212	50.998	54.437	58.619	61.581
37	42.383	48.363	52.192	55.668	59.892	62.883
38	43.462	49.513	53.384	56.896	61.162	64.181
39	44.539	50.660	54.572	58.120	62.428	65.476
40	45.616	51.805	55.758	59.342	63.691	66.766
41	46.692	52.949	56.942	60.561	64.950	68.053
42	47.766	54.090	58.124	61.777	66.206	69.336
43	48.840	55.230	59.304	62.990	67.459	70.606
44	49.913	56.369	60.481	64.201	68.710	71.893
45	50.985	57.505	61.656	65.410	69.957	73.166

表 5　F 分布表

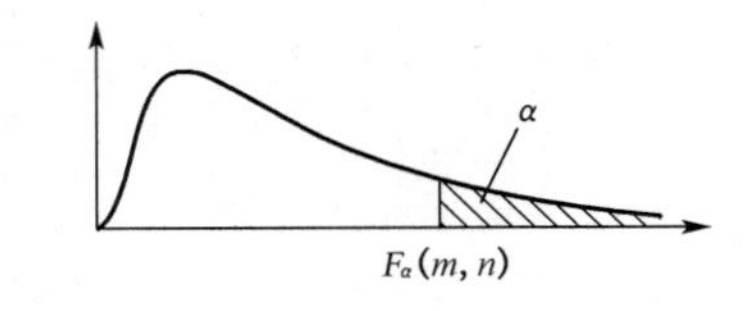

$$P\{F(m,n) > F_\alpha(m,n)\} = \alpha$$

$\alpha = 0.10$

n \ m	1	2	3	4	5	6	7	8	9	10	12	15	20	24	30	40	60	120	∞
1	39.86	49.50	53.59	55.83	57.24	58.20	58.91	59.44	59.86	60.19	60.71	61.22	61.74	62.00	62.26	62.53	62.79	63.06	63.33
2	8.53	9.00	9.16	9.24	9.29	9.33	9.35	9.37	9.38	9.39	9.41	9.42	9.44	9.45	9.46	9.47	9.47	9.48	9.49
3	5.54	5.46	5.39	5.34	5.31	5.28	5.27	5.25	5.24	5.23	5.22	5.20	5.18	5.18	5.17	5.16	5.15	5.14	5.13
4	4.54	4.32	4.19	4.11	4.05	4.01	3.98	3.95	3.94	3.93	3.90	3.87	3.84	3.83	3.82	3.80	3.79	3.78	3.76
5	4.06	3.78	3.62	3.52	3.45	3.40	3.37	3.34	3.32	3.30	3.27	3.24	3.21	3.19	3.17	3.16	3.14	3.12	3.10
6	3.78	3.46	3.29	3.18	3.11	3.05	3.01	2.98	2.96	2.94	2.90	2.87	2.84	2.82	2.80	2.78	2.76	2.74	2.72
7	3.59	3.26	3.07	2.96	2.88	2.83	2.78	2.75	2.72	2.70	2.67	2.63	2.59	2.58	2.56	2.54	2.51	2.49	2.47
8	3.46	3.11	2.92	2.81	2.73	2.67	2.62	2.59	2.56	2.54	2.50	2.46	2.42	2.40	2.38	2.36	2.34	2.32	2.29
9	3.36	3.01	2.81	2.69	2.61	2.55	2.51	2.47	2.44	2.42	2.38	2.34	2.30	2.28	2.25	2.23	2.21	2.18	2.16
10	3.29	2.92	2.73	2.61	2.52	2.46	2.41	2.38	2.35	2.32	2.28	2.24	2.20	2.18	2.16	2.13	2.11	2.08	2.06
11	3.23	2.86	2.66	2.54	2.45	2.39	2.34	2.30	2.27	2.25	2.21	2.17	2.12	2.10	2.08	2.05	2.03	2.00	1.97
12	3.18	2.81	2.61	2.48	2.39	2.33	2.28	2.24	2.21	2.19	2.15	2.10	2.06	2.04	2.01	1.99	1.96	1.93	1.90
13	3.14	2.76	2.56	2.43	2.35	2.28	2.23	2.20	2.16	2.14	2.10	2.05	2.01	1.98	1.96	1.93	1.90	1.88	1.85
14	3.10	2.73	2.52	2.39	2.31	2.24	2.19	2.15	2.12	2.10	2.05	2.01	1.96	1.94	1.91	1.89	1.86	1.83	1.80
15	3.07	2.70	2.49	2.36	2.27	2.21	2.16	2.12	2.09	2.06	2.02	1.97	1.92	1.90	1.87	1.85	1.82	1.79	1.76
16	3.05	2.67	2.46	2.33	2.24	2.18	2.13	2.09	2.06	2.03	1.99	1.94	1.89	1.87	1.84	1.81	1.78	1.75	1.72
17	3.03	2.64	2.44	2.31	2.22	2.15	2.10	2.06	2.03	2.00	1.96	1.91	1.86	1.84	1.81	1.78	1.75	1.72	1.69
18	3.01	2.62	2.42	2.29	2.20	2.13	2.08	2.04	2.00	1.98	1.93	1.89	1.84	1.81	1.78	1.75	1.72	1.69	1.66
19	2.99	2.61	2.40	2.27	2.18	2.11	2.06	2.02	1.98	1.96	1.91	1.86	1.81	1.79	1.76	1.73	1.70	1.67	1.63
20	2.97	2.59	2.38	2.25	2.16	2.09	2.04	2.00	1.96	1.94	1.89	1.84	1.79	1.77	1.74	1.71	1.68	1.64	1.61
21	2.96	2.57	2.36	2.23	2.14	2.08	2.02	1.98	1.95	1.92	1.87	1.83	1.78	1.75	1.72	1.69	1.66	1.62	1.59
22	2.95	2.56	2.35	2.22	2.13	2.06	2.01	1.97	1.93	1.90	1.86	1.81	1.76	1.73	1.70	1.67	1.64	1.60	1.57
23	2.94	2.55	2.34	2.21	2.11	2.05	1.99	1.95	1.92	1.89	1.84	1.80	1.74	1.72	1.69	1.66	1.62	1.59	1.55

（续　表）

$\alpha = 0.10$

n \ m	1	2	3	4	5	6	7	8	9	10	12	15	20	24	30	40	60	120	∞
24	2.93	2.54	2.33	2.19	2.10	2.04	1.98	1.94	1.91	1.88	1.83	1.78	1.73	1.70	1.67	1.64	1.61	1.57	1.53
25	2.92	2.53	2.32	2.18	2.09	2.02	1.97	1.93	1.89	1.87	1.82	1.77	1.72	1.69	1.66	1.63	1.59	1.56	1.52
26	2.91	2.52	2.31	2.17	2.08	2.01	1.96	1.92	1.88	1.86	1.81	1.76	1.71	1.68	1.65	1.61	1.58	1.54	1.50
27	2.90	2.51	2.30	2.17	2.07	2.00	1.95	1.91	1.87	1.85	1.80	1.75	1.70	1.67	1.64	1.60	1.57	1.53	1.49
28	2.89	2.50	2.29	2.16	2.06	2.00	1.94	1.90	1.87	1.84	1.79	1.74	1.69	1.66	1.63	1.59	1.56	1.52	1.48
29	2.89	2.50	2.28	2.15	2.06	1.99	1.93	1.89	1.86	1.83	1.78	1.73	1.68	1.65	1.62	1.58	1.55	1.51	1.47
30	2.88	2.49	2.28	2.14	2.05	1.98	1.93	1.88	1.85	1.82	1.77	1.72	1.67	1.64	1.61	1.57	1.54	1.50	1.46
40	2.84	2.44	2.23	2.09	2.00	1.93	1.87	1.83	1.79	1.76	1.71	1.66	1.61	1.57	1.54	1.51	1.47	1.42	1.38
60	2.79	2.39	2.18	2.04	1.95	1.87	1.82	1.77	1.74	1.71	1.66	1.60	1.54	1.51	1.48	1.44	1.40	1.35	1.29
120	2.75	2.35	2.13	1.99	1.90	1.82	1.77	1.72	1.68	1.65	1.60	1.55	1.48	1.45	1.41	1.37	1.32	1.26	1.19
∞	2.71	2.30	2.08	1.94	1.85	1.77	1.72	1.67	1.63	1.60	1.55	1.49	1.42	1.38	1.34	1.30	1.24	1.17	1.00

$\alpha = 0.05$

n \ m	1	2	3	4	5	6	7	8	9	10	12	15	20	24	30	40	60	120	∞
1	161.4	199.5	215.7	224.6	230.2	234.0	236.8	238.9	240.5	241.9	243.9	245.9	248.0	249.1	250.1	251.1	252.2	253.3	254.3
2	18.51	19.00	19.16	19.25	19.30	19.33	19.35	19.37	19.38	19.40	19.41	19.43	19.45	19.45	19.46	19.47	19.48	19.49	19.50
3	10.13	9.55	9.28	9.12	9.01	8.94	8.89	8.85	8.81	8.79	8.74	8.70	8.66	8.64	8.62	8.59	8.57	8.55	8.53
4	7.71	6.94	6.59	6.39	6.26	6.16	6.09	6.04	6.00	5.96	5.91	5.86	5.80	5.77	5.75	5.72	5.69	5.66	5.63
5	6.61	5.79	5.41	5.19	5.05	4.95	4.88	4.82	4.77	4.74	4.68	4.62	4.56	4.53	4.50	4.46	4.43	4.40	4.36
6	5.99	5.14	4.76	4.53	4.39	4.28	4.21	4.15	4.10	4.06	4.00	3.94	3.87	3.84	3.81	3.77	3.74	3.70	3.67
7	5.59	4.74	4.35	4.12	3.97	3.87	3.79	3.73	3.68	3.64	3.57	3.51	3.44	3.41	3.38	3.34	3.30	3.27	3.23
8	5.32	4.46	4.07	3.84	3.69	3.58	3.50	3.44	3.39	3.35	3.28	3.22	3.15	3.12	3.08	3.04	3.01	2.97	2.93
9	5.12	4.26	3.86	3.63	3.48	3.37	3.29	3.23	3.18	3.14	3.07	3.01	2.94	2.90	2.86	2.83	2.79	2.75	2.71
10	4.96	4.10	3.71	3.48	3.33	3.22	3.14	3.07	3.02	2.98	2.91	2.85	2.77	2.74	2.70	2.66	2.62	2.58	2.54
11	4.84	3.98	3.59	3.36	3.20	3.09	3.01	2.95	2.90	2.85	2.79	2.72	2.65	2.61	2.57	2.53	2.49	2.45	2.40
12	4.75	3.89	3.49	3.26	3.11	3.00	2.91	2.85	2.80	2.75	2.69	2.62	2.54	2.51	2.47	2.43	2.38	2.34	2.30
13	4.67	3.81	3.41	3.18	3.03	2.92	2.83	2.77	2.71	2.67	2.60	2.53	2.46	2.42	2.38	2.34	2.30	2.25	2.21
14	4.60	3.74	3.34	3.11	2.96	2.85	2.76	2.70	2.65	2.60	2.53	2.46	2.39	2.35	2.31	2.27	2.22	2.18	2.13

(续 表)

$\alpha = 0.05$

n \ m	1	2	3	4	5	6	7	8	9	10	12	15	20	24	30	40	60	120	∞
15	4.54	3.68	3.29	3.06	2.90	2.79	2.71	2.64	2.59	2.54	2.48	2.40	2.33	2.29	2.25	2.20	2.16	2.11	2.07
16	4.49	3.63	3.24	3.01	2.85	2.74	2.66	2.59	2.54	2.49	2.42	2.35	2.28	2.24	2.19	2.15	2.11	2.06	2.01
17	4.45	3.59	3.20	2.96	2.81	2.70	2.61	2.55	2.49	2.45	2.38	2.31	2.23	2.19	2.15	2.10	2.06	2.01	1.96
18	4.41	3.55	3.16	2.93	2.77	2.66	2.58	2.51	2.46	2.41	2.34	2.27	2.19	2.15	2.11	2.06	2.02	1.97	1.92
19	4.38	3.52	3.13	2.90	2.74	2.63	2.54	2.48	2.42	2.38	2.31	2.23	2.16	2.11	2.07	2.03	1.98	1.93	1.88
20	4.35	3.49	3.10	2.87	2.71	2.60	2.51	2.45	2.39	2.35	2.28	2.20	2.12	2.08	2.04	1.99	1.95	1.90	1.84
21	4.32	3.47	3.07	2.84	2.68	2.57	2.49	2.42	2.37	2.32	2.25	2.18	2.10	2.05	2.01	1.96	1.92	1.87	1.81
22	4.30	3.44	3.05	2.82	2.66	2.55	2.46	2.40	2.34	2.30	2.23	2.15	2.07	2.03	1.98	1.94	1.89	1.84	1.78
23	4.28	3.42	3.03	2.80	2.64	2.53	2.44	2.37	2.32	2.27	2.20	2.13	2.05	2.01	1.96	1.91	1.86	1.81	1.76
24	4.26	3.40	3.01	2.78	2.62	2.51	2.42	2.36	2.30	2.25	2.18	2.11	2.03	1.98	1.94	1.89	1.84	1.79	1.73
25	4.24	3.39	2.99	2.76	2.60	2.49	2.40	2.34	2.28	2.24	2.16	2.09	2.01	1.96	1.92	1.87	1.82	1.77	1.71
26	4.23	3.37	2.98	2.74	2.59	2.47	2.39	2.32	2.27	2.22	2.15	2.07	1.99	1.95	1.90	1.85	1.80	1.75	1.69
27	4.21	3.35	2.96	2.73	2.57	2.46	2.37	2.31	2.25	2.20	2.13	2.06	1.97	1.93	1.88	1.84	1.79	1.73	1.67
28	4.20	3.34	2.95	2.71	2.56	2.45	2.36	2.29	2.24	2.19	2.12	2.04	1.96	1.91	1.87	1.82	1.77	1.71	1.65
29	4.18	3.33	2.93	2.70	2.55	2.43	2.35	2.28	2.22	2.18	2.10	2.03	1.94	1.90	1.85	1.81	1.75	1.70	1.64
30	4.17	3.32	2.92	2.69	2.53	2.42	2.33	2.27	2.21	2.16	2.09	2.01	1.93	1.89	1.84	1.79	1.74	1.68	1.62
40	4.08	3.23	2.84	2.61	2.45	2.34	2.25	2.18	2.12	2.08	2.00	1.92	1.84	1.79	1.74	1.69	1.64	1.58	1.51
60	4.00	3.15	2.76	2.53	2.37	2.25	2.17	2.10	2.04	1.99	1.92	1.84	1.75	1.70	1.65	1.59	1.53	1.47	1.39
120	3.92	3.07	2.68	2.45	2.29	2.17	2.09	2.02	1.96	1.91	1.83	1.75	1.66	1.61	1.55	1.50	1.43	1.35	1.25
∞	3.84	3.00	2.60	2.37	2.21	2.10	2.01	1.94	1.88	1.83	1.75	1.67	1.57	1.52	1.46	1.39	1.32	1.22	1.00

$\alpha = 0.025$

n \ m	1	2	3	4	5	6	7	8	9	10	12	15	20	24	30	40	60	120	∞
1	647.8	799.5	864.2	899.6	921.8	937.1	948.2	956.7	963.3	968.6	976.7	984.9	993.1	997.2	1 001	1 006	1 010	1 014	1 018
2	38.51	39.00	39.17	39.25	39.30	39.33	39.36	39.37	39.39	39.40	39.41	39.43	39.45	39.46	39.46	39.47	39.48	39.49	39.50
3	17.44	16.04	15.44	15.10	14.88	14.73	14.62	14.54	14.47	14.42	14.34	14.25	14.17	14.12	14.08	14.04	13.99	13.95	13.90
4	12.22	10.65	9.98	9.60	9.36	9.20	9.07	8.98	8.90	8.84	8.75	8.66	8.56	8.51	8.46	8.41	8.36	8.31	8.26

（续　表）

$\alpha = 0.025$

n \ m	1	2	3	4	5	6	7	8	9	10	12	15	20	24	30	40	60	120	∞
5	10.01	8.43	7.76	7.39	7.15	6.98	6.85	6.76	6.68	6.62	6.52	6.43	6.33	6.28	6.23	6.18	6.12	6.07	6.02
6	8.81	7.26	6.60	6.23	5.99	5.82	5.70	5.60	5.52	5.46	5.37	5.27	5.17	5.12	5.07	5.01	4.96	4.90	4.85
7	8.07	6.54	5.89	5.52	5.29	5.12	4.99	4.90	4.82	4.76	4.67	4.57	4.47	4.42	4.36	4.31	4.25	4.20	4.14
8	7.57	6.06	5.42	5.05	4.82	4.65	4.53	4.43	4.36	4.30	4.20	4.10	4.00	3.95	3.89	3.84	3.78	3.73	3.67
9	7.21	5.71	5.08	4.72	4.48	4.32	4.20	4.10	4.03	3.96	3.87	3.77	3.67	3.61	3.56	3.51	3.45	3.39	3.33
10	6.94	5.46	4.83	4.47	4.24	4.07	3.95	3.85	3.78	3.72	3.62	3.52	3.42	3.37	3.31	3.26	3.20	3.14	3.08
11	6.72	5.26	4.63	4.28	4.04	3.88	3.76	3.66	3.59	3.53	3.43	3.33	3.23	3.17	3.12	3.06	3.00	2.94	2.88
12	6.55	5.10	4.47	4.12	3.89	3.73	3.61	3.51	3.44	3.37	3.28	3.18	3.07	3.02	2.96	2.91	2.85	2.79	2.72
13	6.41	4.97	4.35	4.00	3.77	3.60	3.48	3.39	3.31	3.25	3.15	3.05	2.95	2.89	2.84	2.78	2.72	2.66	2.60
14	6.30	4.86	4.24	3.89	3.66	3.50	3.38	3.29	3.21	3.15	3.05	2.95	2.84	2.79	2.73	2.67	2.61	2.55	2.49
15	6.20	4.77	4.15	3.80	3.58	3.41	3.29	3.20	3.12	3.06	2.96	2.86	2.76	2.70	2.64	2.59	2.52	2.46	2.40
16	6.12	4.69	4.08	3.73	3.50	3.34	3.22	3.12	3.05	2.99	2.89	2.79	2.68	2.63	2.57	2.51	2.45	2.38	2.32
17	6.04	4.62	4.01	3.66	3.44	3.28	3.16	3.06	2.98	2.92	2.82	2.72	2.62	2.56	2.50	2.44	2.38	2.32	2.25
18	5.98	4.56	3.95	3.61	3.38	3.22	3.10	3.01	2.93	2.87	2.77	2.67	2.56	2.50	2.44	2.38	2.32	2.26	2.19
19	5.92	4.51	3.90	3.56	3.33	3.17	3.05	2.96	2.88	2.82	2.72	2.62	2.51	2.45	2.39	2.33	2.27	2.20	2.13
20	5.87	4.46	3.86	3.51	3.29	3.13	3.01	2.91	2.84	2.77	2.68	2.57	2.46	2.41	2.35	2.29	2.22	2.16	2.09
21	5.83	4.42	3.82	3.48	3.25	3.09	2.97	2.87	2.80	2.73	2.64	2.53	2.42	2.37	2.31	2.25	2.18	2.11	2.04
22	5.79	4.38	3.78	3.44	3.22	3.05	2.93	2.84	2.76	2.70	2.60	2.50	2.39	2.33	2.27	2.21	2.14	2.08	2.00
23	5.75	4.35	3.75	3.41	3.18	3.02	2.90	2.81	2.73	2.67	2.57	2.47	2.36	2.30	2.24	2.18	2.11	2.04	1.97
24	5.72	4.32	3.72	3.38	3.15	2.99	2.87	2.78	2.70	2.64	2.54	2.44	2.33	2.27	2.21	2.15	2.08	2.01	1.94
25	5.69	4.29	3.69	3.35	3.13	2.97	2.85	2.75	2.68	2.61	2.51	2.41	2.30	2.24	2.18	2.12	2.05	1.98	1.91
26	5.66	4.27	3.67	3.33	3.10	2.94	2.82	2.73	2.65	2.59	2.49	2.39	2.28	2.22	2.16	2.09	2.03	1.95	1.88
27	5.63	4.24	3.65	3.31	3.08	2.92	2.80	2.71	2.63	2.57	2.47	2.36	2.25	2.19	2.13	2.07	2.00	1.93	1.85
28	5.61	4.22	3.63	3.29	3.06	2.90	2.78	2.69	2.61	2.55	2.45	2.34	2.23	2.17	2.11	2.05	1.98	1.91	1.83
29	5.59	4.20	3.61	3.27	3.04	2.88	2.76	2.67	2.59	2.53	2.43	2.32	2.21	2.15	2.09	2.03	1.96	1.89	1.81
30	5.57	4.18	3.59	3.25	3.03	2.87	2.75	2.65	2.57	2.51	2.41	2.31	2.20	2.14	2.07	2.01	1.94	1.87	1.79
40	5.42	4.05	3.46	3.13	2.90	2.74	2.62	2.53	2.45	2.39	2.29	2.18	2.07	2.01	1.94	1.88	1.80	1.72	1.64
60	5.29	3.93	3.34	3.01	2.79	2.63	2.51	2.41	2.33	2.27	2.17	2.06	1.94	1.88	1.82	1.74	1.67	1.58	1.48
120	5.15	3.08	3.23	2.89	2.67	2.52	2.39	2.30	2.22	2.16	2.05	1.94	1.82	1.76	1.69	1.61	1.58	1.43	1.31
∞	5.02	3.60	3.12	2.79	2.57	2.41	2.29	2.19	2.11	2.05	1.94	1.83	1.71	1.64	1.57	1.48	1.39	1.27	1.00

(续 表)

$\alpha = 0.01$

n \ m	1	2	3	4	5	6	7	8	9	10	12	15	20	24	30	40	60	120	∞
1	4 052	4 999.5	5 403	5 625	5 764	5 859	5 928	5 982	6 022	6 056	6 106	6 157	6 209	6 235	6 261	6 287	6 313	6 339	6 366
2	98.50	99.00	99.17	99.25	99.30	99.33	99.36	99.37	99.39	99.40	99.42	99.43	99.45	99.46	99.47	99.47	99.48	99.49	99.50
3	24.12	30.82	29.46	28.71	28.24	27.91	27.67	27.49	27.35	27.23	27.05	26.87	26.69	26.60	26.50	26.41	26.32	26.22	26.13
4	21.20	18.00	16.69	15.98	15.52	15.21	14.98	14.80	14.66	14.55	14.37	14.20	14.02	13.93	13.84	13.75	13.65	13.50	13.40
5	16.26	13.27	12.06	11.39	10.97	10.67	10.46	10.29	10.16	10.05	9.89	9.72	9.55	9.47	9.38	9.29	9.20	9.11	9.02
6	13.75	10.92	9.78	9.15	8.75	8.47	8.26	8.10	7.98	7.87	7.72	7.56	7.40	7.31	7.23	7.14	7.06	6.97	6.88
7	12.25	9.55	8.45	7.85	7.46	7.19	6.99	6.84	6.72	6.62	6.47	6.31	6.16	6.07	5.99	5.91	5.82	5.74	5.65
8	11.26	8.65	7.59	7.01	6.63	6.37	6.18	6.03	5.91	5.81	5.67	5.52	5.36	5.28	5.20	5.12	5.03	4.95	4.86
9	10.56	8.02	6.99	6.42	6.06	5.80	5.61	5.47	5.35	5.26	5.11	4.96	4.81	4.73	4.65	4.57	4.48	4.40	4.31
10	10.04	7.56	6.55	5.99	5.64	5.39	5.20	5.06	4.94	4.85	4.71	4.56	4.41	4.33	4.25	4.17	4.08	4.00	3.91
11	9.65	7.21	6.22	5.67	5.32	5.07	4.89	4.74	4.63	4.54	4.40	4.25	4.10	4.02	3.94	3.86	3.78	3.69	3.60
12	9.33	6.93	5.95	5.41	5.06	4.82	4.64	4.50	4.39	4.30	4.16	4.01	3.86	3.78	3.70	3.62	3.54	3.45	3.36
13	9.07	6.70	5.74	5.21	4.86	4.62	4.44	4.30	4.19	4.10	3.96	3.82	3.66	3.59	3.51	3.43	3.34	3.25	3.17
14	8.86	6.51	5.56	5.04	4.69	4.46	4.28	4.14	4.03	3.94	3.80	3.66	3.51	3.43	3.35	3.27	3.18	3.09	3.00
15	8.68	6.36	5.42	4.89	4.56	4.32	4.14	4.00	3.89	3.80	3.67	3.52	3.37	3.29	3.21	3.13	3.05	2.96	2.87
16	8.53	6.23	5.29	4.77	4.44	4.20	4.03	3.89	3.78	3.69	3.55	3.41	3.26	3.18	3.10	3.02	2.93	2.84	2.75
17	8.40	6.11	5.18	4.67	4.34	4.10	3.93	3.79	3.68	3.59	3.46	3.31	3.16	3.08	3.00	2.92	2.83	2.75	2.65
18	8.29	6.01	5.09	4.58	4.25	4.01	3.84	3.71	3.60	3.51	3.37	3.23	3.08	3.00	2.92	2.84	2.75	2.66	2.57
19	8.18	5.93	5.01	4.50	4.17	3.94	3.77	3.63	3.52	3.43	3.30	3.15	3.00	2.92	2.84	2.76	2.67	2.58	2.49
20	8.10	5.85	4.94	4.43	4.10	3.87	3.70	3.56	3.46	3.37	3.23	3.09	2.94	2.86	2.78	2.69	2.61	2.52	2.42
21	8.02	5.78	4.87	4.37	4.04	3.81	3.64	3.51	3.40	3.31	3.17	3.03	2.88	2.80	2.72	2.64	2.55	2.46	2.36
22	7.95	5.72	4.82	4.31	3.99	3.76	3.59	3.45	3.35	3.26	3.12	2.98	2.83	2.75	2.67	2.58	2.50	2.40	2.31
23	7.88	5.66	4.76	4.26	3.94	3.71	3.54	3.41	3.30	3.21	3.07	2.93	2.78	2.70	2.62	2.54	2.45	2.35	2.26
24	7.82	5.61	4.72	4.22	3.90	3.67	3.50	3.36	3.26	3.17	3.03	2.89	2.74	2.66	2.58	2.49	2.40	2.31	2.21
25	7.77	5.57	4.68	4.18	3.85	3.63	3.46	3.32	3.22	3.13	2.99	2.85	2.70	2.62	2.54	2.45	2.36	2.27	2.17
26	7.72	5.53	4.64	4.14	3.82	3.59	3.42	3.29	3.18	3.09	2.96	2.81	2.66	2.58	2.50	2.42	2.33	2.23	2.13
27	7.68	5.49	4.60	4.11	3.78	3.56	3.39	3.26	3.15	3.06	2.93	2.78	2.63	2.55	2.47	2.38	2.29	2.20	2.10
28	7.64	5.45	4.57	4.07	3.75	3.53	3.36	3.23	3.12	3.03	2.90	2.75	2.60	2.52	2.44	2.35	2.26	2.17	2.06
29	7.60	5.42	4.54	4.04	3.73	3.50	3.33	3.20	3.09	3.00	2.87	2.73	2.57	2.49	2.41	2.33	2.23	2.14	2.03
30	7.56	5.39	4.51	4.02	3.70	3.47	3.30	3.17	3.07	2.98	2.84	2.70	2.55	2.47	2.39	2.30	2.21	2.11	2.01

(续　表)

$\alpha = 0.01$

n \ m	1	2	3	4	5	6	7	8	9	10	12	15	20	24	30	40	60	120	∞
40	7.31	5.18	4.31	3.83	3.51	3.29	3.12	2.99	2.89	2.80	2.66	2.52	2.37	2.29	2.20	2.11	2.02	1.92	1.80
60	7.08	4.98	4.13	3.65	3.34	3.12	2.95	2.82	2.72	2.63	2.50	2.35	2.20	2.12	2.03	1.94	1.84	1.73	1.60
120	6.85	4.79	3.95	3.48	3.17	2.96	2.79	2.66	2.56	2.47	2.34	2.19	2.03	1.95	1.86	1.76	1.66	1.53	1.38
∞	6.63	4.61	3.78	3.32	3.02	2.80	2.64	2.51	2.41	2.32	2.18	2.04	1.88	1.79	1.70	1.59	1.47	1.32	1.00

$\alpha = 0.005$

n \ m	1	2	3	4	5	6	7	8	9	10	12	15	20	24	30	40	60	120	∞
1	16 211	20 000	21 615	22 500	23 056	23 437	23 715	23 925	24 091	24 224	24 426	24 630	24 836	24 940	25 044	25 148	25 253	25 359	25 465
2	198.5	199.0	199.2	199.2	199.3	199.3	199.4	199.4	199.4	199.4	199.4	199.4	199.4	199.5	199.5	199.5	199.5	199.5	199.5
3	55.55	49.80	47.47	46.19	45.39	44.84	44.43	44.13	43.88	43.69	43.39	43.08	42.78	42.62	42.47	42.31	42.15	41.99	41.83
4	31.33	26.28	24.26	23.15	22.46	21.97	21.62	21.35	21.14	20.97	20.70	20.44	20.17	20.03	19.89	19.75	19.61	19.47	19.32
5	22.78	18.31	16.53	15.56	14.94	14.51	14.20	13.96	13.77	13.62	13.38	13.15	12.90	12.78	12.66	12.53	12.40	12.27	12.14
6	18.63	14.54	12.92	12.03	11.46	11.07	10.79	10.57	10.39	10.25	10.03	9.81	9.59	9.47	9.36	9.24	9.12	9.00	8.88
7	16.24	12.40	10.88	10.05	9.52	9.16	8.89	8.68	8.51	8.38	8.18	7.97	7.75	7.65	7.53	7.42	7.31	7.19	7.08
8	14.69	11.04	9.60	8.81	8.30	7.95	7.69	7.50	7.34	7.21	7.01	6.81	6.61	6.50	6.40	6.29	6.18	6.06	5.95
9	13.61	10.11	8.72	7.96	7.47	7.13	6.88	6.69	6.54	6.42	6.23	6.03	5.83	5.73	5.62	5.52	5.41	5.30	5.19
10	12.83	9.43	8.08	7.34	6.87	6.54	6.30	6.12	5.97	5.85	5.66	5.47	5.27	5.17	5.07	4.97	4.86	4.75	4.64
11	12.23	8.91	7.60	6.88	6.42	6.10	5.86	5.68	5.54	5.42	5.24	5.05	4.86	4.76	4.65	4.55	4.44	4.34	4.23
12	11.75	8.51	7.23	6.52	6.07	5.76	5.52	5.35	5.20	5.09	4.91	4.72	4.53	4.43	4.33	4.23	4.12	4.01	3.90
13	11.37	8.19	6.93	6.23	5.79	5.48	5.25	5.08	4.94	4.82	4.64	4.46	4.27	4.17	4.07	3.97	3.87	3.76	3.65
14	11.06	7.92	6.68	6.00	5.56	5.26	5.03	4.86	4.72	4.60	4.43	4.25	4.06	3.96	3.86	3.76	3.66	3.55	3.44
15	10.80	7.70	6.48	5.80	5.37	5.07	4.85	4.67	4.54	4.42	4.25	4.07	3.88	3.79	3.69	3.58	3.48	3.37	3.26
16	10.58	7.51	6.30	5.64	5.21	4.91	4.69	4.52	4.38	4.27	4.10	3.92	3.73	3.64	3.54	3.44	3.33	3.22	3.11
17	10.38	7.35	6.16	5.50	5.07	4.78	4.56	4.39	4.25	4.14	3.97	3.79	3.61	3.51	3.41	3.31	3.21	3.10	2.98
18	10.22	7.21	6.03	5.37	4.96	4.66	4.44	4.28	4.14	4.03	3.86	3.68	3.50	3.40	3.30	3.20	3.10	2.99	2.87
19	10.07	7.09	5.92	5.27	4.85	4.56	4.34	4.18	4.04	3.93	3.76	3.59	3.40	3.31	3.21	3.11	3.00	2.89	2.78
20	9.94	6.99	5.82	5.17	4.76	4.47	4.26	4.09	3.96	3.85	3.68	3.50	3.32	3.22	3.12	3.02	2.92	2.81	2.69
21	9.83	6.89	5.73	5.09	4.68	4.39	4.18	4.01	3.88	3.77	3.60	3.43	3.24	3.15	3.05	2.95	2.84	2.73	2.61

$\alpha = 0.005$

（续　表）

n \ m	1	2	3	4	5	6	7	8	9	10	12	15	20	24	30	40	60	120	∞
22	9.73	6.81	5.65	5.02	4.61	4.32	4.11	3.94	3.81	3.70	3.54	3.36	3.18	3.08	2.98	2.88	2.77	2.66	2.55
23	9.63	6.73	5.58	4.95	4.54	4.26	4.05	3.88	3.75	3.64	3.47	3.30	3.12	3.02	2.92	2.82	2.71	2.60	2.48
24	9.55	6.66	5.52	4.89	4.49	4.20	3.99	3.83	3.69	3.59	3.42	3.25	3.06	2.97	2.87	2.77	2.66	2.55	2.43
25	9.48	6.60	5.46	4.84	4.43	4.15	3.94	3.78	3.64	3.54	3.37	3.20	3.01	2.92	2.82	2.72	2.61	2.50	2.38
26	9.41	6.54	5.41	4.79	4.38	4.10	3.89	3.73	3.60	3.49	3.33	3.15	2.97	2.87	2.77	2.67	2.56	2.45	2.33
27	9.34	6.49	5.36	4.74	4.34	4.06	3.85	3.69	3.56	3.45	3.28	3.11	2.93	2.83	2.73	2.63	2.52	2.41	2.29
28	9.28	6.44	5.32	4.70	4.30	4.02	3.81	3.65	3.52	3.41	3.25	3.07	2.89	2.79	2.69	2.59	2.48	2.37	2.25
29	9.23	6.40	5.28	4.66	4.26	3.98	3.77	3.61	3.48	3.38	3.21	3.04	2.86	2.76	2.66	2.56	2.45	2.33	2.21
30	9.18	6.35	5.24	4.62	4.23	3.95	3.74	3.58	3.45	3.34	3.18	3.01	2.82	2.73	2.63	2.52	2.42	2.30	2.18
40	8.83	6.07	4.98	4.37	3.99	3.71	3.51	3.35	3.22	3.12	2.95	2.78	2.60	2.50	2.40	2.30	2.18	2.06	1.93
60	8.49	5.79	4.73	4.14	3.76	3.49	3.29	3.13	3.01	2.90	2.74	2.57	2.39	2.29	2.19	2.08	1.96	1.83	1.69
120	8.18	5.54	4.50	3.92	3.55	3.28	3.09	2.93	2.81	2.71	2.54	2.37	2.19	2.09	1.98	1.87	1.75	1.61	1.43
∞	7.88	5.30	4.28	3.72	3.35	3.09	2.90	2.74	2.62	2.52	2.36	2.19	2.00	1.90	1.79	1.67	1.53	1.36	1.00

参 考 文 献

[1] 张颖,许伯生. 概率论与数理统计.上海:华东理工大学出版社,2007

[2] 盛骤,谢式千,潘承毅. 概率论与数理统计. 北京:高等教育出版社,2001

[3] 吴赣昌主编.概率论与数理统计(第三版).北京:中国人民大学出版社,2010

[4] 吴传生.经济数学——概率论与数理统计.北京:高等教育出版社,2004

[5] 华中科技大学数学系.概率论与数理统计.北京:高等教育出版社,2003

[6] 茆诗松,贺思辉. 概率论与数理统计.武汉:武汉大学出版社,2010

[7] 李书刚.概率论与数理统计[M].北京:科学出版社,2012

[8] 魏广华,徐鹤卿.概率论与数理统计[M].北京:高等教育出版社,2011

[9] Hogg R V, McKean J W and Tcraig A. Introduction to Mathematical Statistics, 7th ed., China Machine Press, 2011

[10] DeGroot M H. Schervish M J. Probability and Statistics, 3rd ed., Higher Education Press, 2005